迈向中国
减污降碳协同增效的
理论基础与实践探索

崔连标　王彦彭　周远翔　丁忠明 ◎ 著

THEORETICAL FOUNDATIONS AND
PRACTICAL EXPLORATIONS FOR SYNERGISTIC ENHANCEMENT OF
POLLUTION REDUCTION AND
CARBON MITIGATION IN CHINA

经济管理出版社
ECONOMY & MANAGEMENT PUBLISHING HOUSE

图书在版编目（CIP）数据

迈向中国减污降碳协同增效的理论基础与实践探索 /
崔连标等著. -- 北京：经济管理出版社，2025. 6.
ISBN 978-7-5243-0359-6

Ⅰ．X-012

中国国家版本馆 CIP 数据核字第 2025VT0725 号

组稿编辑：张巧梅
责任编辑：张巧梅
责任印制：张莉琼
责任校对：王淑卿

出版发行：经济管理出版社
　　　　　（北京市海淀区北蜂窝 8 号中雅大厦 A 座 11 层　100038）
网　　　址：www. E-mp. com. cn
电　　　话：(010) 51915602
印　　　刷：北京飞帆印刷有限公司
经　　　销：新华书店
开　　　本：720mm×1000mm/16
印　　　张：18. 75
字　　　数：376 千字
版　　　次：2025 年 7 月第 1 版　　2025 年 7 月第 1 次印刷
书　　　号：ISBN 978-7-5243-0359-6
定　　　价：88. 00 元

前　言

　　减污降碳协同增效已上升为一种国家战略，是新时期中国环境治理的重要内容之一。中国政府高度重视减污降碳协同增效工作，并为之进行了一系列政策安排。2021 年 1 月，生态环境部印发的《关于统筹和加强应对气候变化与生态环境保护相关工作的指导意见》指出，要协同控制温室气体与污染物排放，推动实现减污降碳协同效应。2021 年 11 月，《中共中央　国务院关于深入打好污染防治攻坚战的意见》印发，提出要以实现减污降碳协同增效为总抓手，统筹污染治理。2022 年 6 月，生态环境部等七部门印发的《减污降碳协同增效实施方案》指出，要加强减污降碳协同增效基础科学和机理研究，科学把握污染防治和气候治理的整体性。党的二十大报告也提出，要统筹产业结构调整、污染治理、生态保护、应对气候变化，协同推进降碳、减污、扩绿、增长。因此，如何挖掘减污降碳协同潜力，科学有效地应对环境污染，是政策制定者亟待解决的一个重要难题。

　　温室气体与大气污染物协同控制是中国减污降碳战略的重要实施对象。温室气体和传统大气污染物大多来自化石能源燃烧，两者具有同根同源同过程性和排放时空的一致性特征。从影响机理上来看，温室气体减排会带来能源消费的减少和能源消费结构的低碳化转型，这有助于从源头控制层面降低大气污染物排放。温室气体减排与大气污染防治在理论上存在直接相关性，两者间的协同效应已经得到学术界的广泛论证。特别地，对于我国来说，目前还难以采取大规模的温室气体减排措施，中国要实现"双碳"目标，必须实施温室气体与大气污染物的协同控制，以成本有效的方式实现多类环境指标的协同治理。

　　本书聚焦于中国减污降碳协同增效的理论基础与实践探索。首先，回顾减污降碳协同增效的内涵和意义，全面分析减污降碳协同增效的理论基础和中国政策演变。其次，从定量层面探究中国减污降碳耦合协调度及驱动因素，量化减污降碳协同潜力及时空演变特征。再次，评估城市群一体化和碳交易机制对减污降碳协同增效的促进作用，从宏观政策干预的角度研究减污降碳的政策支持体系。最后，以长三角地区和安徽省为例，测算不同地区减污降碳协同增效潜力及其具体实践路径。本书通过阐述减污降碳协同增效的内涵、潜力及路径，解析减污与降碳之间的协同作用机制，为中国有效地实现污染物治理与温室气体减排，全面提高环境治理综合效能提供有益参考。

本书是国家自然科学基金项目（编号：71974001、72374001、71503001）、国家社会科学基金重大项目（编号：22ZDA112）、安徽省高校自然科学杰出青年科研项目（编号：2022AH020048）、安徽省哲学社会科学规划课题重大项目（编号：AHS-KZD2022D01）、安徽省社会科学创新发展研究课题重大项目（编号：2022ZD006）和安徽省哲学社会科学创新工程"减污降碳协同创新团队"的阶段性成果。笔者崔连标教授是安徽省学术与技术带头人和"江淮文化名家"领军人才，致力于温室气体与大气污染物协同效应研究；王彦彭教授是河南省教育厅学术技术带头人，致力于生态文明建设和资源环境统计分析研究；周远翔副教授是"江淮文化名家"青年英才和安徽省教育厅高校优秀青年学者，致力于环境经济政策评估与优化研究；丁忠明教授是国家"万人计划"教学名师和国家社会科学基金重大项目首席专家，主要从事"双碳"目标的金融支持研究。本书在撰写过程中得到安徽财经大学研究生的积极参与，他（她）们是宋国锋、王佳雪、陈惠、李晓、姜妍、李宇、涂志慧、朱雨润、章浩军、沈心怡、李徐、王梦黛、柳盼、欧寒玥、刘华燕、罗元坤等，在此表示感谢。

由于时间紧迫，加之水平有限，书中难免有疏漏与不足之处，真诚地恳请各位读者和同行批评指正，与大家一起积极交流和学习。

目　录

第1章 中国减污降碳协同增效的内涵和重要意义

减污降碳协同增效能够促进经济社会发展全面绿色转型，实现生态环境质量的持续改善和碳达峰、碳中和。随着全球气候变暖和空气污染问题日益严重，中国面临着改善生态环境质量和实现碳达峰、碳中和的双重压力。本章旨在探讨中国减污降碳协同增效的内涵和重要意义。

1.1 基本概念

赫尔曼·哈肯（Hermann Haken）于20世纪70年代初首次引入了"协同"这一理念，它阐释了系统中各组成部分之间既相互影响也相互制约的复杂联系（经士仁，1982）。在国际领域，与环境相关的减污降碳协同增效相对应，常用"协同效应"或"协同效益"来表述。"协同增效"原本用于描述物理或化学现象，现在已经逐渐被引入到社会经济的多个领域。它指的是当两个或更多的要素结合在一起时，它们共同产生的效果超过了各自独立效果的累积（王艳萍，2023）。在实际生活中，相似的情况经常出现，这使协同增效的理念得以在更广泛的领域中得到应用。在环境科学领域，"协同增效"这一术语最初在联合国政府间气候变化专门委员会（IPCC）第三次全面评估报告里被引入。在随后的第五次评估报告中，IPCC将协同效应细分为积极和消极两种类型，其中积极的协同效应指的是气候变化缓解措施在实现其主要目标的同时，还能带来其他有益的作用，例如减少空气污染物的排放。此外，该报告还强调了"无遗憾"政策的概念，这基于对减排成本的研究，表明许多温室气体减排政策不仅成本效应不高，而且可能带来净收益，因为其产生的协同效应可能超过实施成本（Brandt et al.，2012）。2018年发布的《IPCC全球升温1.5℃特别报告》进一步细化了协同效应的定义，将其聚焦于正面影响，即政策或措施在实现其主要目标的同时对其他目标产生积极影响，从而提升社会或环境的整体福祉。它强调了多项政策同时实施所带来的综合效应，这些政策虽然出于不同的目的，但其执行却能够共同促进多个目标的实现（Beck & Mahony，2018）。

协同效应通常是指在实现某一主要目标过程中，同时产生其他积极的外部效应。例如，IPCC在2001年和2014年均定义协同效应为实施温室气体减排政策所带来的其他方面效应，以及在不考虑总体社会福利的净影响情况下，为达到某一目的的政策或措施可能对其他政策目标产生的积极影响（赵曼仪和王科，2024）。美国国家环保局（US EPA）和欧洲环境署（EEA）也均在2004年和2007年强调了减少大气污染与温室气体排放的政策措施所带来的积极影响，以及减排措施所带来的社会效应，如空气污染减少所带来的健康成本节约（Liu & Xia，2003）。经济合作与发展组织（OECD）在2009年提出，温室气体减排过程中对其他系统的影响可以用货币来度量（顾阿伦等，2016）。亚洲开发银行（ADB）从全球气候变化视角和地方发展视角给出了定义，强调协同效应的全球性和地方性。中国生态环境保护部环境与经济政策研究中心（PRCEE）于2014年提出，减少温室气体排放不仅可以减少其他区域性污染物的排放，而且控制这些区域性污染物的排放和加强生态建设也能够显著减少二氧化碳（CO_2）和其他温室气体排放。日本环境省（MoE）于2008年提出，环境污染控制领域的协同效应可以使发展中国家在经济发展的同时减少温室气体排放。协同效应是一个多维度概念，它不仅包含环境政策带来的直接效应，还涵盖经济、健康、社会等方面的积极影响。这些效应既可以是直接的，也可以是间接的；既可以是短期的，也可以是长期的。协同效应的概念强调了在制定和实施政策时，需要综合考虑对不同领域和不同目标的潜在影响，以实现资源的最优配置和效应的最大化。这种跨领域的政策制定和评估方法有助于推动可持续发展，实现环境保护与经济社会发展的协调统一（Cai et al.，2016）。

减污降碳理念在2021年全国生态环境保护工作会议上被正式提出，并成为新时期中国生态环境保护的重要内容。这一策略融合了以降低碳排放为核心的碳达峰、碳中和目标，与以减少污染物排放为目标的"污染防治攻坚战"，标志着中国环保事业迈入了共同促进减少污染和降低碳排放的新阶段。一方面，碳达峰、碳中和目标意在促进中国改变以化石燃料为主的能源发展模式，转向发展清洁能源经济（斯丽娟和曹昊煜，2021）。污染防治攻坚战是2017年党的十九大报告提出的重要环保战略。为此，《中共中央 国务院关于全面加强生态环境保护坚决打好污染防治攻坚战的意见》出台，明确了污染防治攻坚战的时间安排、行动路线和具体任务。该意见还强调，污染防治攻坚战需要全面、深入地推进，其中首要任务是打赢蓝天保卫战，并以此为引领，全面践行"绿水青山就是金山银山"的发展理念。另一方面，中国在第七十五届联合国大会一般性辩论上指出，将提高国家自主贡献力度，采取更加有力的政策和措施，CO_2排放力争于2030

年前达到峰值，努力争取 2060 年前实现碳中和。其背后的推动力不仅来自人民对生活品质提升的渴望，也源于国际社会对全球气候变迁议题的共识。

减污降碳协同增效是指通过系统规划和综合措施，实现环境治理和气候变化应对的双重目标，从而提高整体效能。这一概念强调在减少污染物排放和碳排放的过程中，实现环境效应、气候效应与经济效应的协同增长。作为减污降碳协同增效的重要政策安排，2022 年 6 月，生态环境部等部门印发的《减污降碳协同增效实施方案》是实现碳达峰、碳中和目标"1+N"政策体系的关键部分，致力于提升生态环境治理的能力和水平。该方案指出，到 2025 年基本形成减污降碳协同推进的工作格局，以及到 2030 年显著提升减污降碳协同能力。这些目标覆盖了源头控制、关键领域、环境管理、模式创新、支持保障和组织执行六个关键领域。在技术层面，减污降碳协同增效涉及多种技术的应用，如煤炭清洁高效利用技术、可再生能源技术、低碳利用及能效提升技术、碳捕获和封存等净零碳技术等。此外，数字化技术如 AI、大数据、云计算等也在能源管理和生产中的应用中发挥着重要作用。减污降碳协同增效需要多部门协作，包括生态环境部、国家发展和改革委员会、住房城乡建设部等，这些部门共同制定和实施相关政策和措施，以确保各项任务的顺利进行。提高公众对减污降碳协同增效重要性的认识也是关键的一环。通过教育和宣传，增强公众的环保意识和参与度，是实现这一目标的重要保障。减污降碳协同增效是一个多维度、跨领域的综合性工作，需要政策引导、技术支持和社会参与（李俊青等，2022）。通过这种方式，可以有效地推动环境保护和气候变化应对工作的深入开展。综上所述，协同减污降碳增效主要是指在生态保护和气候变化应对的背景下，通过采取综合性的政策措施和技术手段，实现减污降碳的协同效果，从而提升环境治理的整体效应。

在全球气候治理中，减污降碳协同增效的理念日益彰显其关键性。该策略目标是在限制温室气体排放的同时，高效降低其他环境污染物的排放量，实现环境质量提升。在国际上，这一协同效应被广泛认知，并被认为是实现可持续发展目标的关键途径。减污降碳协同增效的实现更多地依赖于全球共识和多边合作机制。联合国气候变化框架公约（UNFCCC）等多边机制为各国提供了交流和合作的平台，推动了全球减污降碳协同增效的进程（刘兰星，2024）。此外，技术创新也被视为实现减污降碳协同增效的重要途径。UNFCCC 第二十七次缔约方大会（COP27）致力于探索有效的减污降碳模式，并突破关键核心技术。

在中国，减污降碳的协同增效策略被广泛认为是实现环境净化和温室气体减排等多重目标的"帕累托改进"。这一策略不仅致力于提升环境质量，也着重于促进经济和社会的可持续性发展。为了推进减污降碳的协同增效，中国对大气污染控制法规进行了修订，增加了专门条款，为大气污染物与温室气体的协同控制提供了法律依据。同时，《减污降碳协同增效实施方案》明确了具体的政策措施和目标。中国强调综合、系统和源头治理，加速构建一个统一规划、统一部署、统一推进、统一评估的减污降碳制度体系。这种方法不仅关注单一领域的治理，还强调跨领域的协作和整合，以实现更全面和高效的减污降碳效果（刘娜和高新伟，2024）。在国际合作方面，中国积极响应《巴黎协定》，增强国家自主贡献，以碳排放峰值和碳中和目标为核心，有序推动各项措施。这不仅反映了中国在减污降碳协同增效方面的国内政策力度，也展现了中国在全球气候治理中的积极参与和贡献。

在国际层面，减污降碳协同增效更多地侧重于全球共识和多边合作机制，以及技术创新和示范项目的推动。而在中国，这一战略则更加注重国内政策和法规的支持，以及综合治理和系统治理的实施。两者在理解和实践上各有侧重，都是共同推动全球减污降碳协同增效的进程。中国通过建立完善的政策体系和法规支持，强调源头治理和综合治理，为全球减污降碳协同增效提供了有力的实践经验和示范。同时，中国也积极参与国际合作，为全球气候治理提供独到智慧和解决方案。未来，中国将继续坚持减污降碳协同增效的战略方向，为全球可持续发展和生态文明建设做出更大贡献。国际各机构关于协同效应的主要观点或定义对比如表 1-1 所示。

表 1-1　主要观点或定义对比

年份	组织/机构	主要观点或定义
2001	IPCC	协同效应是实施温室气体减排政策带来的其他方面的效应
2004	USEPA	强调减少大气污染和温室气体政策措施的正效应
2004	PRCEE	减少温室气体排放，同时减少其他局域污染物排放
2007	EEA	强调减排措施带来的社会效应，如健康成本节约
2008	MoE	环境污染控制领域的协同效应可助力发展中国家减少温室气体排放
2009	OECD	温室气体减排对其他系统的影响可用货币度量
2014	IPCC	协同效应是指在不考虑总体社会福利的净影响的影响下，为达到某一目的的政策或措施可能对其他政策目标产生的积极影响

1.2　减污降碳协同增效的内涵

中国当前生态文明建设正面临着实现环境质量根本性提升与实现碳达峰、碳中和两大战略目标的双重任务，这要求碳达峰、碳中和目标与生态环境保护工作必须同步进行。在"十四五"规划期间，中国步入以减少温室气体排放为核心的发展新时期。在这一时期，国家着力推进污染治理与碳减排的联动效应，以实现经济和社会的全方位绿色升级。此外，这一阶段也是生态环境保护工作从注重规模控制转向注重质量提升的重要转折点。实现减污降碳的协同增效被视为推动经济社会发展全面绿色转型的核心策略（崔连标等，2024）。因此，需要全面总结和深入理解其内涵。

1.2.1　环境层面的减污降碳协同增效

温室气体与大气污染物的排放具有共同的来源且相互影响，化石燃料燃烧不仅产生 CO_2 等温室气体，也会导致细颗粒物（PM2.5）、粗颗粒物（PM10）、二氧化硫（SO_2）、氮氧化物（NO_x）等大气污染物的生成。在这一层面上，减污降碳的协同增效是指在限制温室气体排放的同时降低其他污染物（如二氧化硫、一氧化氮、一氧化碳及颗粒物等）的排放，或者是在控制局部污染物排放和生态建设的过程中，同时减少温室气体的排放。将碳达峰、碳中和目标融合进生态文明建设的总体规划，是减污降碳协同增效的具体实施（Guadalupe et al.，2012）。该策略的目的是通过优化能源结构、提升能源使用效率、发展清洁能源等措施，减少化石燃料的消耗和温室气体的排放，同时加强大气污染治理，减少污染物的排放，实现生态环境与社会经济的可持续发展。

在国际上，减污降碳协同增效的理念得到了广泛认可。IPCC 在其第三次全面评估报告中首次明确引入了"协同效应"与"协同效益"的术语，突出了温室气体减排政策在减缓气候变化的同时，还能带来改善空气质量、提高能源安全、促进可持续发展等非气候效应。这些非气候效应与减污降碳协同增效的理念相契合，共同构成了应对生态环境问题的综合策略。因此，减污降碳协同增效不仅是一种环境保护策略，还是一种综合性的社会治理理念。它要求在应对气候变化和改善环境质量的过程中，采取综合性的措施，实现多目标协同，促进生态文明和社会可持续发展。

1.2.2　经济层面的减污降碳协同增效

减污降碳的协同增效不仅限于应对气候变化与生态保护方面的环境效应，更拓展至经济层面的增效。首先，无论是通过减少污染以降低碳排放的协同效应，还是通过降低碳排放以促进污染减少的协同效应，这些效应均为附加的、非预期的益处，属于额外的收益，无须额外成本支出，甚至有助于降低实现这两项目标的总体成本。这种互利共赢的格局为环境治理和经济发展注入了新动能。其次，减污降碳所依托的技术和产品、所倡导的绿色低碳产业，不仅在国内具有巨大的成长空间，而且在国际市场上也具有竞争优势。这些技术和产品通过环境服务和产品贸易，能够直接带来显著的经济效应，推动经济向绿色转型。最后，实现减污降碳需要对能源和经济结构进行调整，这有助于扩大绿色转型的范围，为经济增长注入新的活力，促进经济高质量发展（Gu et al.，2018）。

减污降碳策略不仅融入经济结构调整的内在机制，而且成为促进降碳、减污、绿化扩展和经济增长协调发展的关键途径。IPCC 的第四次评估报告明确强调，综合减少大气污染与应对气候变化的政策，相较于单独执行的政策，具有显著的成本节约潜力。通过实施减污降碳的协同增效，能够实现经济与环境效应的双重收益。一方面，降低污染排放和碳排放量有助于提升环境质量，维护生态系统，增进人民的健康与生活品质；另一方面，这种协同增效的策略也能够推动经济的绿色转型，促进可持续发展。通过优化能源结构、调整产业结构、推广绿色技术等手段，可以在实现经济持续增长的同时降低对环境的负面影响。

1.2.3　社会层面的减污降碳协同增效

推动减污降碳不仅显著改善了环境质量，还对人体健康、气候变化等产生了深远的影响。从人体健康角度出发，减少污染物排放的措施具有明显效果。随着污染物排放量的降低，患者人数和病假天数显著减少，急性或慢性呼吸道疾病的发生率也大幅下降。这将增加人们的预期寿命，显著提升整体社会的健康水平。这一转变不仅减轻了社会的医疗负担，更提高了人们的生活质量。从气候的角度来看，减污降碳同样发挥了举足轻重的作用（王雅楠等，2024）。清洁能源的普及和温室气体排放量的降低有望降低气候破坏的风险，减少极端天气事件带来的损失。这不仅有助于保护生态环境和生物多样性，维护地球家园的可持续性，还能降低因应对气候变化而支付的庞大管理成本。

实现碳达峰、碳中和的目标，无疑是一场广泛且深远的社会经济系统性转型。这不仅涉及能源结构的根本性重塑、绿色技术的革新与应用，也涉及加强国际协作，共同面对全球气候变化所带来的严峻挑战。将碳达峰、碳中和纳入经济社会发展的全局规划，意味着必须在社会和经济两个层面同步推进、共同实现污染减少与碳排放降低，以提高减污降碳的联合效应。这不仅是推动经济高质量发展的必由之路，也是促进生态文明建设的必然之举，从而为创造一个更加绿色、健康、可持续的未来奠定坚实基础。

1.2.4　国际层面的减污降碳协同增效

减污降碳协同增效在构建人类命运共同体中扮演着举足轻重的角色。中国在这一领域的工作和取得的显著成就，无疑是对全球环境治理的宝贵贡献。同时，国际上在减污降碳协同增效方面的实践经验，为中国提供了重要的参考和启示。一方面，中国通过降低污染物和温室气体的排放量，直接降低了全球的排放总量，为全球环境保护和气候变化应对做出了实质性的贡献。这一成就的取得不仅体现了中国对环境保护的高度责任感和担当精神，也为全球环境治理树立了榜样。中国在减污降碳协同增效方面的丰富经验和实践，可为其他国家提供宝贵的借鉴和参考。中国的成功案例和经验教训，对于其他国家在推动减污降碳工作中具有重要的启示意义，有助于推动全球环境治理体系的完善和发展。中国政府在制定和执行相关法规和政策方面，始终坚持科学、严谨、务实的态度，注重实效性和可操作性。这些法规和政策不仅为中国的环境治理提供了有力保障，也为国际环境治理提供了有益的参考和借鉴。另一方面，国际环境公约之间的协同增效也对中国的国际环境履约产生了重要影响。例如，《生物多样性公约》和《联合国气候变化框架公约》等国际环境公约在推动全球环境治理方面发挥着重要作用（刘贵利等，2024）。这些公约之间的协同增效有助于加强全球环境治理体系的协调性和一致性，推动各国在环境保护方面形成合力。这也为中国在履行国际环境公约方面提供了重要的指导和支持。

必须阐明的是，减污降碳协同增效在环境、经济、社会、国际这四个维度之间并非是孤立存在的，而是相互联系并逐步深化的关系。这四个维度共同构建了一个错综复杂、相互纠缠的体系，共同促进减污降碳协同增效的全面实施。其中，环境维度构成了减污降碳协同增效的基石和主要目标。通过降低污染物与温室气体的排放量，目标是实现环境质量的显著提升和生态系统的健康持续。环境维度的协同增效作用是其他三个维度协同发展的基础，只有在环境得到有效保护的前提下，经济和社会的可持续发展才能得以实现；在环境协同效应的基础上，经济维度和社会维度的协同也逐步展开。经济维度的协同主要表现为，通过绿色技术创新和产业升级推动经济高质量发展。同时，减污降碳也为社会创造了更多的就业机会和绿色产业，促进了社会的繁荣和进步。社会维度的协同则表现为提升公众环保意识、改善民生福祉，减污降碳的成果惠及更广泛的人群。国际维度是减污降碳协同增效的最高目标。在全球化的背景下，各国之间的环境问题是相互关联、相互影响的。因此，实现国际维度的减污降碳协同增效，需要各国加强合作、共同应对全球环境挑战。国际维度的协同增效不仅能够推动全球环境治理体系的完善和发展，还能够促进各国在环境、经济、社会等多个领域的互利"共赢"。

1.3 中国协同推进减污降碳的国际背景与多重挑战

1.3.1 国际背景

首先，全球气候的变迁已成为人类发展所面临的最严峻挑战之一，极大地促进了全球范围内对气候问题的政治共识以及采取的实际措施。全球气候的变迁对人类社会构成了重大的威胁。IPCC 在 2018 年 10 月的报告中指出，为了规避极端风险，全球气温上升的幅度必须控制在 1.5℃ 以内。只有在 21 世纪中叶实现全球温室气体排放的净零，才有可能实现这一目标（张希良等，2022）。根据 UNFCCC 秘书处 2019 年 9 月的报告，全球已有 60 个国家承诺将在 2050 年或之前达到零碳排放。

其次，欧盟率先宣布了明确的减排目标。2020 年 9 月 16 日，欧盟委员会主席冯德莱恩在《盟情咨文》中宣布了欧盟的减排目标：到 2030 年，欧盟的温室气体排放量将比 1990 年减少至少 55%，到 2050 年，欧洲将成为世界上首个实现"碳中和"的大陆地区。自 1990 年起，欧盟的碳排放量一直在减少，总体下降了 23.3%。

此外，继中国宣布达到碳达峰、碳中和目标之后，日本、英国、加拿大、韩国等众多发达国家也纷纷做出了到 2050 年实现碳中和的政治承诺。日本已将其 2050 年的目标从降低 80% 的排放量调整至达到碳中和。英国设定了 2045 年达到净零排放，2050 年实现碳中和的目标。加拿大也明确表示将在 2050 年实现碳中和。除了美国和印度，全球主要经济体和主要碳排放国家也纷纷承诺减少碳排放。然而，与西方及日本等发达国家的情况不同，中国目前仍处于碳排放增长阶段，2008~2022 年中国碳排放年均增长 2.6%，明显高于同期全球 1.1% 的平均增速（梁昊光和岳启明，2024）。这表明，中国在碳达峰、碳中和方面还面临着时间短、任务重等多重挑战。

1.3.2 多重挑战

中国在发展水平相对较低的情况下实现碳达峰目标，面临着前所未有的压力。第一，全球范围内达到碳达峰的国家主要是发达国家或后工业化国家，根据英国石油公司（BP）发布的《世界能源统计年鉴2021》显示，美国于 2007 年达到能源消费高峰，同年达到碳排放高峰，到 2021 年下降 18.9%，欧盟于 2006 年达到能源消费高峰，同年达到碳排放高峰，到 2021 年下降 26.4%，这是典型的

"双达峰""双下降"模式。而中国则不同，到 2021 年能源消费、碳排放比 2006 年分别提高了 90.1% 和 58.1%，仍处在"双上升"阶段，而且上升的时间越长，峰值就越高，付出的代价就越大（见图 1-1）。因此，中国能源消费与碳排放尽早实现"双达峰""双下降"成为最重要的发展目标。

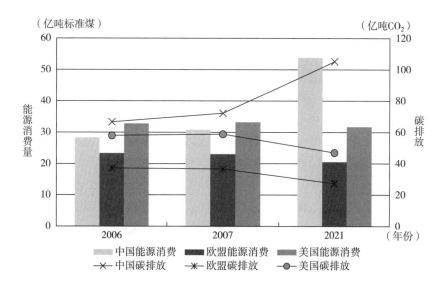

图 1-1　中国、美国和欧盟能源消费和碳排放对比

第二，中国与欧美国家处于不同的发展阶段。2006 年，当欧盟达到碳排放峰值时，其在全球碳排放中所占的份额为 14.8%，人均国内生产总值（转换为 2017 年不变价处理的，扣除通货膨胀）为 38822 国际元；2007 年，美国达到碳排放峰值时，其在全球碳排放中的份额为 22.8%，人均国内生产总值（购买力平价）为 55917 国际元（见图 1-2）。相比之下，预计到 2030 年，中国的人均国内生产总值才能达到 25270 国际元，这一数值明显低于欧盟和美国在各自达到碳排放峰值时期的人均 GDP 水平，分别仅为 2006 年欧盟和 2007 年美国的 65.1% 和 45.2%（胡鞍钢，2021）。因此，中国在追求绿色发展的创新过程中，需要在相对较低的人均 GDP 水平上实现碳排放峰值目标。

第三，中国与欧美国家处于不同的经济增长速率阶段。参照全球 GDP（美元）的增长速度（2009~2022 年平均为 3.67%）这一相对标准，欧盟国家呈现为低速增长（2009~2022 年平均为 0.92%），美国为中低速增长（2009~2022 年平均为 4.20%），而中国则表现为高速增长（2009~2022 年平均为 9.38%）（见图 1-3）。从实际情况来看，中国能源消耗的持续增长是一个不可逆转的趋势。

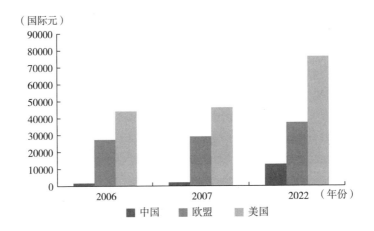

图1-2　中国、美国和欧盟人均GDP对比

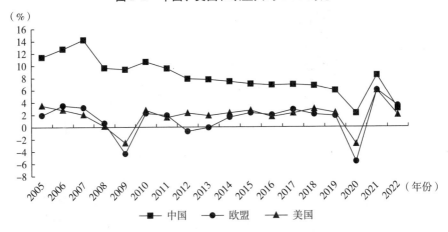

图1-3　中国、美国和欧盟GDP增长率对比

中国迫切需要在绿色能源领域进行创新，特别是可再生能源的增长速度要明显超过经济的增长速度。2008～2018年，中国可再生能源消费的年均增长率达到了33.4%，这一增长率创下了全球纪录，是同期国内生产总值（GDP）年均增长率（8.0%）的4.18倍。因此，未来中国进入中低速增长阶段后，必须加速发展绿色能源，这不仅是经济增长的关键驱动力，也是实现碳达峰目标的重要措施。

第四，中国的产业构成与欧美国家有所区别。2006年，当欧盟达到碳排放峰值时，服务业对国内生产总值（GDP）的贡献度为63.7%；2007年，当美国达到碳排放峰值时，服务业对GDP的贡献度为73.9%。一方面，中国的服务业对GDP的贡献度预计会从2019年的53.9%上升到2030年的约62%，这一比例仍然低于欧盟和美国的水平；另一方面，预计到 2035 年，中国的服务业对 GDP 的贡献度才能达到大约 65%（胡鞍钢，2021）。2006 年，欧盟的制造业对 GDP 的贡献度为 15.81%；2007 年，美国的制造业对 GDP 的贡献度为 12.77%（见表 1-2）。而到了 2021 年，中国的制造业对 GDP 的贡献度高达 27.55%，预计到 2030 年仍将保持在 22% 左右，这显示出对能源消费的高需求和比重。此外，2017 年，中国工业能源消费占全国总量比重的 65.6%，明显高于工业增加值占 GDP 比重的 33.1%，相当于全国单位 GDP 能耗的 2 倍。这不仅反映了中国工业和制造业在生产结构中所占的比重较高，也显示了工业和制造业单位增加值能耗较高，因此工业和制造业节能降耗是中国节能减排的重点领域。

表 1-2　中国、美国和欧盟产业结构类型　　　　　单位：%

地区 \ 年份	服务业贸易额占比			制造业增加值占比		
	2006 年	2007 年	2021 年	2006 年	2007 年	2021 年
中国	7.08	7.48	4.38	32.45	32.38	27.55
美国	5.59	6.09	5.83	12.99	12.77	10.71
欧盟	17.56	18.06	26.53	15.81	15.85	14.93

第五，中国与欧美国家在单位国内生产总值能耗水平上有所区别。2021 年数据显示[①]，中国的单位 GDP 能耗是欧盟的 2~3 倍，是美国的 1.35 倍（见图 1-4）。尽管预计在未来一段时间内，中国与欧美国家的单位 GDP 能耗差距将逐渐缩小，但短期内仍将保持在较高水平。这一现象主要揭示了中国在能源技术与能源效率方面与欧美国家相比仍有较大的进步潜力。

第六，中国与欧美国家在能源消费结构上表现出显著的不同。中国主要依赖化石燃料，2021 年化石能源占能源消费比重仍超过 80%，其中煤炭消费占比高达 55%，美国和欧盟的煤炭消费占比均接近 11%（见图 1-5）。因此，中国正致力于加快其能源消费结构的转变，从依赖化石能源转向依赖可再生能源。能源转型委员会的报告[②]预测，到 2050 年，一次能源的消费结构将经历显著的变化，化石燃料的需求将减少超过 90%，而风能、太阳能和生物质能将成为能源的主要来源供应的主力，其中风能和太阳能的占比预计将达到 75%。

---

① 资料来源：BP 发布的《世界能源统计年鉴 2021》。
② The Energy Transitions Commission, China 2050: A Fully Developed Rich Zero-Carbon Economy [EB/OL]. https://www.energy-transitions.org/publications/china-2050-a-fully-developed-rich-zero-carbon-economy.

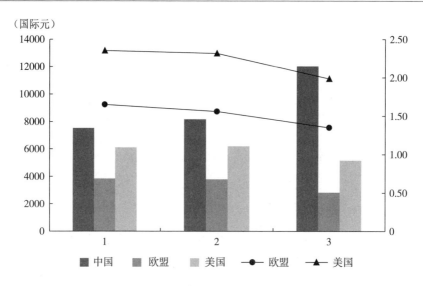

图 1-4　中国与美国和欧盟单位 GDP 能耗水平倍率对比

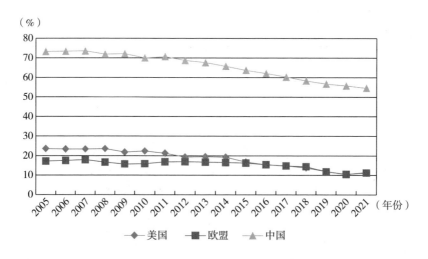

图 1-5　中国、美国和欧盟煤炭占能源消费比重对比

　　第七，中国的碳排放总量显著超越欧美国家。2021 年，中国的碳排放量在全球总排放量中的比重约为 46%，美国的这一比例为 20%，欧盟为 12%。中国的碳排放比例相当于美国与欧盟总和比例（32%）的 1.44 倍[①]（见图 1-6）。考虑到中国在 2021 年的能源碳排放量高达 105 亿吨碳当量，实现碳排放的降低甚

———————————
① 资料来源：BP 发布的《世界能源统计年鉴 2021》。

至达到零排放，面临着庞大的总量基础、技术挑战严峻、时间窗口紧迫（仅剩30~40年）等多重难题，且目前缺乏成熟的减排模式，迫切需要开发创新的减排技术。

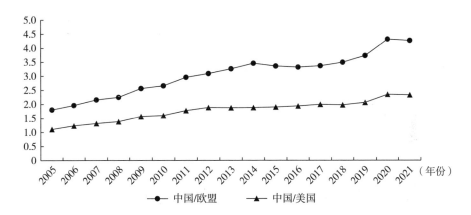

图 1-6　中国相当于美国和欧盟碳排放倍率对比

由此可见，中国到 2030 年达到碳排放峰值的任务面临重大挑战，这一目标的实现是在人均 GDP 远低于发达国家、现代化进程尚未完成的条件下进行的，同时也是在"四化并举"（即新型工业化、信息化、城镇化、农业现代化协调发展）的背景下达成的。中国达到碳排放峰值是实现碳中和的前提，并且越早实现碳排放峰值，对于达成碳中和目标就越有利。

1.4　减污降碳协同增效的主要原则、目标和关键措施

1.4.1　主要原则

1.4.1.1　突出协同增效

在推进减污降碳协同增效的过程中，强调协同增效的核心地位至关重要，需秉持系统性思维，全面规划碳排放峰值与碳中和以及生态保护的综合任务。这要求不仅要强化目标、区域、领域、任务、政策和监管的协调，而且要进一步提高生态环保政策与能源产业政策的融合度之间的协调一致性。

目标协同是引领行动的指南针，要确保碳达峰、碳中和的目标与生态环境保护的目标相互融合、相互促进，形成合力推动减污降碳的协同效应。区域协同是

实现全国一盘棋的关键。不同地区应根据自身特点和发展阶段，制定差异化的减污降碳策略，加强区域间的协调与合作，形成优势互补、协同发展的良好局面。在领域协同方面，要充分认识到减污降碳工作涉及多个领域，需要各部门、各行业共同参与、协同作战。从能源、交通、工业、建筑到农业等各个领域，都要制定切实可行的减污降碳措施，形成多领域协同推进的良好态势。任务协同则要求将减污降碳的目标任务细化分解到各个层面，确保各级政府、企业和社会各界都能明确自己的责任和任务，构建一个层级互动、协同推进的工作环境。政策协同是保障协同增效的重要支撑，要加强政策间的衔接与协调，确保各项政策能够形成合力，共同推动减污降碳工作的深入开展。同时，还要注重政策的创新性和前瞻性，为减污降碳提供有力的政策保障。监管协同则是确保减污降碳工作取得实效的重要保障，要强化监管强度，构建一个全面覆盖、无遗漏的监管架构，确保各项减污降碳措施得到有效执行。

此外，还需加大执法强度，对违法行为进行严格惩处，构建强大的威慑效果。在深化环境治理方面，要以碳达峰行动为契机，推动环境治理体系的完善和发展。通过加强环境监管、推进生态修复、提升环境质量等措施，为减污降碳提供坚实的环境保障。要以环境治理促进高水平达峰，借助环境治理的深化实施，不仅能够促进生态环境质量的持续改善，还能够为经济社会的可持续发展提供有力支撑。在环境治理中寻求新的增长点和发展机遇，推动经济社会的高质量发展。

1.4.1.2　强化源头防控

密切关注污染和碳排放的主要源头，以精确的视角集中关注主要领域、关键产业和重要环节，从根本上遏制污染和排放的增长，实现可持续的生态环境和经济发展。

在主要领域方面，要针对能源、交通、工业、建筑等碳排放密集的行业，以及农业、畜牧业等污染物排放较高的领域，制定具体的源头防控措施。这些措施应基于科学的研究和分析，确保能够精准、有效地减少污染和排放。对于关键产业，需要深入分析其生产流程、技术水平和排放标准，找出造成污染和排放的主要环节和因素。通过技术创新、工艺改造和清洁生产等手段，降低这些行业的污染物和碳排放强度。同时，加强行业间的协同合作，形成资源共享、优势互补的良好局面。在重要环节方面，要注重资源能源的高效利用和节约。通过提高能源利用效率、推广清洁能源、加强废弃物资源化利用等方式，减少资源的消耗和浪费，降低污染和排放的源头压力（周琼等，2024）。同时，加强节能减排技术的研发和推广，为源头防控提供有力支撑。

此外，加速构建有利于减污降碳的产业结构、生产模式和生活习惯。在产业结构方面，促进传统产业的改造升级，培育绿色低碳产业，削减高污染、高排放产业的占比。在生产模式方面，普及清洁生产、循环经济和绿色制造等前沿理念与技术，增强生产效率和资源的循环利用率（王菲等，2024）。在生活习惯方面，鼓励绿色低碳的生活方式，降低能源消耗和污染物的排放量。

1.4.1.3　优化技术路径

在环境治理和碳减排的实践中，必须深入研究和优化技术路径，确保各项措施的高效实施。首先，需要协调水体、大气、土壤、固体废物、温室气体等多个领域的排放控制需求，这意味着要全面考虑这些领域之间的内在联系和相互影响，从而制定出科学、系统的治理方案。优化治理目标至关重要。治理目标的设定应基于对各领域排放现状的深入分析和未来发展趋势的预测，确保目标既符合环境保护的需求，又能推动经济社会可持续发展（曹蒲菊和刘朝，2023）。其次，还要不断优化治理工艺和技术路线，选择最适合的技术手段和方法，提高治理效率和效果。

在治理过程中，应优先采用基于自然的解决方案。这些方案不仅能够有效解决环境问题，还能维护生态系统的完整与稳定，达成人类与自然界的和谐共存。同时，还应加强技术研发和应用，推动环保技术的创新和发展，为环境治理提供强有力的技术支撑。强化多污染物与温室气体协同控制是实现全面环境治理的重要方向（曹蒲菊和刘朝，2023）。这意味着需要关注不同污染物之间的相互作用和影响，采取综合性的治理措施，确保各种污染物都能得到有效控制。还应加强碳排放治理，推动能源结构的优化和转型升级，降低温室气体的排放强度。

同时，提升碳排放管理的协同性。这包括加强政策协调、机制协同和资源共享等方面的工作，确保各项治理措施能够相互支持、相互促进。通过优化技术路径和强化协同控制，可以实现环境质量的持续改善和碳排放的有效降低，为构建美丽中国和为实现全球的可持续性发展目标做出积极的努力和贡献。

1.4.1.4　注重机制创新

在推进减污降碳的进程中，机制创新扮演着举足轻重的角色。为了确保减污降碳目标任务的落地实施，更加注重制度创新，并充分利用现有的法律规则、标准指南、政策体系以及统计监测与监管机制手段。为了实现减污降碳的宏伟目标，不仅要加强技术创新，更要注重机制创新。机制创新能够提供新的思路和动力，推动减污降碳工作的深入发展。

第一，充分利用现有的法律、法规、标准和政策体系。法律法规是减污降碳工作的基石，并且提供了明确的行为规范和标准。深入研究和理解这些法律法规，能够确保工作符合法律法规的要求，同时也能够充分利用法律规章所提供的策略支持和保障措施。第二，加强统计监测与监管能力建设。统计、监测和监管是减污降碳工作的重要手段，提供准确的数据支持，了解减污降碳工作的进展和成效。加强这些能力的建设，提高数据的准确性和可靠性，能够为减污降碳工作提供有力的支撑。第三，完善管理制度和基础能力。管理制度是减污降碳工作的指导方针，提供了明确的工作方向和要求。在不断完善管理制度，确保制度的科学性和有效性的同时，还要加强基础能力培养，增强技术层次与专业素养，为减污降碳工作提供有力的保障。在推进减污降碳的过程中，市场机制也发挥着重要作用。要充分发挥市场机制的作用，通过政策引导和市场激励，推动企业和个人积极参与到减污降碳工作中。建立健全的市场机制，形成有效的激励约束，鼓励企业和个人采取更加环保和低碳的生产方式和生活方式。

此外，减污和降碳是相互促进、相互支持的两个方面。在推进减污工作的同时，加强降碳工作的推进，形成减污降碳的合力。通过一体化推进减污降碳工作，实现环境质量的持续改善和碳排放的有效降低，为构建美丽中国和实现全球可持续发展目标做出积极贡献。

1.4.1.5 鼓励先行先试

在推动减污降碳的征程中，倡导试点先行是关键性的策略。为充分激发基层的主动性与创新力，应积极探索管理创新，培育具有特色的示范做法与高效模式，并扩大这些成功经验的推广与应用，以促进多维度、跨领域的减污降碳协同效应。

鼓励先行先试意味着要给予基层更多的自主权和灵活性，能够结合自身的实际情况，积极探索适合本地特色的减污降碳路径。基层单位作为减污降碳工作的直接执行者，积极性和创造力是推动这项工作不断前进的动力。创新管理方式是实现先行先试的关键（韩超等，2021）。摒弃传统的、僵化的管理模式，转而采用更加灵活、高效、科学的管理方式。这包括但不限于引入市场机制、强化政策引导、优化资源配置等。通过创新管理方式，更好地激发基层的积极性和创造力，推动减污降碳工作的深入开展。在管理创新的过程中，发展出具有独特性的示范性实践和高效能模式。这些典型做法和有效模式不仅是对基层创新实践的总结和提炼，更是对其他地区和单位的示范和引领。鼓励基层单位在减污降碳工作中勇于探索、敢于创新，形成一批具有地方特色的成功案例。强化推广应用是达成跨领域、多层面减污降碳协同效应的关键途径。将成功的典型做法和有效模式进行广泛宣传和推广，让更多的地区和单位了解并借鉴这些经验（金浩和陈诗一，2022）。通过推广应用，将成功的做法和模式复制到更多的领域和地区，实现减污降碳工作的全面覆盖和深入推进。

1.4.2　主要目标

到 2025 年，中国在减污降碳协同推进方面将取得显著进展，一个全面、高效、协同的工作格局将基本形成。这一工作格局的构建将基于科学规划、精准施策和全社会共同参与的原则，为推动中国生态环境质量的持续改善和经济社会的绿色发展提供坚实保障。在关键区域和关键领域，结构的优化调整与绿色低碳发展将实现显著成果。面对大气、水体、土壤污染等紧迫问题，将实施更为精确、高效的对策，强化污染源头的控制与整治。同时，积极促进产业结构的优化与升级，培育绿色低碳产业，降低高污染、高能耗产业的占比，推动经济社会的持续发展。在减污降碳的协同推进中，将塑造一系列可复制、可普及的示范经验。这些经验将覆盖政策制定、技术革新、市场机制、社会参与等多个维度，为其他地区和行业提供有益的借鉴和参考。通过总结和推广这些典型经验，将进一步推动减污降碳协同工作的深入开展，提升中国在全球环境治理中的影响力和话语权。减污降碳协同度将有效提升，通过加强部门之间的协作和配合，建立健全信息共享和协调机制，确保减污降碳工作的高效、顺畅推进。同时，将积极推动跨地区、跨行业的合作与交流，共同应对环境挑战，实现共赢发展（蒋为等，2022）。

至 2030 年，减污降碳的协同效能预计将实现显著增强，这不仅为达成碳达峰目标提供坚实的支撑，也将在大气污染防治的关键区域实现碳达峰与空气质量提升的同步推进，获得显著成果。在这一时期，环境治理将迈入一个崭新的阶段，水体、土壤、固体废物等污染防治领域的协同管理能力将显著增强，彰显在环境保护与气候变化应对上的坚定意志与实际举措。在此过程中，将采纳一系列创新的政策措施与科技方法，增强环境监管与污染治理，推动产业与能源结构的优化升级，促进绿色低碳技术的广泛采纳。通过这些措施，大气环境质量将得到根本性改善，公众对于生态环境的满意度和幸福感将显著提升。土壤污染治理将更加侧重于源头治理和风险控制，通过执行土壤污染防治行动计划，加强土壤污染情况的调查与修复工作，确保农产品品质和居住环境的安全。固体废物污染控制将更加注重资源化利用和安全处置，通过推广垃圾分类和资源化回收，降低固体废物对环境的影响。

1.4.3　关键措施

将实现污染减少与碳排放降低的协同效应，定位为推动经济社会全面发展以及向绿色转型的核心动力的关键策略。这需要在全社会范围内广泛动员，达成共识与合力。在产业、能源、交通、建筑等各个领域中需要各部门紧密合作，打破壁垒，共同推动减污降碳工作。同时，不同区域间也应加强协调，确保减污降碳措施的有效实施。从政策制定到执行监督，从科技创新到公众参与，每一个环节都需要精准施策，确保减污降碳的协同增效任务取得具体且显著的进展。因此，必须聚焦关键领域，精准发力，确保各项措施落到实处，为实现经济社会全面绿色转型贡献力量。

1.4.3.1 紧扣重点领域，强化源头防控

强化环境区域性管理，建立针对城市化区域、主要农产品生产区域和关键生态功能区域的差异化减污降碳政策框架，严格执行环境准入制度，坚决防止高能耗、高排放、低效能项目的无序扩张。对于高能耗、高排放项目的审批，必须严格遵循国家产业布局、产业指导、环境监管"三线一单"、环境影响评估、水资源许可、能源效率评估及污染物排放区域替代等规定，促进能源的绿色低碳转型，加强资源与能源的节约及高效利用，快速建立有助于减少污染和降低碳排放的产业结构、生产方式和生活方式习惯，以实现经济社会的可持续性发展（李俊青等，2022）。聚焦关键领域，推动工业、交通、城市建设、农业和生态建设五个主要领域的协同增效措施，将结构调整和绿色升级作为减污降碳的核心手段，加强资源和能源的节约及高效利用，充分发挥减污降碳协同管理的引领作用、优化作用和倒逼机制，确保工作取得实际成效。

为对源头进行深入防控，需将碳达峰、碳中和纳入"三线一单"管理体系，确保能源产业布局的科学性和可持续性。设立严格的产业准入与退出机制，推动污染严重地区结构调整，加快落后产能的淘汰。同时，对于重污染企业，坚决实施搬迁、改造或关闭，促进绿色增长。在能源行业，坚决防止"两高"项目无序扩张，通过严格执行产业规划与政策，提高能源消耗的准入门槛，激励产业朝着专业化、精细化、特色化和创新化方向演进。积极扩展可再生能源的利用，降低煤炭消耗比例，推动能源供应向清洁、低碳转型，以及终端消费向电力化发展。在城市和建筑领域，优化城镇布局，严格控制建筑规模，大力推广绿色建筑与超低能耗建筑。加快建筑节能改造，支持可再生能源在建筑领域的应用。同时，推广绿色配送和慢行交通系统，加快新能源车替代，减少交通排放。在农业领域，推行绿色生产方式，降低化学肥料和农药的应用，增强秸秆与畜禽排泄物的资源化利用效率。鼓励多层次综合养殖模式，推广低碳农机，加快农村可再生能源替代（刘满凤和陈梁，2020）。同时坚持科学绿化，增加森林面积，强化生态保护与修复，实施荒漠化、水土流失的综合治理。在城市生态建设中，优化绿化树种，提升水体自然岸线保有率，以综合评估生态改善效果，不断提升碳汇与净化功能。

1.4.3.2 坚持系统观念，优化环境治理

持续改进治理目标、工艺流程和技术方案，增强技术研究与应用，推动大气

污染防治、水环境治理、土壤污染治理、固体废物处理等领域的减污降碳一体化管理。在大气治理方面，优化技术方案，增强氮氧化物、挥发性有机化合物及温室气体的联合减排，推动移动源排放的大气污染物与碳排放的协同管理。提升大气污染防治设备的能源效率和自动化、智能化控制水平。增强对臭氧层破坏物质和氢氟化合物的监管力度，加快改造含有氢氯氟烃的生产工艺，逐步停止氢氯氟烃的应用。在水治理方面，积极推动污水的资源化，提升工业用水和能源使用效率，建立区域性的再生水循环利用系统，探索社区化污水分类处理和现场回用，促进污水处理厂的节能降耗，实施城镇污水处理和资源化的碳排放评估（齐绍洲等，2018）。在土壤治理方面，合理规划受污染土地的使用，倡导绿色低碳的修复方法，推动严格控制受污染耕地的植树造林以增加碳汇。在固体废物治理方面，加强资源回收和综合利用，推进"无废城市"的建设。

在环境治理的道路上，持续改进治理技术，联合降低氮氧化物、挥发性有机化合物（VOCs）及温室气体的排放。针对关键行业，执行深化治理与节能减排策略，促进超低排放技术的改造升级，并积极寻求污染物与温室气体协同控制的创新方法。优先实施源头替代策略以治理 VOCs，同时增强大气污染治理设备的智能化水平，以更高效、精准地应对污染挑战。加强臭氧层消耗物质的管控，坚定地停止氢氯氟烃的应用，以降低对环境的潜在风险。同时，对移动源的大气污染和碳排放进行协同管理，共同加速绿色增长的进程。在污水资源化方面，致力于提高工业用水的效率，建立区域性再生水循环系统，以最大限度地减少水资源的浪费。推广社区化污水处理和再利用，建设高效的再生水设施，确保水资源的持续可用性。改进污水处理工艺，采用节能设备和技术，提升污泥的处理和资源化利用水平，并积极推广太阳能发电技术，以降低处理过程中的能源消耗和碳排放。同时，进行污水处理过程中的碳排放核算，优化能耗管理，确保处理效率和环保性。针对农村污水处理，根据具体情况推进集中或分散处理及资源化利用，实现资源化、生态化和可持续性目标（宋德勇等，2023）。在处理污染土地时，优先采用生态恢复和绿色低碳修复方法，优化管理技术路径，以促进土地资源的持续利用。此外，加强资源回收和"无废城市"建设，提升工业固体废物的综合利用率，推动新型废弃物的回收利用。改进生活垃圾处理流程，推动垃圾分类和资源化，减少填埋量，并加强协同控制以降低对环境的负面影响。有序发展生物质能源，同时严格禁止非法生产持久性有机污染物，以减少有毒有害固体废物的产生。通过这些措施，致力于推动绿色循环发展，为建设可持续的生态环境做出贡献。

1.4.3.3　鼓励先行先试，开展协同创新

调动基层的主动性与创新能力，进行减污降碳模式的创新实践，寻找可复

制、值得借鉴的经验和示范。在区域层面，针对国家关键战略区域、大气污染控制的重点区域、重要海湾、主要城市群，快速探索减污降碳协同增效的有效途径。在城市层面，在国家生态示范城市、"零废弃城市"建设中强化污染减少和碳排放降低的协同增效标准，研究不同城市类型的污染减少和碳排放降低推进机制（史丹和李少林，2020）。在园区层面，鼓励各类产业园区主动实施污染减少和碳排放降低的协同增效措施。在企业层面，促进重点行业的企业实施减污降碳的示范项目，支持建立"双近零"排放的模范企业。

在当前严峻的环境保护和气候变化挑战下，中国正全力推进减污降碳协同创新战略，以实现可持续发展的长远目标。这一战略跨越了区域、城市、产业园区和企业等多个维度，形成了一套全面而系统的解决方案。在宏观区域层面，专注于国家战略重点区域、大气污染防控的关键区域、关键海湾和城市群，通过产业结构、能源结构和交通结构的调整，培养绿色低碳生活模式。同时，增强技术和制度创新，积极探究减污降碳协同增效的有效策略，为达成区域绿色低碳发展目标打下坚实基础。城市是减污降碳的关键领域，重视整合污染控制、生态维护和温室气体排放减少的需求。在生态示范城市和"零废弃城市"的建设中，增强污染减少与碳排放降低的协同效应，研究多样化城市的执行机制。在城市的构建与发展、日常生活的各个领域，提升污染减少与碳排放降低的协同增效，引领城市向绿色低碳的发展道路前进。在产业园区领域，鼓励各类园区根据其主导产业及污染、碳排放状况，主动探索减污降碳的新途径。通过优化园区的空间规划、采纳新能源、推动能源系统的改进及分层利用，以及实现水和废物资源的综合利用，努力提高基础设施的绿色低碳发展水平（苏丹妮和盛斌，2021）。企业作为减少污染和降低碳排放的核心力量，通过政策鼓励、标准提升和表彰先进等手段，推动重点行业的企业进行减污降碳的示范项目。激励企业采纳工艺革新、能源替代、节能增效和综合管理等手段，实现污染和碳排放的显著降低，创建"双近零"排放的示范企业，共同促进绿色循环发展。

1.4.3.4 注重统筹融合，完善政策制度

全面运用现行的法律法规、标准规范、政策框架以及统计监测和监管手段，构建和完善一体化的减污降碳管理推进体系，建立一个既激励又约束的政策环境。增强协同技术的研发与应用，优化减污降碳的法规和标准，促进温室气体排放的协同控制纳入生态环境法律法规，丰富生态环境标准体系，编制关于污染物质与温室气体排放联合管控的技术指导和监测指导。加强减污降碳的协同管理，探索综合排污许可和碳排放管理的统筹方法，加速构建全国性的碳排放权交易市场。开展计量学研究，构建和优化计量检测服务体系。对主要城市、产业园区、重点企业进行污染减少与碳排放降低协同度的评估研究，指导各地区改进协同管

理机制。激励污染和碳排放量较大的企业依法公开环境信息（孙晓华等，2024）。完善促进减污降碳的经济策略，加大对绿色低碳投资项目和协同技术应用的财政资助力度，积极发展绿色金融，切实推动气候投融资，建立支持企业绿色低碳发展的绿色电价政策。加强清洁生产审核和评价认证的实施，将其作为差异化政策制定和执行的关键参考，如分阶段电价、用水限额、重污染天气绩效分级管理等。推动绿色电力交易的试验工作，提高减污降碳协同监测、统计、核算和核查的基础能力。

通过设立国家重点研发项目，建设一批前沿实验室，促进创新计划的执行，专注于开发氢能冶金、CO_2 转化为化学产品的核心技术，并促进炼化流程优化、制冷剂替代等技术的示范应用。同时，积极开展超低排放与碳减排的协同技术创新，研发多污染物治理技术，以实现环境治理与碳减排的"双赢"。为了加速科技成果转化与应用，充分利用各类服务平台，实施科技帮扶行动，加快绿色共性技术的示范和产业化进程。

此外，还积极推进水土保持与碳汇的科学研究，增强科技创新实力，构建国家战略科技优势，为达成碳中和目标奠定坚实的科技基础。在法规和标准建设方面，不断改进减污降碳的法规和标准，发布《碳排放权交易管理暂行条例》，强化对温室气体的监管，丰富生态环境的标准体系。通过强化协同管理，整合排污许可与碳排放管理，加速构建全国碳排放权交易市场，严格禁止碳排放数据的虚假行为，加强常规监管，保障市场的健康发展。同时，深化对重点区域减污降碳协同效应的研究，改进管理机制，激励大型排放企业依法公开环境信息，推动减污降碳的协同效应。在经济政策层面，财政部门将增加对绿色低碳项目和协同技术应用的财政支持，推动绿色金融的发展，吸引社会资本投入减污降碳领域，为绿色转型提供强大动力（孙晓华等，2024）。

在基础能力建设方面，完善综合监测网络，提高减污降碳的协同监测水平。通过建立和完善排放源的统计调查、核算核查和监管机制，编制国家温室气体排放清单，研究建立固定源与移动源污染物及碳排放的协同管理机制，实施统一的监管和执法，确保减污降碳措施的有效实施。

1.4.3.5　加大宣传力度，讲好中国故事

全面推广减污降碳协同增效工作的重要性和已取得的阶段性成果。加大宣传教育的力度，建立减污降碳的模范案例，发挥示范作用和价值观引导作用，利用世界环境日、全国低碳日、全国节能宣传周等机会，广泛开展教育宣传活动。加强国际协作，充分利用现有的双边和多边环境与气候变化合作平台，拓宽和加深在减污降碳领域的协作。加强与共建"一带一路"国家和地区的绿色发展战略对接，提升减污降碳政策和标准的协同性，在低碳技术的研发与应用、绿色基

设施建设、绿色金融、气候融资等领域进行实质性的合作（孙晓华等，2024）。协调推进全球气候变化应对、生物多样性保护、臭氧层保护、海洋保护、核安全等国际议题的谈判。促进减污降碳国际经验的交流，为全球气候与环境治理提供中国智慧和中国方案。

各地区与相关部门必须深入理解减污降碳任务的紧要性和迫切性，坚定执行党中央、国务院的政策安排。各机构应加强合作，凝聚工作动力，确保各项措施精确有效、迅速执行。同时因地制宜，制定切实可行的实施方案，明确时间表与任务分工，确保工作有序推进、落地生根。将绿色低碳发展的理念整合进国家教育体系，培育公众的环保意识。加强干部队伍的建设，通过专业培训提升管理人员的能力素质。同时积极宣传减污降碳的先进典型，发挥榜样作用，激励公众主动参与环保活动。扩大信息公开的范围，改善公众监督与反馈机制，增强环境决策透明度和公众参与度。在国际合作领域，积极参与全球气候与环境治理，加强与各国在气候变化应对、生物多样性保护等议题上的合作。特别是与共建"一带一路"国家和地区深化绿色发展战略的交流，推动减污降碳政策和标准的国际对接，共同推动绿色技术研究、绿色金融、气候融资等领域的实质性合作（许文立和孙磊，2023）。促进国际经验的交流，为全球可持续发展贡献中国智慧和中国方案。加强考核和监督，将温室气体排放控制目标的实现情况纳入生态环境考核体系，确保工作取得实际效果。通过科学、系统的考核机制，激励各地区和相关部门认真履行减污降碳的职责，共同努力实现绿色低碳发展目标。

1.5 中国协同推进减污降碳的重大意义

减污降碳的协同推进是深化习近平生态文明思想实施的关键环节，同时也是实现碳达峰、碳中和战略目标的中心举措。在中国迈向现代化的进程中，这一策略发挥着至关重要的作用，它对于促进经济与社会的全面绿色转型，以及构建人与自然和谐共存的现代化新格局具有深远的意义。中国式现代化倡导经济成长与生态环境保护的和谐统一，致力于实现高质量的可持续增长。在此背景下，减污降碳的协同增效策略成为达成这一宏伟目标的关键工具。通过协同推进减少污染排放和降低碳排放，能够更有效地改善生态环境质量，为美丽中国建设奠定坚实的生态基础。减污降碳的协同推进不仅有利于改善空气质量、水质和土壤环境，还能推动能源结构和产业结构绿色转型。这包括推动清洁能源的使用、促进绿色产业的发展、提高资源利用效率等，从而实现经济社会的全面绿色转型。这种转型不仅符合中国式现代化的要求，也是实现可持续发展的必然选择。

在全球层面，污染减少与碳排放降低的协同增效同样具有重大意义。中国作为一个负责任的大国，积极促进全球环境治理和气候变化应对，为构建清洁美丽的世界贡献中国智慧和中国方案。通过减污降碳的协同推进，为全球可持续发展和现代化提供有力支持，展现中国的担当与作为。

在新的发展阶段，中国对生态文明建设的坚持不仅彰显了对减污降碳协同增效的承诺，也是中国式现代化进程中不可或缺的一环。面对全球气候变化这一前所未有的挑战，中国作为全球最大的发展中国家，正积极履行其国际义务，与全球伙伴共同努力，为全球环境治理贡献中国智慧和中国方案。在国内层面，随着中国进入新的发展时期，人民对美好生活的向往不仅体现在物质层面上，更体现在对生态环境质量的提高上。尽管如此，中国在生态环境保护方面仍面临严峻挑战，发展不均衡、不充分的问题依然显著，绿色转型的基础尚需加强（吴茵茵等，2021）。在此背景下，污染减少与碳排放降低的协同增效战略成为推动经济社会向绿色转型和满足人民对美好生活需要的关键途径。

减污降碳的协同增效策略，旨在应对气候变化的同时，也致力于满足人民对更高质量生活的追求，促进社会的全面进步和人的全面发展。在这一过程中必须清醒地认识到，减污和降碳是相辅相成的两个方面。减污是改善生态环境质量、满足人民生态权益的直接手段，而降碳则是推动绿色低碳发展、实现碳达峰、碳中和目标的根本途径。两者缺一不可，且必须协同增效。只有通过减污降碳的协同推进，才能在保障生态环境权益的同时，推动经济高质量发展，实现社会主义现代化。"十四五"时期是中国生态环境保护迈入污染减少与碳排放降低协同治理的新时期，在这一阶段必须统筹考虑全球环境治理的新挑战和国内环境治理的新要求，加强顶层设计，完善政策体系，强化科技创新，推动形成绿色生产方式和生活方式。同时，还需要加强国际合作与交流，借鉴国际先进经验和技术，共同推动全球环境治理取得新进展。推动减污降碳协同增效是中国迈向现代化新征程的必然选择。只有坚持生态优先、绿色发展，才能实现经济社会的可持续发展和人与自然的和谐共生。

在新时代的大背景下，中国坚定不移地实施新发展理念，全面统筹推进经济、政治、文化、社会和生态文明建设的"五位一体"总体布局，以达成现代化的发展目标。在党中央的有力指导下，生态文明建设已成为"五位一体"总体布局和"四个全面"战略布局中的关键组成部分。坚持绿色发展的理念，是实现这一战略目标的必由之路。这不仅是对生态环境的负责，更是对现代化进程的深刻理解和全面推动。在中国现代化进程中，实现经济社会的可持续发展是核心要义。减污降碳协同增效正是这一过程中的关键环节。从源头上治理生态环境问题，意味着需要对高碳能源结构和高耗能产业结构进行深度调整和优化，这不仅是环境治理的必然要求，更是推动经济结构绿色转型的重要途径。温室气体与传统污染物的共生、共源、共过程特性，凸显了实现减污降碳协同增效的必要性和急迫性。

此策略的实施旨在同时达成"低硫""低氮""低碳"目标，将传统的环境治理提升至更深层次、更全面的"深绿"发展阶段。这不仅有助于提高生态环境质量，增强人民的生活品质，也可以促进经济结构的绿色转型，提升经济发展与生态保护的双重效应。国家把污染减少与碳排放降低的协同增效策略视为促进经济社会全面向绿色转型的核心措施，体现了对绿色发展新理念的深刻理解和积极实践。这一战略安排不仅体现了对现代化进程中绿色发展理念的深刻理解，也彰显了中国在推动全球环境治理、实现美丽中国和清洁美丽世界目标中的大国担当（张国兴等，2022）。在统筹推进"五位一体"总体布局的过程中，减污降碳协同增效将成为推动现代化的重要力量。通过这一举措，可以更好地实现经济社会的可持续发展，为建设人与自然和谐共生的中国式现代化提供坚实支撑。同时，这也将为中国在全球环境治理中发挥更大作用、贡献更多智慧提供有力保障。

同时，推动减污降碳协同增效，不仅是中国构建新发展格局、持续推进美丽中国建设的根本路径，更是推动中国式现代化进程的关键举措。这一战略举措通过倒逼能源结构和产业结构的转型升级，降低能源和原材料消耗，推动绿色产业的发展，为中国式现代化注入了新的活力和动力。在现代化发展过程中，中国遭遇了资源环境限制日益加剧、生态系统退化等问题，这些问题对实现可持续发展目标带来了严峻的考验。因此，推动减污降碳协同增效，成为破解这一难题的必然选择。通过这一战略的实施，可以减少污染，降低碳排放，保护生态环境，为现代化奠定坚实的生态基础。

减污降碳协同增效还能促进绿色产业的发展。绿色产业作为新兴产业，具有低碳、环保、高效等特点，是现代化进程中的重要产业。通过推动绿色产业的发展，可以提高资源利用效率，降低环境污染，创造更多的绿色就业机会，推动经济社会的可持续发展。协同推进减污降碳有助于培育中国经济贸易的新增长极和关键增长点。随着全球各国对环保和低碳发展的重视，绿色产品和服务的需求不断增加，这为中国提供了新的市场机遇。通过绿色产业链和绿色价值链的优化升级，可以更好地满足国内外市场对绿色产品和服务的需求，推动经济贸易的发展。更为重要的是，减污降碳协同增效与中国式现代化进程紧密相连。中国式现代化不仅是经济上的现代化，更是生态上的现代化。实施减污降碳协同增效策略，旨在促进经济与生态保护的和谐发展，引导中国式现代化走向更加绿色、低碳、可持续的未来。减污降碳协同增效的推进，是中国构建新发展格局、持续推进生态文明建设的关键途径，也是推动中国式现代化进程的关键举措。

最后，减污降碳协同增效的实际效果和现实意义，不仅深刻体现了中国生态文明建设的决心与成效，也与中国式现代化进程紧密相连，为构建人与自然和谐共生的现代化新格局提供了坚实的支撑。中国式现代化进程不仅是经济的高速增长，更是社会的全面进步、生态环境的持续改善和人民生活质量的不断提升。在这一过程中，减污降碳协同增效成为推动中国式现代化不可或缺的重要力量。根据评估，《打赢蓝天保卫战三年行动计划》实施的三年期间，全国 SO_2、NO_x、PM2.5 排放量分别下降约 367 万吨、210 万吨和 125 万吨，同时累计减少 CO_2 排放 5.1 亿吨（《打赢蓝天保卫战三年行动计划》，2018）。除了大气污染物与温室气体减排协同，固体废物治理也有显著的温室气体减排协同效应。联合国环境规划署的评估指出，优化固体废物的回收、利用和处理流程可望降低全球温室气体排放量 10%~15%。巴塞尔公约亚太区域中心对全球 45 个国家和区域的固体废物管理碳减排潜力进行分析显示，通过提升城市、工业、农业和建筑等领域固体废物的全流程管理能力，相关国家碳排放量有潜力降低 13.7%~45.2%，平均减少幅度为 27.6%。中国循环经济协会的统计数据表明，2020 年，中国通过循环经济的发展，减少了约 26 亿吨的 CO_2 排放量（孟小燕等，2022）；在"十三五"期间，循环经济对中国碳排放减少的综合贡献率达到了约 25%。减污降碳协同增效不仅从理论层面具有合理性，其在实践中的效果也已得到验证。这一策略不仅被视为生态文明建设的核心选择，同时也是推动中国式现代化"五位一体"总体布局的关键环节。在追求美丽中国目标的过程中，减污降碳协同增效发挥了举足轻重的作用，它为实现清洁美丽的世界愿景以及全球善治提供了有力支撑。与中国式现代化的进程紧密相连，减污降碳协同增效是推动经济社会全面绿色转型、构建人与自然和谐共生新格局的必由之路。它不仅促进了能源结构和产业结构的优化升级，还推动了交通运输等领域的可持续发展，为中国式现代化建设注入了新的活力和动力。

第2章 减污降碳协同增效的国内外理论、政策与文献综述

本章对减污降碳协同增效的国内外理论基础、政策框架以及相关文献进行综述，进而梳理出减污降碳协同增效的理论脉络，分析不同时期的政策演变历程与特征，总结已有研究取得的进展和存在的不足，明确未来的研究方向。

2.1 减污降碳协同增效的主要理论基础

资源是支撑人类生产生活和推动社会经济发展的基础，但其供应不可避免地受到生态环境承载力的制约。2021年，中国订立了"3060双碳"计划，即2030年达到碳达峰，2060年达成碳中和。科学总结协同推进减污降碳的经济学理论基础，阐明政府制定减污降碳政策的理论依据具有重要的意义。归纳国内外相关研究文献来看，协同推进减污降碳的理论基础主要有外部性理论、公共产品理论、可持续发展理论、生态价值理论、低碳经济理论以及协同治理理论，不同理论之间的关系如图2-1所示。

2.1.1 外部性理论

2.1.1.1 外部性理论的发展

外部性与内部性是经济学领域中相互对应的概念，最早是由马歇尔和庇古在20世纪初提出的。它描述了经济主体（生产者或消费者）在其经济活动中对旁观者福利产生的正面或负面影响，这些影响不会由该经济主体自身获得或承担。外部性指的是一种经济力量对另一种经济力量产生的"非市场性"影响，但这种影响未能在市场价格中体现（Pigou，1920）。例如，生产过程中导致环境污染的碳排放就是负外部性的一个典型例子。

外部性理论经历了以下三个发展阶段（沈满洪和何灵巧，2002），如图2-2所示。第一阶段由马歇尔提出的"外部经济"理论构成，他在1890年的《经济学原理》中提到此概念，指出企业的生产活动会对其他企业及整个社会产生溢出

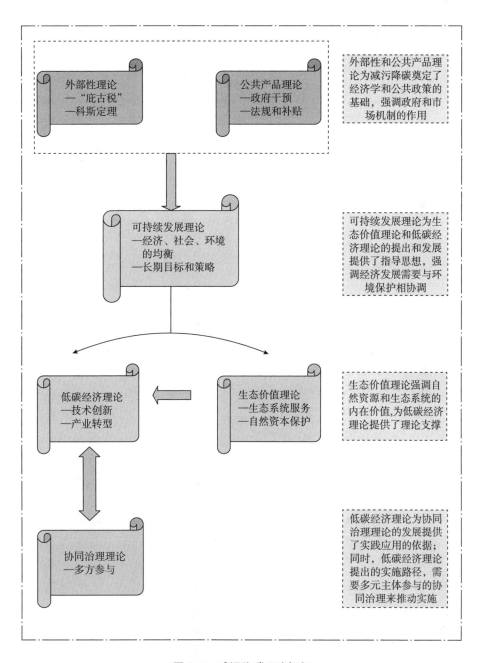

图 2-1　减污降碳理论框架

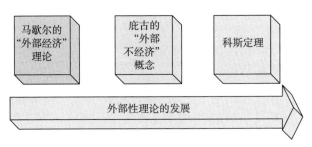

图 2-2　外部性理论的发展

效应，即"外部经济"。马歇尔将其视为包含技术进步、知识扩散等正面影响，但并未针对负面影响展开分析。

　　紧接着，庇古的"庇古税"理论开启了第二阶段。在马歇尔的"外部经济"概念基础上，庇古运用现代经济学方法，从福利经济学视角对外部性问题进行了系统研究。他将研究范围从企业对外部因素的影响转向企业或居民对其他企业或居民的影响，并详细阐释了外部性的本质，即边际私人成本与边际社会成本、边际私人收益与边际社会收益之间的差异。这种差异在没有外部效应的情况下不存在，但当出现负外部效应（如环境污染）时，会导致社会承担额外成本，反之则会产生外部收益。庇古通过提出"庇古税"的概念，提供了一种矫正市场失灵、实现外部效应内部化的方法（刘凤良和吕志华，2009）。"庇古税"理论认为，通过对产生负外部性的活动征税，对产生正外部性的活动提供补贴，可以促使生产者和消费者承担其行为的真实社会成本与收益，从而引导市场资源配置向社会最优方向调整（李莉鸿等，2019）。这种思想在实际政策制定中得到了广泛应用，如排污税等环保政策，旨在通过政府干预矫正因外部性引起的市场失灵，推动经济活动更加可持续发展。"庇古税"不仅是理论上的重大突破，也为处理现实世界中的环境问题和社会问题提供了有效工具。

　　科斯的贡献在于他对"庇古税"理论的深刻批判和科斯定理的提出，这构成了外部性研究的第三阶段。科斯指出，外部效应的问题不仅仅是单方面的侵害问题，而是具有相互性。这一见解改变了之前关于外部性的单向理解，强调了问题的双向性和相互作用。他认为，在没有交易成本的理想状态下，通过私人协商能够达成社会最优解，从而无须政府干预如"庇古税"。这一点挑战了"庇古税"作为解决外部性问题唯一手段的观点。科斯进一步分析，在实际情况中，由于存在交易成本，私人协商可能无法完全实现社会最优。在这种情况下，通过成本—收益分析来决定是否应用"庇古税"或其他政策手段成为必要。科斯的这一论点提供了一种更加灵活和现实的视角来看待外部性问题的解决方案，认为在某些情况下，政府干预可能是必要的，但在其他情况下，市场机制可能更为高效。科斯定理的核心是，只要产权明确且交易成本低，无论产权最初如何分配，市场参与者通过协商都能够自发找到解决外部性问题的最佳方式，实现资源的有效分配。科斯定理不仅表明了市场机制在处理外部性问题时的潜在效率，也强调了产权界定和降低交易成本的重要性。实际上，基于科斯定理的思想，碳交易市场的建立就是一个典型的例子。在碳交易市场中，通过明确温室气体排放权的产权并允许这些产权在市场上自由交易，旨在找到减少碳排放的最低成本解决方案。这种机制实际上是通过市场参与者之间的自愿交易来内部化碳排放的外部成本，体现了科斯定理的应用。总之，科斯通过对"庇古税"的批判和科斯定理的提出，为经济学界提供了处理外部性问题的新视角，强调了市场自我调节的能力和减少交易成本的重要性，对新制度经济学和环境经济学的发展产生了深远的影响。

在处理外部性问题时，"庇古税"与科斯定理提供了两种治理范式。"庇古税"侧重于政府干预，通过税收和补贴调整市场行为，以矫正外部性导致的市场失灵。相反，科斯定理强调市场机制，通过明确产权和降低交易成本，使市场主体通过协商自发解决外部性问题。实践中，这两种方法常结合使用，以优化经济效率和社会福利，选择何种策略取决于具体情境和交易成本。

2.1.1.2　污染物排放及碳排放的负外部性

外部性可以根据其影响效果分为正外部性和负外部性（沈满洪和何灵巧，2002）。正外部性是指某经济主体的行为对其他经济主体造成了附加利益。例如，企业在新技术研究与开发方面的投入，不仅增强其自身生产力，亦可能为所在行业带来技术创新的溢出效应。负外部性是指某经济主体的活动对其他经济主体造成损失，如制造业的排放活动恶化了相邻居民区的环境质量。

此外，外部效应根据其发生源可分为生产领域外部性与消费领域外部性。生产领域外部性是指生产活动所引致的外部性，如工业排放的污染物或温室气体，它们大多构成了负外部性。而消费外部性是指消费活动诱发的外部性，诸如某些消费行为可能会导致环境污染（沈满洪和何灵巧，2002）。

污染物排放和碳排放是由生产和消费共同导致的负外部性，可以用图 2-3 来分析。这类外部性在经济学上表现为社会成本高于私人成本，换言之，生产方在其决策过程中仅考虑了内生成本及收益，而忽略了其行为对社会带来的附加成本。具体来说，企业在生产过程中释放的污染物不仅对环境造成损害，还可能危及公共健康，这些未纳入企业内部计算的成本即构成了负外部性。

从图 2-3 可以看到，曲线 MSC 代表边际社会成本（Marginal Social Cost），包括私人成本和外部成本；而曲线 MPC 则代表边际私人成本（Marginal Private Cost），仅包括生产者自身承担的成本。MEC 表示边际外部成本（Marginal External Cost），则社会边际成本等于私人边际成本与边际外部成本之和，即 $MSC = MPC + MEC$。

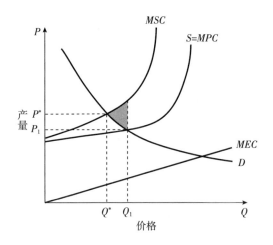

图2-3 负外部性下的边际私人成本和边际社会成本

在理想情况下，社会的最优产出量应在 MSC 与需求曲线 D 相交的点 Q^* 处，而市场均衡产出量则在 MPC 与需求曲线 D 相交的点 Q_1 处。由于生产者没有考虑外部成本，市场均衡产出量 Q_1 往往高于社会最优产出量 Q^*，同时私人企业价格 P_1 也低于社会有效价格 P^*。负外部性导致了部分私人成本的社会化，使企业价格不反映真实的资源配置成本，进而导致福利损失——即图中的阴影区域。在具有负外部性的竞争市场中，由于私人成本低于社会成本，即便在部分企业退出市场才能达成有效的情况下，这些企业可能仍然会维持在市场之中，从而引致资源配置的低效。

2.1.1.3 污染物排放及碳排放的负外部性

庇古认为，由于边际私人净产值与边际社会净产值之间存在偏差，国家干预变得既必要又合理。他主张政府应对污染排放者和碳排放企业征税，此举旨在补偿私人成本与社会成本之间的差异，并确保产品价格能够反映污染成本。这种税收被称为"庇古税"。如图2-4所示，存在负外部性时，边际私人成本低于边际社会成本，导致私人生产量超过社会最优水平。通过施加税负 T（$T = P^* - P_1$），可以促使生产从市场平衡点 E_1 调整至社会平衡点 E^*，实现边际私人成本与边际社会成本相等，进而将外部性内部化。然而，庇古的方法在实际操作中存在挑战，因为边际私人成本和边际社会成本的测度非常困难，目标税率也难以确定。

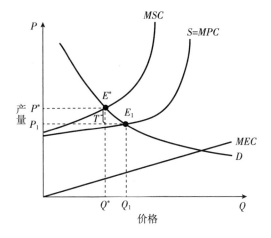

图 2-4 "庇古税"

尽管庇古提出的方案在实际应用中面临着测度和适当税率确定的困境（曹静韬，2016），但适当的征税措施在治理外部性问题上仍表现出一定效用。从 2018 年起，中国正式实施《环境保护税法》，规定向环境直接排放污染物的企业和组织为纳税对象，涉及大气、水质、固体废物和噪声等污染物。2018~2022 年，青海省累计收取环境保护税超过 4 亿元，申报的企业数量也大幅增加，税收收入逐年上升[①]。从减排效果来看，污染物减排和碳减排成效显著，特别是在能源密集型行业中。冯俏彬（2021）认为，碳税的征收有助于中国实现"双碳"目标，建议国家设定税率的上下限，具体税率由地方政府根据实际情况确定。尽管学者们一直致力于确定中国最合适的碳税率，但中国尚未开始征收碳税。这一建议旨在提高治理效率，但有可能增加政府决策成本。

综上所述，庇古税作为理论模型，在实际应用中确实存在挑战，但通过制定审慎的税收政策，依然有能力在一定程度上实现外部性的内部化，促进环境保护与可持续发展的目标。

2.1.1.4 减污降碳的方式——明确产权

科斯定理解决外部性的核心在于明确产权和交易成本，为排污权和碳排放权交易提供了理论基石。科斯定理分为三个层次进行阐述：

首先，科斯定理的第一层次认为，在零交易成本的假设下，产权的初始划分对资源配置的效率没有影响。换言之，不论产权最初如何归属，市场参与主体都能够经过协商来校正任何低效的产权分配，以实现帕累托最优。明确的产权是此

---

① 资料来源：http：//www.qinghai.gov.cn/zwgk/system/2023/07/16/030020965.shtml.

过程的关键，只要产权界定明确，各方都可以通过谈判来达成最有利的决策。以碳排放管理为例，无论是将空气的产权赋予公众还是排放企业，双方都将通过市场交易来优化社会福利。假如空气的产权属于排放企业，在清洁空气的价值超过其排放利益之前，它们有动力将排放权出售给公众，直至市场达成平衡。这说明了在公共物品的产权界定中，政府的参与是必要的，科斯并不完全否定政府在外部性治理中的作用。

其次，科斯定理的第二层次更贴近现实，即交易成本为正值。在现实世界中，交易成本永远不会为零，如建立碳排放交易市场时所承担的开销。科斯第二定理指出，只有当交易成本低于参与方通过交易获得的福利时，交易才会发生；如果交易成本超过了双方因交易而增加的福利，那么交易就可能无法成立。即便交易成本存在，市场参与者也会尽力通过协商来达成交易，以提升社会总福利。尽管交易成本会导致社会福利的一定损失，总体福利可能低于不存在交易成本时的水平，但在很多情况下交易是可行的并可提升福利。

最后，科斯定理还考虑了政府制定产权政策的成本。科斯定理的第三层次指出，若政府在界定产权时所耗费的资源超过了由此产生的社会福利提升，则无须建立该产权体系。同样地，制定任何新的政策框架都需要综合评估其成本与收益。在碳排放管制领域，初始配额分配所涉及的成本构成了政策执行的主要开支，并对碳市场体系的建立构成了挑战。具体来说，确定监管碳排放的企业范围和制定配额分配准则都面临不小的困难。要全面涵盖所有排放碳的企业，监管成本将会很高，执行难度加大；而仅监管关键企业，则可能引致碳排放至未受监管的附属企业。跨行业企业的排放限额分配难以实现一致性，而同行业内部，由于经营状况的多样性，初始配额的分配可能存在较大误差，事后调整又可能影响管控成效。

总体来看，外部性的理论构建为碳排放减少提供了关键的解决思路（刘学敏，2004）。同时，需要确立一个清晰的政策与法律框架，用以限制碳排放活动。采取排污费、排污权交易、碳税、碳排放权交易以及强制性碳排放标准等措施，能够有效地限制企业与个人的排放活动（陈诗一，2022），从而更有效率地减少碳排放，助力环境保护与可持续发展的双重目标。

2.1.2 公共产品理论

2.1.2.1 公共产品理论的发展

公共产品是指某种产品的消费不会导致其他人对该产品消费的减少，也就是说公共产品具有非竞争性与非排他性（徐素波和王耀东，2022）。公共产品有狭义和广义之分，如图2-5所示。狭义的公共产品概念是指纯公共产品，而现实中有大量的产品是基于两者之间的，不能归于纯公共产品或纯私人产品，经济学上一般统称为准公共产品。广义的公共产品就包括了纯公共产品和准公共产品。

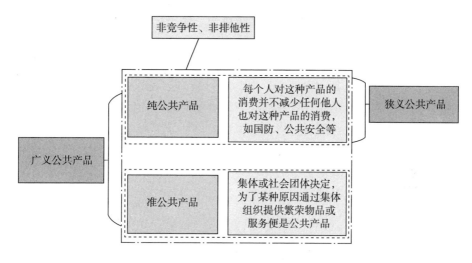

图 2-5　公共产品的界定

公共产品的理论研究起源于萨缪尔森的《公共支出的纯粹理论》一文，他将公共产品定义为不会因个人消费而减少其他人同类消费的商品。这一定义后来成为描述纯公共产品的经典定义。布坎南在《俱乐部的经济理论》中进一步扩展了公共产品的范畴，引入了准公共产品的概念，将其视为由集体决策并提供的共享资源。

1973 年，桑得莫（A. Sandom）在其论文《公共产品与消费技术》中，基于消费技术的视角对准公共产品进行了探讨。自 20 世纪 70 年代起，公共产品理论的研究重心逐渐转向如何构建高效的机制，以保障公共产品的有效供给。在马斯格雷夫（Musgrave）等经济学家的进一步研究和完善下，公共产品的核心特性——消费的非竞争性与非排他性得到了系统阐述。非竞争性这一特性表明，随着消费者的增加，其他消费者的消费效用并不会受到负面影响。换言之，新增消费者的边际成本趋近于零；非排他性则表明不可能排除任何人消费该产品。典型的纯公共产品如国防和公共安全，一旦由政府提供，所有国民均可共享其利益，而且服务的提供不受消费者数量增加的影响。

2.1.2.2　减污降碳的公共产品属性

碳排放是环境外部性的一个突出例证，其大量释放不仅揭示了化石能源的过度消耗，还引发了自然资源利用的不平衡状态，进而对环境造成了损害。当环境资源面临"公地悲剧"时，环境污染、资源枯竭及温室效应等问题接踵而至。

从环境学的视角分析，生态系统具备一定的自我修复与平衡机制，能够通过循环调节过程实现自我净化，从而维持自然界的稳定演进。然而，人类对环境资源过度消耗的行为破坏了生态系统的自我净化机制。鉴于此，实施绿色低碳措施成为必要之举，以保护生态环境并推动经济社会的可持续发展。

鉴于环境资源所具备的公共物品属性，结合公共物品理论，绿色低碳措施亦呈现出准公共物品的特征（吴波汛，2022；叶琪和黄茂兴，2023）。首先，绿色低碳措施在一定程度上具有非竞争性。当环境资源相对充裕时，其自然存在确保了公众消费的非竞争性。然而，当环境资源的使用强度超过了生态系统的承载能力，即能源与环境消费总量超过某一临界阈值时，将导致资源短缺和环境恶化的问题。在这种情况下，环境资源的利用呈现出明显的竞争性特征。通常认为，个人对绿色低碳生活方式的选择不会对他人享有同等环境资源的机会产生影响，即绿色低碳行为具有非竞争性，这反映了环境资源使用的公平共享理念。然而，当个人对绿色低碳消费的需求超过社会供给能力时，需依赖外部政策干预以保障供给。具体而言，当生态系统自身的补偿机制不足以完全抵消人为消费行为所引发的环境负荷时，个人的绿色低碳消费可能对他人享有此类消费机会产生挤占效应，从而在消费过程中引发拥挤现象。这表明，绿色低碳消费并非完全具备公共物品的非竞争特性。

其次，绿色低碳行为具有典型的非排他性特征。环境作为人类生存的基础性资源，如空气、水等基本生存要素属于公众共享，无法将任何个体排除在外。低碳发展模式所带来的减排收益，如温室气体排放降低、能源节约等，也具有非排他性质。即使某些主体未实施低碳行为，也能从整体环境改善中获益，而阻止他人获取这些收益，在现实中，要么不可行，要么成本过高。减污降碳作为一种应对气候变暖与环境恶化的战略举措，旨在实现经济增长与环境保护的和谐共进，其收益由全体公众共享，不排斥任何个体。因此，减污降碳所产生的效益展现出显著的非排他性特征。此外，减污降碳的消费呈现出典型的集体性特征，其效益难以量化并分割至个体，供给者通常面向大众统一提供，供众人共享，其终极目标在于实现可持续发展而非追求盈利。

综上所述，减污降碳无疑是一种准公共物品。其具备公共物品的一些主要特性，但由于特定情况下的竞争性质，它又不能完全被视为纯粹的公共物品。减污降碳行为对生态环境的积极影响不仅对采取这些措施的经济主体有益，而且全社会都能共享其益处，这符合公共物品的非排他性特征。市场机制在提供公共物品方面存在固有缺陷。在自由市场中，个体和企业通常缺乏提供公共物品的动机，因为他们不能从中直接获得足够的经济利益来弥补其成本，而其他人却可以不付出代价地享受这些好处。由于这种"搭便车"行为，私人部门在提供足够的公共物品方面往往是不足的。因此，政府干预通常是必要的。政府可以通过多种方式介入，包括但不限于直接财政支出来支持低碳环保项目，提供补贴和激励措施以鼓励私人部门投资于绿色技术和低碳解决方案。政府还可以通过立法手段，强制要求减少污染物的排放，并对污染者征税。这些措施可以帮助克服市场失灵，确保环保措施和减碳措施得到有效实施。

同时，鉴于减污降碳的全球性特点和异质性成本，国际合作也是解决该问题的关键。全球气候治理需要国际社会共同努力，通过如《巴黎协定》等多边协议，共同制定并执行减排目标。总的来说，减污降碳的效果不仅受制于市场力量，也依赖于政府的有效干预以及国际社会的合作。要实现真正的低碳转型，需要综合财政、市场和法律工具，以及国内和国际层面上协调一致的努力。

2.1.3　可持续发展理论

2.1.3.1　可持续发展理论的发展

可持续发展理念逐步形成于 20 世纪后半叶，受到了全球性环境挑战和能源危机的显著影响。这个时期人类对于经济扩张带来的生态负担有了深刻的认识，由此开始追求一种整体性和平衡性的发展策略。1987 年，联合国世界环境与发展委员会在《我们共同的未来》报告中首次正式引入"可持续发展"概念，强调在追求经济发展的同时，需注重生态系统完整性和未来代际的需求（Brundtland，1987）。随后，1992 年，联合国环境与发展大会进一步强调了人与自然应和谐共存的理念，并倡导全球采取可持续发展路径。为响应联合国的决议，1993 年，中国政府制定了《中国 21 世纪议程》，指出"走可持续发展之路，是中国在未来和下世纪发展的自身需要和必然选择"。此后，1996 年 3 月，中国八届人大四次会议通过的《中华人民共和国国民经济和社会发展"九五"计划和 2010 年远景目标纲要》，明确将"实施可持续发展，推进社会主义事业全面发展"作为我们的战略目标。

可持续发展的提出是对工业化进程中生态和社会问题的一种反思，目的是为了解决全球性的环境污染和生态破坏问题，以及平衡经济发展、社会发展与环境保护之间的关系（汪万发和许琴华，2021）。

随着时间的推移，可持续发展理论不断得到扩展和深化，涌现出一系列具有里程碑意义的学术成果。这些成果为可持续发展奠定了定量分析的理论基础，并为未来的研究和实践提供了有力的支撑。例如，"增长的极限"理论通过模拟不同资源消耗和经济增长情景，揭示了无限增长的不可持续性（Turner，2008）。资源永续利用理论则强调了资源利用的长期可持续性，提出了资源管理和利用的新方法（Segerson，1991）。这些理论为理解和实施可持续发展提供了重要的框架和工具。

可持续发展是一个综合性的概念，它强调在满足当代人需求的同时，保护和维持后代同样满足自身需求的能力（徐素波和王耀东，2022）。具体而言，如图2-6所示，它旨在环境、经济及社会三个主要领域实现平衡的一种发展模式。

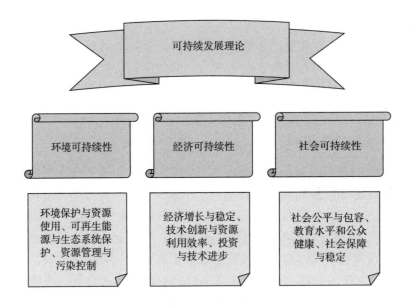

图 2-6　可持续发展理论的内涵

首先，在环境可持续性方面，可持续发展理念强调人类在利用自然资源时，需采取措施减少对环境的负面影响，以维护生态系统的完整性和稳健性，确保资源的合理利用不会导致其枯竭。生态系统的功能维持和生物多样性的保护构成了环境可持续性的关键（Daily & Ehrlich，1992）。

其次，在经济可持续方面，它要求在保证经济增长的同时，注重资源的高效利用和技术进步，促进基础设施的建设与创新，同时防止由此导致的环境退化和社会不平衡（Barrier，2017）。这需要权衡经济发展的当前收益与长远的生态和社会效益，倡导绿色技术和持续性产业的发展，以实现经济结构的优化和提升。

最后，在社会可持续方面，它强调建立一个公正和包容的社会，涉及性别平等、公共健康、教育水平及社会安全等多个方面，确保个体的平等参与和权益，并促进个人潜能的实现（董亮，2018）。为此，国家政府及社会组织需努力减少贫困、消除不公和促进社会公正，通过政策和制度确保公民的基本权利和社会福祉。

综合这三个领域，可持续发展旨在实现长期的环境、经济和社会协同进步，构筑对当代及未来世代均有益的健康、公正、繁荣的社会。为达成这一目标，需要国家、企业和个人共同参与，通过政策规划、技术创新、教育推广及国际协作，以应对全球环境和发展的挑战，推进可持续发展的全球议程。

尽管中国在可持续发展的道路上已经取得了一定的成就，但也面临环境污染、资源耗竭和社会不平等等挑战。未来，中国需继续探索经济增长与环境保护、社会公正之间更加和谐的发展途径，以确保在维护生态环境质量和资源可持续性的同时，最大化发展效益。

2.1.3.2   减污降碳与可持续发展

从可持续发展的视角来分析，当代环境危机的主要根源在于社会发展需求与资源环境承载能力之间的失衡（Pearce & Atkinson，2017）。为解决这一"环境悖论"，需要以更加审慎和可持续的方式开展人类实践活动（Pearce et al.，2013）。然而，传统的工业化发展模式常常以牺牲生态环境为代价来获取经济增长（Daly，2017）。尤其是化石燃料的大量燃烧，加剧了温室气体排放，引发了全球气候变暖和极端气候事件。这些行为损害了人类赖以生存的自然基础，与可持续发展理念背道而驰，因而，减排降碳迫在眉睫。

首先，减污降碳与经济高质量发展的要求相一致。可持续发展理念强调在实现经济增长的同时，提升经济发展质量和公众生活水平。温室气体排放已对人类生产和生活产生了深远影响（Pearce et al.，2013）。尽管传统的粗放式增长在短期内可能促进经济快速扩张，但其高能耗、高污染的特点导致了能源和生态的双重危机，使经济发展和环境保护之间形成了一个困境（Daly，2017）。因此，全球各国正采取减少污染和碳排放的策略来应对环境挑战。若不对这类问题进行有效控制，短视地追求经济增长将导致自然资源的过度消耗，并最终阻碍经济向前发展，背离了经济高质量增长的目标。

其次，减污降碳符合资源与环境的承载能力。可持续发展的目标是在生态系统遭受变动或干扰时，仍保持其生产潜力，这就要求在经济进步与生态保护之间找到平衡（Pearce et al.，2013）。具体做法是在生产过程中采取源头或末端的减排措施，以确保经济和社会的发展不超出生态系统的承载能力。碳排放的根源在于大规模的能源消耗，若由此引发的资源耗损和环境破坏超过承受极限，那么造成的生态环境代价可能会抵消经济增长带来的利益（Daly，2017）。此外，全球气候的变暖还可能导致极端天气、冰盖融化和海平面上升，这些全球性影响可能会严重威胁人类的生存空间。

最后，促进社会公平是可持续发展的关键组成部分。可持续发展是当今全球性的重要议题，其核心在于满足当代人需求的同时，不损害后代人的权利和福祉，主张在同代间和代际间实现公平（Pearce & Atkinson，2017）。环境问题具有外溢性，任何国家或地区的过量碳排放都是以阻碍全球发展为代价，导致资源环境在国家和区域间的不平等。当前世代在资源开发中享有先发优势，但面对自然界的有限承载能力，必须权衡未来世代的需求。未能履行跨世代公平的责任将导致资源过度利用和污染超标，侵犯后代对于资源环境的权利，进而威胁人类生存和发展的可持续性（Daly，2017）。

人与自然是不可分割的生命共同体，只有社会、经济、资源和环境协调平衡，才能促进"经济—环境—社会"复合系统的长期健康稳定发展，进而实现可持续发展的根本目标（吕忠梅，2023）。在这一过程中，政府扮演着调和这三个系统并确保其协调运作的关键角色。政府的干预可通过定制规则和政策来调节资源和环境的利用，缓解能源的消耗。利用财政工具激励企业采用清洁生产技术，生产环境友好型产品，同时运用科技创新减轻对生态的压力，推动生产方式与结构的优化，以及倡导可持续消费模式，最终实现社会层面的污染减排。政府宏观政策的调整可激励企业与公众投身于减碳行动，促进构建起一个与可持续发展原则相符的绿色低碳经济体系。

2.1.4　生态价值理论

2.1.4.1　生态价值理论的发展

对于价值理论的讨论一直是经济学各流派的重要课题，主要因为它对资源分配策略的影响力。然而，关于生态是否具有价值以及其可能的价值性质的问题成为关注的焦点。学术界过去一直将资本、劳动和技术视为经济增长的主要驱动力，相对忽视了自然资源的重要性。直到 20 世纪 80 年代，学者们开始注意到传统经济模型对资源限制的忽视，无法完全解释现实世界的运行情况。

随后，生态经济学家提出了生态价值理论，试图将价值的概念扩展至自然领域。该理论认为，我们应该为自然资源赋予价值，以突出其在经济社会发展中的重要性（Daly & Cobb，1989）。这种价值包括自然资源消耗过程中存量和流量的经济价值、伦理价值和功能价值等。

生态价值理论不仅强调自然资源具有直接的经济属性，更重要的是，它揭示了人与自然和谐共存的可持续发展观念。这种理论作为生态哲学的产物，摒弃了以人为中心或以自然为中心的单一价值理论，并认为纯粹的功利主义价值理论无法全面反映人与自然的关系。只有在同时尊重人类价值和自然价值的基础上，才能实现对生态系统整体价值的提升。近年来，中国提出的"人与自然是一个生命共同体"和"绿水青山就是金山银山"的观念，可以视为一种新的生态价值诉求，彰显了人们对美好生活品质的向往和对美丽环境的迫切期待（周光迅和李家祥，2018）。这种理念不仅反映了生态价值理论的核心思想，也为全球生态经济学的发展提供了重要的实践示例，图 2-7 展示了生态价值理论的内在逻辑。

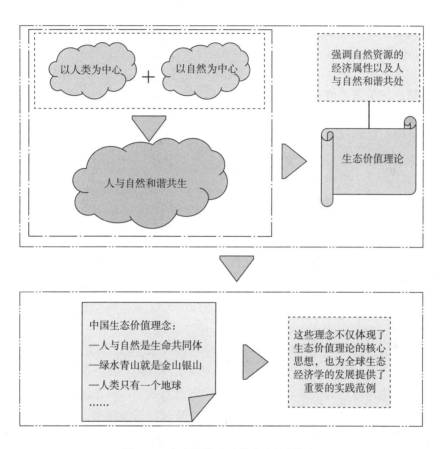

图 2-7 生态价值理论的内在逻辑框架

2.1.4.2 生态价值理论在减污降碳中的应用

生态价值理论在减污降碳中的应用具有重要意义，尤其在对生态系统服务价值进行量化和评价的环节上。该理论突出了生态系统的内在价值，而并非仅囿于社会行为主体的偏好或制度安排所赋予的外在价值（刘薇，2009）。这种视角对于制定和实施有效的减污降碳策略至关重要，以下是具体的应用领域：

首先，在生态系统服务的识别与量化方面，生态价值理论聚焦于生态系统的内在价值，强调其自我维持和功能完整性的重要性。通过量化这些内在价值，我们能够更科学地评估生态系统在减污降碳中的作用。例如，Costanza 等（1997）提出的单位价值测度方法，利用市场价格、替代成本等指标，评估不同生态系统类型的服务价值；谢高地等（2003）提出的"中国式"生态系统服务价值测算量表——当量因子法，从生态功能的角度量化生态系统的内在价值，都是对这种内在价值量化的尝试。为了更全面地评估生态系统服务的价值，学者们提出了多种方法，如能值法、能值拓展法和水足迹法等。例如，刘春芳等（2021）利用供需平衡模型、生态足迹法和生态系统服务轨迹模拟等方法，测算了石羊河流域的生态补偿总额。这些方法有助于我们更好地理解和量化生态系统在减污降碳中的贡献。

其次，在生态补偿方面，生态补偿是实现减污降碳目标的重要经济手段。王奕淇和李国平（2016）利用能值分析法和水足迹法测算了渭河流域的生态补偿金额，为政策制定提供了科学依据。这些研究通过量化生态系统服务的价值，明确了不同生态系统在减污降碳中的经济价值。在确定生态补偿标准时，选择实验法（Choice Experiment）作为假想市场价值法，通过问卷调查和潜在分类模型分析，能更客观地反映受访者对生态系统服务的意愿支付。例如，李潇（2018）和杨欣等（2016）通过该方法测算了国家重点生态功能区和武汉市农田生态补偿标准。

再次，基于生态价值的土地利用规划方面，通过量化不同土地利用方式的生态服务价值，优先保护和恢复高生态价值地区，最大化生态系统服务，并减少土地利用变化带来的碳排放和污染。这一规划策略显著促进了可持续土地治理和利用的目标。

最后，在生态修复和保护的领域内，生态价值理论通过环境效益的量化评估，为生态修复项目的规划与执行提供了坚实的科学支撑。生态系统服务的明确识别及其价值的定量化是生态修复工作开展的关键基础，有助于增强生态系统的碳吸存和污染净化能力。生物多样性的保护不仅有助于维护和增强生态系统的功能，也增强了生态系统面对气候变迁和环境污染时的适应能力。生态价值理论还特别强调了生物多样性在提供生态系统服务中的基础作用，其对于减污降碳具有重要意义。

中国已经在保护生态价值上做出了诸多尝试和努力。通过开展科普宣传及教育活动，加深了公众对生态系统在减污降碳中作用的理解，激发了大众参与生态保护和支持可持续发展的热情。生态价值理念为教育活动奠定了坚实的科学基础，帮助公众更深入地认识到生态系统的重要性。

2.1.5 低碳经济理论

2.1.5.1 低碳经济理论的发展

2003 年，英国政府在其发布的一份白皮书中首次提出了"低碳经济"这一概念。该白皮书强调，在全球气候变暖这一宏观背景下，低碳排放成为低碳经济发展的关键。低碳经济定义为，依托于可持续发展的原则，通过政策与制度的革新、技术进步以及新型能源的开发利用等途径，旨在减少对煤炭、石油等传统高碳能源的依赖，并努力降低温室气体排放，以期实现经济增长与环境保护的"双赢"（张文斌和宋建波，2024）。

自 2007 年政府间气候变化专门委员会发布第四次评估报告及"巴厘路线图"达成之后，低碳经济的理念逐渐获得了国际社会的广泛认同，全球范围内向低碳经济转型已成为不可逆转的趋势。即便是 2009 年哥本哈根气候大会未能就气候变化应对措施达成广泛一致看法，低碳经济的议题依然激发了国际社会的热烈讨论，促使包括欧盟、日本、美国在内的多个国家和地区通过各种手段推进低碳经济的建设。

中国环境与发展国际合作委员会的报告表明，"低碳经济是在后工业化阶段出现的一种新型经济模式，其目标是通过限制温室气体排放至特定水平，以避免气候变化对国家和人民产生负面影响，从而确保一个可持续的全球居住环境"（中国环境与发展国际合作委员会，2007；潘家华，2010）。低碳经济模式在实际应用中更加复杂，如在设定碳减排目标时，各国须考虑自身经济发展状况和特点。一般而言，发展中国家普遍采纳以碳强度指标为本国约束指标的方式，在实现经济增长的同时也能够达成节能减排的目标，因此，低碳经济在这一阶段被定义为碳排放量增速低于经济增速的发展模式。总的来说，低碳经济旨在应对气候变暖和环境恶化等全球性问题，通过提高技术效率、优化能源与产业结构等措施，最终实现减排目标。其核心特征包括减少碳排放量、提高碳生产效率以及实现经济社会的协调可持续发展。

2.1.5.2　减污降碳与低碳经济理论

低碳经济这一概念的提出是对世界范围内气候变化和日益剧烈的环境问题做出的回应，呈现了一个经济发展模式的理论框架。它强调在经济活动中推进能源使用和工业过程的低碳化，以减少尤其是 CO_2 这类温室气体的排放。该理论对以往依靠大量燃烧化石燃料、引发环境及气候问题的传统高碳模式进行了深刻反思。在低碳经济框架下，技术革新被视作推动经济增长与实现减排目标的关键驱动力。通过提升能源效率、开发可再生能源，以及推广绿色生活和生产模式，低碳经济致力于在经济结构和生活方式上实现根本性转变。该理论还主张利用市场机制，如碳交易市场，为减排活动提供经济动力。作为国际合作应对气候变化的结果，低碳经济理念随着京都议定书、巴黎协定等国际协议的签订而获得了全球共识的加强，并推动了经济朝着更可持续和环境友好的方向发展。

低碳经济理论的内涵可以从狭义和广义两个维度进行解析。狭义的低碳经济主要指一种经济发展模式，其核心目标是在维持经济增长的同时，大幅降低能源消耗和温室气体排放，特别是 CO_2 的排放。这一模式强调发展低能耗、低污染、低排放的产业和技术，并配套相应的政策措施，以实现经济增长与环境保护的和谐共存（邬彩霞，2021）。而广义的低碳经济则更广泛地关注于减少碳排放，并采取多种措施，如提升能源效率、实施碳税和碳交易等市场机制，以及推动低碳技术的研发和应用。这种模式通常与国家或地区的碳排放减少目标紧密相连，如实现碳排放峰值和碳中和等。广义的低碳经济不仅关注减排目标，还可能包括对生态系统的保护、资源使用效率的提升、社会公平的促进等多方面内容，其目标是实现全面的可持续发展。总体而言，狭义的低碳经济侧重于减排和能效提升，而广义的低碳经济则是一种更为综合的社会经济发展模式，旨在通过一系列政策和技术手段，实现经济增长与环境保护的"双赢"。

2020 年，中国明确提出了实现"碳达峰、碳中和"的战略目标，这一目标进一步丰富了低碳经济的内涵。为达成这一目标，中国政府推出了一系列政策措施，旨在实现生产端的"源头降碳"和消费端的"清洁转型"。这不仅要求高污染、高排放企业在生产过程中减少能源消耗和污染排放，加强清洁生产技术的改进，推动能源技术创新，促进能源系统向智能化和高效化转型；同时，政府也积极鼓励可再生能源的开发和利用，培育和支持新型清洁能源产业，推动能源结构的优化和升级。图 2-8 展示了低碳经济理论的发展及其在中国的实施路径，通过明确的"碳达峰、碳中和"目标和政策措施，推动了资源节约型、环境友好型经济的发展。中国的发展经验和技术创新不仅促进了国内的绿色经济增长，还为全球提供了低碳经济发展的实践范例，推动了全球气候和环境治理的协同进步。

中国作为最大的发展中国家，发展低碳经济符合全球低碳化趋势，在未来的发展中，中国将继续积极推动低碳经济的发展，推动技术革新和国际化合作，建设资源节约型、环境友好型经济发展模式。

2.1.6 协同治理理论

2.1.6.1 协同治理理论的发展

协同治理理论融合了自然科学领域的协同性质和社会科学领域的治理属性，构成一种跨学科的理论框架，为阐释社会系统的协调发展提供了强有力的理论支持。协同学的概念最早是由赫尔曼·哈肯在 20 世纪 70 年代提出的，它致力于研究众多不同本质的子系统（例如电子、原子、分子等）如何在宏观层面上通过相互作用产生结构性特征，特别是那些自我组织的结构形式，以揭示自组织过程中普遍适用的原则。赫尔曼·哈肯的协同学强调，无论是宏观层面的系统还是微观层面的系统，只要是开放性的，就能在某些条件下展现出有序性。多个学科领域，如物理学、化学、生物学、经济学等，都从其独特的学术视角探讨了协同现象，进而探索社会各现象的运作机制和规律，显示出其作为一种方法论的重要价值。

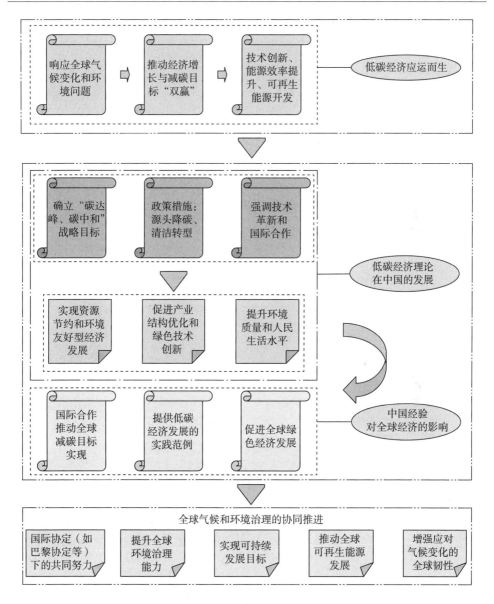

图 2-8　低碳经济理论的中国发展及其对全球经济的影响

自 20 世纪 90 年代起，治理的概念不只在政治领域，亦在社会经济领域得到了深入的应用与发展。协同治理理论结合了协同学与治理学的理论视角，旨在探求如何在开放性系统中构建更为有效的治理框架，对治理效能的提高发挥了关键作用。该理论提出了包括政府、社会组织、商业实体和公众在内的多元化治理实体的共同介入，并突出了这些实体之间基于自愿合作和平等协商的治理方式，而不是单纯依赖政府的行政指令（李梅等，2024）。换句话说，协同治理本质上是行为规范建立的过程，这一过程需要得到广泛参与方的共识和承认。这些参与方各自拥有不同的利益目标和社会资源，在追求共同目的时，他们进行信息和资源的互换，并在此基础上形成了相互的竞争与合作关系（乔花云等，2017）。

尽管协同治理研究涵盖了参与方之间的竞争性关系，其核心仍旨在推动各方的协作，以期实现整体效应大于部分之和的理想状态。例如，大气污染治理与温室气体减排的协同措施，便体现了众多相关主体之间建立一个相互依存、共同责任和利益共享的治理格局（姜华等，2022）。这种治理模式与协同治理理论相契合，有助于应对治理的"碎片化"管理体制问题，为解决环境问题提供重要启示，如图 2-9 所示。

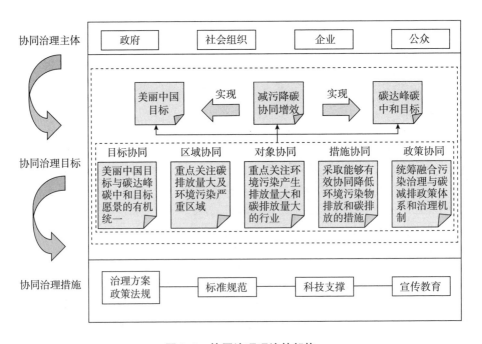

图 2-9 协同治理理论的架构

在推进全社会大气污染与碳排放协同治理的过程中，各参与主体应依据各自特点进行合理规划，参与到协同治理的各个环节中，为协同减排工作的顺利开展提供支持。如政府作为掌握社会主要资源的参与者，在多元治理结构中占据关键地位，需主动担当统筹职责，通过出台相关法律、法规及政策来引导和激励社会各主体参与环境治理；企业也应明确自己在减污降碳协同治理中的主体地位，严格遵循环保法规，主动进行技术革新，淘汰落后的高污染和高耗能生产方式，以实现从源头上减少污染物排放；社会组织应强化自身能力建设，作为公众与政府间的交流纽带，坚持监督职责，确保监督过程的公正与透明；公众作为污染治理主体之一，需增强环保意识，积极参与到减污降碳协同治理中，通过自己的行动，推动形成全社会共同参与的环境治理格局。

2.1.6.2　协同治理理论在减污降碳中的应用

协同治理理论融合了自然科学中的协同学和社会科学中的治理理论，以其在多主体合作与自组织方面的独特视角，为减污降碳提供了理论支撑和实践指导。在此框架下，各利益相关方通过协同互动，共同应对环境污染和气候变化挑战，促进社会经济的可持续发展。

首先，在多元主体的协同合作方面，在减污降碳过程中，多元主体的协同合作是实现目标的关键。协同治理理论强调政府、企业、非政府组织（Non-Governmental Organizations，NGO）和公众等多元主体在治理体系中的平等地位和相互依存关系。通过协调各主体的职能和关系，可以充分发挥各自的优势，共同推进减污降碳工作。政府在减污降碳中扮演着主导和协调的角色，通过制定政策法规、提供财政支持和实施监管来引导和规范各主体的行为。企业则通过技术创新和优化生产过程，降低碳排放和污染物排放。NGO 和公众通过参与环境保护活动、监督企业和政府行为以及宣传环保理念，形成社会监督和公众参与的氛围，从而增强整个社会的环保意识和行动力。

其次，在动态适应方面，协同治理理论中的自组织原理强调系统内部各子系统通过相互作用，自发形成新的有序结构。减污降碳作为一个长期和动态的过程，需要在不断变化的环境和社会条件下，依靠各主体的自组织能力进行调整和适应。在减污降碳过程中，各主体应根据不同阶段的需求和现实情况，动态调整自身的角色和功能。例如，在政策制定阶段，政府主导并引导企业和社会共同参与；在具体实施阶段，企业发挥技术创新和生产优化的作用；在政策评估和调整阶段，NGO 和公众通过反馈和监督推动政策改进。这种动态适应机制有助于应对复杂多变的环境问题，进而提升治理效能。

最后，在优化制度与激励机制方面，协同治理理论强调优化制度设计和激励机制，以促进各主体之间的有效协同。在减污降碳过程中，需要建立完善的法律法规、激励政策和监督机制，确保各主体能够积极参与并共同推动目标实现。一是通过完善环境法律法规，明确各主体的责任和义务，为减污降碳提供制度保障。二是采用财政税收激励、补贴和奖励等手段，鼓励企业和个人采取环保措施，降低碳排放和污染物排放。三是通过建立信息公开和监督问责机制，增强透明度和公众参与度，形成社会监督力量，推动减污降碳工作的持续改进和优化。

协同治理理论为减污降碳提供了多主体协同合作、自组织与动态适应以及优化制度与激励机制的理论框架和实践路径。通过将协同治理理论应用于减污降碳，可以实现各主体之间的有效协作，推动环境治理体系的有序化和高效化，最终促进社会的可持续发展。

2.2　中国减污降碳协同增效政策的演变历程与特征

2.2.1　中国减污减碳协同增效政策的发展阶段

为应对气候变化与环境污染问题，中国积极落实"双碳"目标、深入推进污染防治工作，推进减污降碳协同治理已经成为中国推动生态文明建设的重要一环，在实现经济高质量发展的同时，最大限度地减少对环境的负面影响，提升资源利用效率，推动绿色、低碳、可持续发展（杜莉，2020）。本部分以减污降碳协同效应的政策为出发点，梳理其发展脉络，中国减污降碳协同增效政策的发展大体分为如图 2-10 所示的三个阶段。

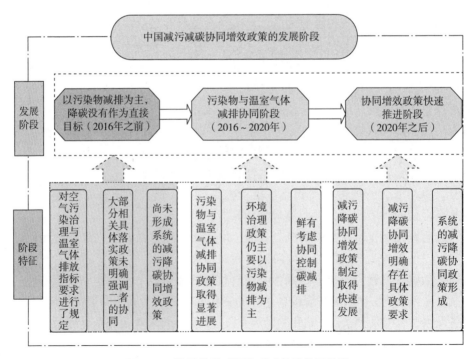

图 2-10　协同推进减污降碳政策的发展阶段

2.2.1.1　以污染物减排为主，降碳没有作为直接目标阶段（2016 年之前）

空气污染与全球气候变化对人类健康和环境的影响日益显著。根据 2012 年世界卫生组织数据，空气污染当前已成为全球最严重的环境健康威胁，当年超过 700 万人因空气污染导致死亡，全国环境空气质量不容乐观，日益严峻的气候变化问题引起了世界范围内社会各界的关注。为有效应对全球气候变化的挑战，2012 年中国国务院颁布了《"十二五"控制温室气体排放工作方案》，着重强调要通过限制和降低单位国内生产总值的 CO_2 排放量，来减缓气候变化对环境和人类健康的不利影响（高健，2016）。该方案还规定了对传统污染物如硫氧化物、氮氧化物等和多种温室气体排放的具体指标和目标，为未来的环境保护和气候应对工作奠定了基础。随着经济快速增长和工业化进程加速，中国面临着日益突出的环境空气质量问题，如雾霾等大气污染现象频现，复合型大气污染问题逐渐凸显。为了应对这一问题，2013 年国务院进一步发布了《大气污染防治行动计划》，强调通过深入开展为期 5 年的大气污染防治行动，从"总量减排"向"效益改善"转变，实现由局部治理到跨区域联防联控的策略转型，全面提升了全国范围内的空气质量，不仅在政策层面上提供了指导，更在实践中推动了环境保护工作的深入开展（刘华军等，2023）。同时，为了加强生态文明建设和生态环境保护，2013 年环境保护部发布了《全国生态保护"十二五"规划》，旨在贯彻落实国家发展规划和环境保护政策，大力推进生态保护工作，确保自然资源的可持续利用和生态系统的健康运行。此外，中国在环境保护方面政策要求逐步加强，2015 年修订后的《中华人民共和国环境保护法》特别强调了促进清洁能源应用和减少生产建设和其他活动中污染物排放等方面要求，为推动环境保护和减缓气候变化提供了法律保障。总体来看，在该阶段，中国对空气污染治理与温室气体排放指标要求进行了规定，但大部分具体落实政策未明确强调两者的协同，虽尚未形成系统的减污降碳协同增效政策，但进行了有益探索（见图 2-11）。

2.2.1.2　污染物与温室气体减排协同初步确立阶段（2016~2020 年）

2016~2020 年污染物与温室气体减排协同初步确立，国家法律法规、政策文件、部门规章等开始将协同控制作为目标，统筹考虑传统污染物总量控制与温室气体减排的协同效应。2016 年修订的《中华人民共和国大气污染防治法》提出协同控制大气污染物和温室气体排放，在法律层面首次明确提出了"对大气污染物和温室气体实施协同控制"的指导原则（杨罕玲和赵一炜，2022）。基于此，政府及有关部门发布的相关文件加强了污染物与温室气体协同控制相关政策要求。例如，2016 年国务院颁布的《"十三五"控制温室气体排放工作方案》进一步强调推进低碳发展、有效控制温室气体排放。

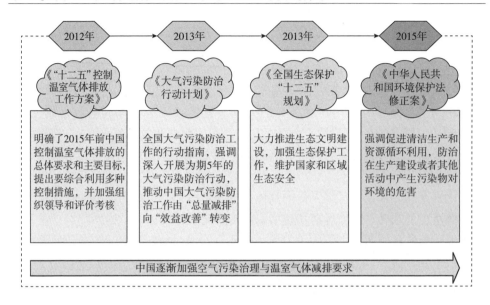

图 2-11　前协同阶段相关政策和法规发展

同时，随着"蓝天保卫战"正式打响，2018 年国务院发布了《打赢蓝天保卫战三年行动计划》，针对中国严峻的空气污染问题，计划旨在通过采取一系列有力措施，大幅减少颗粒物（PM2.5）、二氧化硫和氮氧化物等主要大气污染物的排放总量。除了针对传统大气污染物的控制，还明确提出协同减少温室气体排放的目标。此外，《2019 年全国大气污染防治工作要点》进一步规划了三年计划，强调在大气污染防治方面的持续努力和具体措施。此外，部门层面在协同治理技术和政策措施方面也充分体现了减污降碳协同增效的理念。

2019 年生态环境部发布的《重点行业挥发性有机物综合治理方案》以及《工业企业污染治理设施污染物去除协同控制温室气体核算技术指南（试行）》等文件，明确将协同控制温室气体排放作为重要目标。同年，生态环境部还推出了《工业炉窑大气污染综合治理方案》等部门规范性文件，详细规定了协同控制温室气体排放的具体措施和目标。这些政策举措不仅在技术层面上推动了减污降碳的协同效应，也有助于全面推进环境保护工作和应对气候变化挑战，进一步促进了中国的生态文明建设和经济高质量发展（朱轲欣，2022）。综上所述，虽然污染物与温室气体减排协同政策取得显著进展，但是在"双碳"目标提出之前，中国的环境治理政策大多以污染物减排为主，鲜有考虑协同控制碳减排（见图 2-12）。

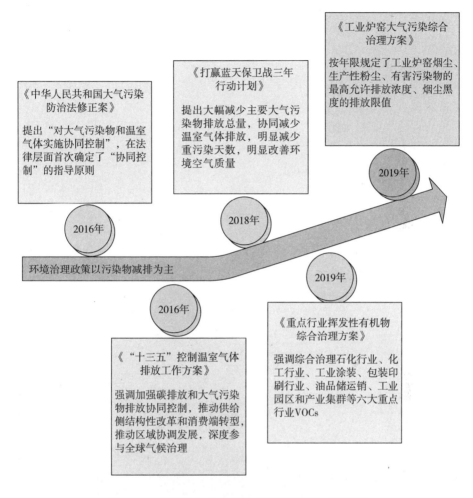

图 2-12 污染物与温室气体减排协同阶段政策发展

2.2.1.3 污降碳协同增效政策快速推进阶段（2020 年之后）

2020 年，中国作出落实"双碳"目标的重要承诺，为推动减污降碳协同效应提供了重要的历史机遇。为了实现"双碳"目标，2021 年《中共中央 国务院关于完整准确全面贯彻新发展理念做好碳达峰碳中和工作的意见》和《2030 年前碳达峰行动方案》相继发布，强调采取全面的政策措施和技术手段，推动经济向高质量发展转型，为实现"双碳"目标提供了战略支持。减污降碳作为碳达峰、碳中和"1+N"政策体系的关键内容，成为中国应对气候变化、推动生态文明建设的重要组成部分（武金装，2022）。与发达国家在解决环境污染后转向强化碳排放控制不同，中国当前面临生态文明建设和实现碳达峰、碳中和两大战略任务的双重挑战。因此，中国迫切需要加强生态环境的综合治理，特别是在推动减污降碳协同效应方面。当前，推动减污降碳协同效应已成为新发展阶段下推动经济社会绿色转型的不可或缺的战略选择。为此，2021 年 1 月，生态环境部印发《关于统筹和加强应对气候变化与生态环境保护相关工作的指导意见》，强调了通过协同推进减污降碳与生态环境保护工作，实现"双碳"目标的重要性，并为后续政策的制定和实施提供了指导原则（田丰等，2021）。随后，2022 年，生态环境部等七部门联合印发《减污降碳协同增效实施方案》，进一步明确了协同推进碳达峰、碳中和与生态环境保护工作的具体目标和实施机制，为政策的落实提供了操作性和实效性支持。此外，2023 年国务院进一步发布了《空气质量持续改善行动计划》，着重于促进多种污染物的减排，特别是针对空气质量的改善提出了具体措施和目标。这些举措不仅有助于改善人们的生活环境，还对应对未来的气候变化产生了积极影响。综上所述，从 2020 年开始，中国在减污降碳协同增效政策制定方面取得了迅速发展，为未来的环境保护和气候变化应对奠定了坚实的政策基础和行动框架（见图 2-13）。

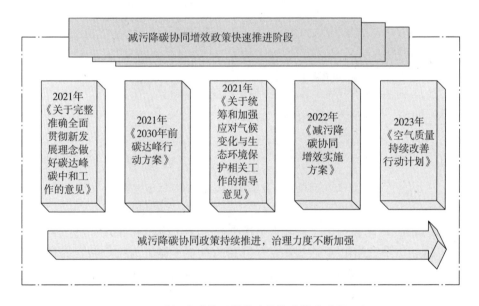

图 2-13 减污降碳协同增效政策快速推进阶段历程

2.2.2 中国减污降碳协同增效的政策体系

中国在法律法规、行政规章和地方性条例中，全面推进了减污降碳协同增效的实施。这不仅体现在具体的环境保护法条例中，也在各级政府和部门的政策指导中得到体现，形成了较为完善的政策体系（见图 2-14）。

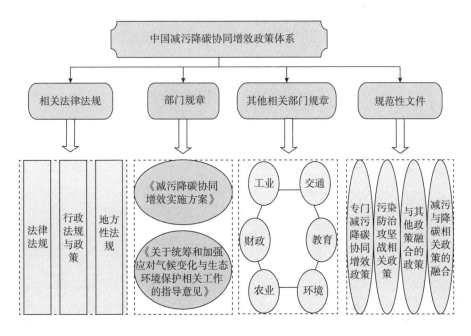

图 2-14　中国减污降碳协同增效的政策体系

2.2.2.1　相关法律法规

（1）减污降碳协同增效的法律基础

减污降碳协同增效的实践在中国得到了法律层面的明确支持和指导，且法律法规体系随之不断更新完善。自 2016 年《中华人民共和国大气污染防治法》正式实施以来，中国便在法律层面明确了大气污染物和温室气体的协同控制要求。该法不仅详细规定了大气污染防治的基本原则、制度措施和法律责任，还强调了加强对燃煤、工业等大气污染源的综合防治，且针对颗粒物、二氧化硫等大气污染物和温室气体，从法律层面明确了协同控制的重要性。这一法律的实施标志着中国政府在环境保护和应对气候变化方面迈出了重要一步。随着环保形势的不断严峻，2018 年修订的《中华人民共和国大气污染防治法》在原有基础上进一步巩固了综合防治大气污染的原则，并强调了环境保护和生态文明建设的重要性。这一修订不仅体现了中国在环境保护领域持续加大力度，也彰显了中国在推动绿色发展、构建生态文明方面的坚定信念。通过法律的修订和完善，中国为减污降碳协同增效提供了更为明确和有力的法律保障。

此外，对于减污降碳协同增效的实践，在中国不仅得到了法律层面的明确支持，还有一系列重要的政策文件为其提供了坚实的政策支持和指导。例如，2018年6月发布的《打赢蓝天保卫战三年行动计划》以及2021年发布的《国民经济和社会发展第十四个五年规划和2035年远景目标纲要》，进一步强化了减污降碳协同增效在国家战略中的重要地位（宋鸽，2022；郭立祥，2022）。这些文件不仅明确了未来一段时间内的环境保护的目标和任务，还提出了具体的政策措施和行动计划，为减污降碳协同增效提供了有力的政策支持。2023年国务院发布了《空气质量持续改善行动计划》，旨在深入贯彻习近平生态文明思想，协同推进降碳、减污、扩绿和促进经济增长，有助于进一步改善空气质量，推动生态文明建设，促进经济可持续发展（见图2-15）。

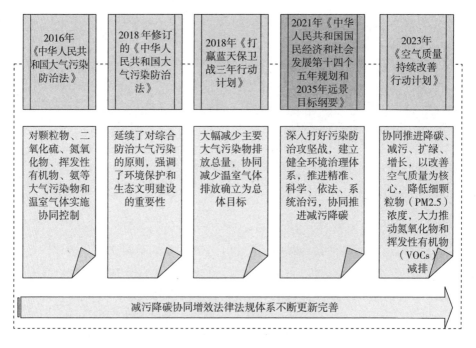

图2-15　减污降碳协同增效国家层面法律法规与政策

（2）行政法规与政策文件指导

在行政法规与政策层面，中国也出台了一系列文件来指导和推动减污降碳协同增效工作。这些文件不仅为减污降碳协同增效提供了具体的行动指南和政策支持，还通过跨部门、跨领域的协同合作，推动了减污降碳工作的深入开展。首先，行政法规和政策文件在减污降碳协同增效的顶层设计方面发挥了重要作用。

例如，2016 年 10 月颁布的《"十三五"控制温室气体排放工作方案》明确了温室气体排放控制的总体目标和主要任务，为减污降碳协同增效提供了明确的方向和目标。同时，该文件还提出了加强碳排放和大气污染物排放协同控制的要求，强调了减污降碳协同增效的重要性。

其次，行政法规和政策文件在推动减污降碳协同增效的具体实施上发挥了重要作用。例如，2022 年《"十四五"现代综合交通运输体系发展规划》提出了推动交通运输绿色低碳转型的具体措施和目标，包括优化交通运输结构、推广清洁能源和新能源汽车等。这些措施的实施将有力推动交通运输领域的减污降碳工作。此外，2022 年《国务院办公厅转发国家发展改革委等部门关于加快推进城镇环境基础设施建设指导意见的通知》和 2023 年《国家发展改革委 住户城乡建设部 生态环境部关于推进污水处理减污降碳协同增效的实施意见》也强调了推动减污降碳协同增效的指导思想（见图 2-16）。

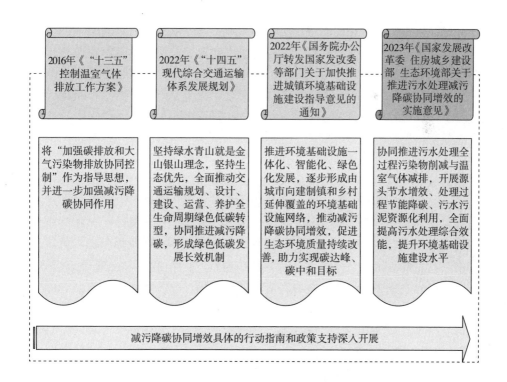

图 2-16　减污降碳协同增效行政法规与政策

此外，行政法规和政策文件还通过跨部门、跨领域的协同合作，推动了减污降碳工作的深入开展。例如，在能源领域，中国实施了能源革命战略行动计划，推动能源结构向清洁低碳转型；在工业领域，中国实施了绿色制造工程计划，推动工业绿色化发展；在农业领域，中国实施了农业绿色发展行动计划，推动农业绿色生产和可持续发展。这些行动计划的实施都需要各相关部门的协同合作和共同努力。

（3）地方性法规的补充与强化

各地政府根据本地实际情况和环境保护需求，制定了一系列具有地方特色的法规和政策文件，以推动减污降碳协同增效的深入开展。首先，地方性法规在减污降碳协同增效的制度建设上发挥了重要作用。例如，2017 年修订的《海南省环境保护条例》、2021 年施行的《天津市碳达峰碳中和促进条例》、2022 年修订的《福建省生态环境保护条例》、2021 年施行的《湖州市绿色金融促进条例》等地方性法规明确提出了对大气污染物和温室气体实施协同控制的要求，并规定了具体的控制措施和法律责任。这些法规的出台为当地减污降碳协同增效提供了有力的制度保障。

其次，地方性法规在推动减污降碳协同增效的具体实施上发挥了重要作用。各地政府根据本地实际情况和环境保护需求，制定了一系列具有针对性的政策措施和行动计划。例如，2022 年 12 月 1 日施行的《河北省固体废物污染环境防治条例》和 2023 年 1 月 1 日施行的《内蒙古自治区煤炭管理条例》等法规提出，通过资源化进程和工业固碳等技术手段实现减污降碳协同增效的具体要求与目标。这些措施的实施有力地推动了当地减污降碳协同增效的深入开展。

此外，地方性法规还通过加强执法力度和监管机制建设，确保了减污降碳协同增效的有效实施。不少地方政府加强了对环境违法行为的打击力度，还建立了严格的监管机制和处罚制度。如《南阳市大气污染防治条例》（2020 年 3 月 1 日起施行）、《咸阳市大气污染防治条例》（2020 年 3 月 1 日起施行）、《朔州市大气污染防治条例》（2019 年 12 月 20 日起施行）均提出"对颗粒物、二氧化硫、氮氧化物、挥发性有机物、氨等大气污染物和温室气体实施协同控制"。这些地方性法规的出台充分表明了地方政府在应对气候变化、改善环境质量和促进可持续发展方面的决心和努力，为构建生态文明和实现碳达峰、碳中和目标提供了重要的法律支持（见图 2-17）。

2.2.2.2 部门规章

除了法律政策外，中国还制定了《减污降碳协同增效实施方案》和《关于统筹和加强应对气候变化与生态环境保护相关工作的指导意见》，这些专门部门规章为减污降碳协同增效提供了具体的操作指南和政策支持。

（1）《减污降碳协同增效实施方案》

《减污降碳协同增效实施方案》是 2022 年 6 月由生态环境部、国家发展改革

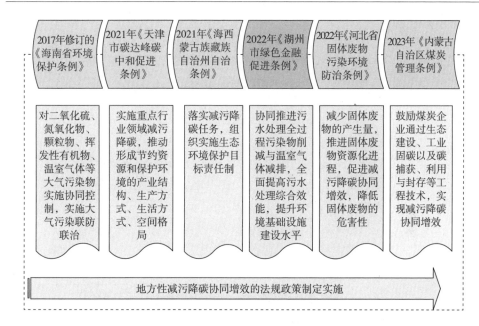

图 2-17 减污降碳协同增效地方性法规

委等七部门联合印发的关键政策文件，作为中国碳达峰、碳中和战略的重要组成部分。该方案详细划定了"十四五"时期和 2030 年前的工作目标、重点任务和政策措施，涵盖七大部分。其核心任务包括加强源头防控，集中治理环境污染物和碳排放的主要来源，强化资源和能源的有效利用，推动形成有利于减污降碳的产业结构、生产方式和生活方式等。同时，方案突出工业、交通运输、城乡建设、农业和生态建设五大领域的协同增效工作，旨在优化环境治理并促进模式创新。

根据《减污降碳协同增效实施方案》，减污降碳协同增效重点任务有以下几个方面（见图 2-18）：

一是加强源头防控。集中治理环境污染物和碳排放的主要源头，特别是在主要领域、重点行业和关键环节中，强化资源和能源的节约利用，推动产业结构、生产方式和生活方式向环保方向转变。

二是突出重点领域。重点关注工业、交通运输、城乡建设、农业和生态建设五大领域，通过协同工作优化环境治理，推动创新和升级生产消费模式。

三是优化环境治理。通过协同控制和综合施策，有效应对大气污染、水环境、土壤污染和固体废物处理等多方面的环境挑战，加大氮氧化物、挥发性有机物和温室气体的减排力度，提高资源利用效率和废物处理效率。

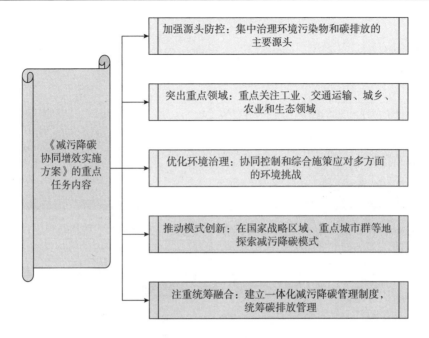

图 2-18 《减污降碳协同增效实施方案》重点任务内容

四是推动模式创新。重点在国家战略区域、重点城市群等地探索和推广可持续的减污降碳模式，促进经验共享和效果复制。

五是注重统筹融合，完善政策制度。建立一体化减污降碳管理制度，加强法规标准、统筹排污许可和碳排放管理，推动碳排放权交易市场建设，发展绿色金融和绿色电力交易。

六是提升基础能力和监管水平。完善监测网络、排放源统计和监管制度，强化一体化监管执法，探索移动源碳排放核查和报告制度。

七是加强组织领导和国际合作。加强组织领导、宣传教育和国际交流合作，推动全球气候变化应对和环保行动的国际合作。

（2）《关于统筹和加强应对气候变化与生态环境保护相关工作的指导意见》

2021 年，生态环境部发布了《关于统筹和加强应对气候变化与生态环境保护相关工作的指导意见》（以下简称《指导意见》），积极响应习近平总书记关于碳达峰和碳中和目标的重要指示。该指导意见涵盖了总体要求、战略规划统筹、政策法规统筹、制度体系统筹、试点示范统筹、国际合作统筹和保障措施七部分内容，并具有如图 2-19 所示的显著特点。

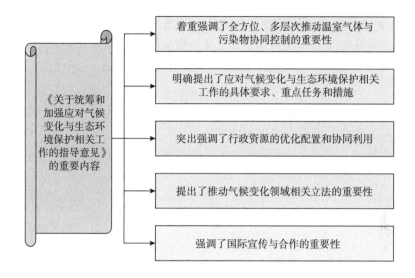

图 2-19　《指导意见》的重要内容

一是强调了统筹协调的重要性，通过统一的谋划和布置规划生态环境保护和应对气候变化的长远发展目标，确保形成系统完备的战略、规划、政策和行动体系，提高政策措施的协同效应，推动国家在减缓气候变化、保护生态环境方面的长远发展。在政策法规统筹方面，文件强调将降碳作为源头治理的关键，推动温室气体与污染物协同控制，通过法规制度的完善来支持和保障相关工作的落实。在制度体系统筹方面，文件要求优化行政资源配置，推动制度体系的统筹融合，充分发挥现有环境管理制度体系的优势。

二是明确了温室气体与污染物协同控制相关工作的具体要求和措施，详细规定了各类温室气体和污染物的控制标准和技术路线。文件的发布不仅改变了原有法规中仅有原则性规定的局面，也为相关行业和地方政府提供了明确的指导方向，推动了全社会的减排行动。

三是强调了行政资源的优化配置和协同利用的重要性。为了确保政策的高效实施和目标的顺利实现，需要加强不同部门和层级之间的协作，实现行政资源的优化配置，文件强调构建高效的协调机制，加强区域合作和部门联动，实现资源共享、优势互补，同时合理配置人力、物力、财力等资源，确保关键领域和重点项目的顺利实施。

四是强调在应对气候变化和生态环境保护工作的同时，还需明确国际宣传和合作的重要性。国际宣传和合作不仅有助于提升国际社会的影响力，还能促进全球范围内的资源共享、经验交流和技术合作。通过积极参与国际环保领域的合作与交流，推动与重点国家和地区的战略对话与务实合作，建立长期、机制性的环境与气候合作伙伴关系，有助于充分发挥国际合作在推动中国应对气候变化与生态环境保护工作中的作用，推动全球环境治理体系的完善。

2.2.2.3 其他相关部门规章

各部门在推动减污降碳协同增效方面制定的一系列政策文件和指导意见，不仅在技术创新和产业升级中发挥了重要作用，也为应对气候变化和推动经济社会可持续发展提供了政策支持和法律保障。随着这些政策文件的深入实施和效果的逐步显现，为中国的环境保护事业和经济发展注入新的活力和动力。当前涉及减污降碳协同增效的部门规章涵盖工业、交通、财政、教育、农业农村、环境等多个领域（见图 2-20）。

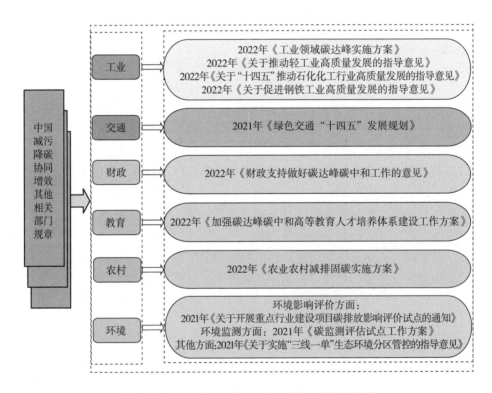

图 2-20 中国减污降碳协同增效其他相关部门规章

（1）工业领域

工业是全球温室气体排放的主要来源之一，因此推动工业领域减污降碳显得尤为重要。2022 年 7 月 7 日工信部发布的《工业领域碳达峰实施方案》是当前工业减排的重要文件之一。该方案明确了推进减污降碳协同增效的重要原则和目标，强调特别在水泥、玻璃、陶瓷等高能耗和高排放行业推动绿色低碳生产线的建设。另外，2022 年 6 月《关于推动轻工业高质量发展的指导意见》也指出，加大食品、皮革、电池等行业的节能降耗和减污降碳力度，提升清洁生产水平。这些指导意见不仅在技术创新和生产方式上推动了行业的转型，还在政策层面上为企业提供了减排的具体操作指南和政策支持。钢铁行业作为重要的基础工业，其碳排放量巨大，但又不可或缺。因此，同年工信部印发的《关于促进钢铁工业高质量发展的指导意见》提出了统筹推进减污降碳协同治理的基本原则和主要任务。通过优化生产工艺、提升资源利用效率和推广清洁能源的应用，钢铁行业在减排方面的潜力和责任显得尤为重要（刘卫先和李诚，2022）。

（2）交通领域

交通运输是另一个重要的碳排放来源，特别是城市交通和长途运输。2021年《绿色交通"十四五"发展规划》发布，将减污降碳作为发展的总要求之一，明确了绿色交通系统的建设和管理方向。该规划不仅在技术创新和政策支持上加大了力度，还提出了具体的减排目标和措施，如推广电动车辆、提高公共交通的运营效率等，旨在降低交通运输对环境的负面影响。

（3）财政领域

财政部门在减污降碳协同增效中发挥着重要的支持作用。2022 年 5 月《财政支持做好碳达峰碳中和工作的意见》明确了推动减污降碳协同增效的重点领域和具体政策措施。例如，持续开展燃煤锅炉、工业炉窑的综合治理，扩大北方地区冬季清洁取暖支持范围，鼓励采用清洁能源供暖。这些政策不仅在节能减排和碳减排技术应用上提供了财政支持，还为低碳转型提供了必要的经济保障和政策框架。

（4）教育领域

2022 年教育部门通过《加强碳达峰碳中和高等教育人才培养体系建设工作方案》，积极推动碳减排关键技术的研发和人才培养。该方案组建了一批重点攻关团队，围绕化石能源绿色开发、低碳利用等关键技术展开研究，为未来减污降碳工作输送了专业人才和创新能力。

（5）农业农村领域

2022 年农业农村部门通过《农业农村减排固碳实施方案》，提出了以减污降碳、碳汇提升为抓手的总体思路。该方案通过实施种植业节能减排、畜牧业减排降碳、渔业减排增汇、农机节能减排等措施，促进农业生产方式的转型升级，提升农村地区的可持续发展水平。

（6）环境领域

环境保护部门在推动减污降碳方面采取了多项综合措施，涵盖了环境影响评价、碳排放监测和环境执法等多方面，以应对日益严峻的气候变化和环境污染问题（见表2-1）。首先，在环境影响评价方面，2021年5月环境保护部发布的《加强高耗能、高排放建设项目生态环境源头防控的指导意见》，将碳排放作为评估高耗能、高排放建设项目生态环境影响的重要因素纳入评价体系，强调在项目规划和实施初期就要对碳排放进行全面评估和控制，从源头上减少项目对环境的不良影响。此举不仅有助于提升环境影响评价的科学性和全面性，也促进了生产项目向低碳和清洁方向转型。2021年7月，《关于在产业园区规划环评中开展碳排放评价试点的通知》进一步推动了碳排放评价工作的深化。针对具备条件的产业园区，这项通知要求开展碳排放评价试点工作，旨在探索适用于不同产业环境的碳排放评估方法和标准，为产业园区的低碳发展路径提供科学依据和技术支持。通过这些试点工作，可以积累宝贵的经验和数据，推动更广泛地应用碳排放评价机制，促进产业转型升级和碳减排目标的实现

表2-1　减污降碳协同增效环境方面规章政策

影响方面	相关政策
环境影响评价	2021年《关于加强高耗能、高排放建设项目生态环境源头防控的指导意见》
	2021年《关于开展重点行业建设项目碳排放影响评价试点的通知》
	2021年《关于在产业园区规划环评中开展碳排放评价试点的通知》
环境监测	2021年《碳监测评估试点工作方案》
	2021年《企业温室气体排放报告核查指南（试行）》
其他	2017年《工业企业污染治理设施污染物去除协同控制温室气体核算技术指南》
	2019年《重点行业挥发性有机物综合治理方案》
	2019年《工业炉窑大气污染综合治理方案》
	2019年《重型柴油车污染物排放限值及测量方法（中国第六阶段）》
	2020年《轻型汽车污染物排放限值及测量方法（中国第六阶段）》
	2021年《关于实施"三线一单"生态环境分区管控的指导意见（试行）》

其次，在环境监测方面，2021年9月环境保护部颁布《碳监测评估试点工作方案》进一步加强了碳排放监测和评估能力。该方案明确了在区域、城市和重点行业开展碳监测评估试点的时间表和任务，旨在建立全面的碳排放数据监测体系，提高碳排放数据的准确性和可比性，为今后制定碳减排政策、评估政策效果提供了科学依据，推动碳市场建设和碳排放权交易机制的完善。

此外，环境执法方面的政策措施也非常重要。2021年3月《企业温室气体排放报告核查指南（试行）》的发布，标志着中国对温室气体排放监管工作的进一步规范和强化。这份指南明确了对重点排放单位温室气体排放报告的核查原

则、依据和具体操作流程，确保温室气体排放数据的真实性和准确性。通过建立健全的核查机制，有效地防范和纠正排放数据造假等违法行为，保障了环境执法工作的有效性和公正性，为企业减排行动提供了有力支持。

最后，除了环境影响评价、碳排放监测和环境执法等方面外，生态环境部在推动减污降碳工作中还采取了一系列其他重要举措，旨在协同控制温室气体排放，促进环境保护和可持续发展。其中，2021 年 11 月发布的《关于实施"三线一单"生态环境分区管控的指导意见（试行）》尤为重要。这一指导意见明确了生态保护红线、污染防治红线、资源利用红线以及环境质量达标单线的设定，通过这些措施，部门积极推动各地区在不同领域的生态环境管控，有效降低环境污染和温室气体排放。此外，针对温室气体排放控制，部门制定了碳排放配额总量确定与分配方案，通过设定全国范围内的碳排放总量上限，并根据各行业和地区的实际情况分配碳排放配额，推动各行业和企业有效控制碳排放，实现全社会的碳减排目标。另外，生态环境部在汽车和工业领域也积极推进减污降碳工作。例如，2020 年制定了《轻型汽车污染物排放限值及测量方法（中国第六阶段）》，要求汽车制造商在型式检验时进行严格的二氧化碳排放测试，以促进车辆节能减排和环保技术的应用。此外，在工业方面，2021 年颁布的《工业企业污染治理设施污染物去除协同控制温室气体核算技术指南》则明确了工业企业污染治理设施污染物去除的核算方法和要求，提高了工业企业的排放治理效率和碳减排水平。

2.2.2.4 规范性文件

地方规范性文件也体现了减污降碳协同增效，到 2022 年底已有 110 多个规范性文件涉及减污降碳协同增效（见图 2-21）。

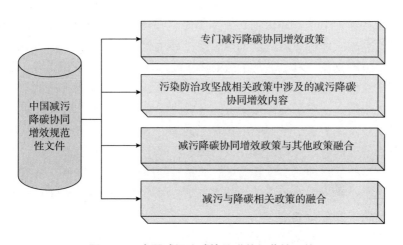

图 2-21 中国减污降碳协同增效规范性文件

（1）专门减污降碳协同增效政策

地方性减污降碳协同增效政策的出台标志着中国在环境保护与碳减排领域的深入探索和创新。2022 年，《福建省减污降碳协同增效实施方案》《江西省减污降碳协同增效实施方案》和《湖北省减污降碳协同增效实施方案》等专门方案相继颁布，旨在通过协同治理大气污染物和温室气体排放，实现环境保护和碳减排的双重效益。这些方案不仅仅是纸面上的政策文件，更是地方政府在实际行动中积极响应国家碳中和战略，推动生态文明建设的具体举措。此外，浙江省在减污降碳协同增效方面的先行先试尤为显著。该省通过组织城市、园区和企业的试点项目，成功推动了 18 个省级减污降碳协同创新区的建设。这些创新区不仅仅是环境治理的前沿阵地，更是探索绿色低碳发展模式的实验室。为了进一步推动这一工作，2022 年浙江省相关部门联合发布了《浙江省减污降碳协同创新区建设实施方案》，为各地在确定实施路径和工作落实方面提供了参考和依据。

除了地方政府的积极探索外，一些具体政策文件也展示了在减污降碳协同增效方面的具体举措和成效。如《福建省减污降碳协同增效实施方案》提出一系列，包括加强工业企业排放管理、推动清洁能源利用、促进绿色生产方式转型等措施，以实现减排目标和改善生态环境质量。类似地，江西省和湖北省也分别确定各自的实施方案，通过政策引导和资源整合，加速碳减排和环境保护工作的落实。因此，在全国范围内，这些地方性政策文件不仅为各省市提供了具体操作指南，也为未来全国统一碳市场建设和碳排放权交易体系的发展奠定了基础。

（2）污染防治攻坚战相关政策中涉及的减污降碳协同增效内容

在各地打赢污染防治攻坚战的行动中，减污降碳协同增效已成为重要的战略方向和政策内容。2022 年，《海南省深入打好污染防治攻坚战行动方案》明确提出了推动减污降碳工作一体谋划、一体部署、一体推进、一体考核的工作机制，通过开展重点领域和行业的试点工作来促进环境保护和碳减排的"双赢"。该综合治理的策略不仅在技术上提升了污染物和温室气体的协同控制能力，也在政策层面促进了绿色低碳发展模式的推广。此外，北京和吉林等地区的污染防治攻坚战实施意见中同样明确了减污降碳协同增效的重要性。其颁布的《北京市污染防治攻坚战实施意见》和《吉林省污染防治攻坚战实施意见》，明确将减污降碳协同增效作为重要内容，并强调建立减污降碳协同工作机制和试点项目，通过科技创新和政策引导，实现污染物和温室气体排放的同步控制和降低。各地政府在技术研发、政策法规、资源整合等方面进行了积极探索和创新，为实现碳达峰、碳中和目标付出了实际行动。

（3）减污与降碳相关政策的融合

在减污与降碳相关政策的融合过程中，浙江和重庆等地区展示了一系列创新举措，旨在强化环境保护效果并推动碳减排目标的实现。2021年浙江在其生态环境保护"十四五"规划中，明确提出建立碳排放评价制度，并探索大气污染物与温室气体排放的协同控制。这一举措不仅从技术上加强了对大气污染物和温室气体排放的监测和管理，还通过协同控制的方式，实现了减污与降碳目标的有效结合。通过建立科学的碳排放评价体系，浙江省能够在源头防控污染物的同时，有效降低温室气体的排放，从而为全省的生态环境保护和碳减排工作提供了坚实的基础和技术支持。而重庆则在其建设项目全过程环境监管中，引入了碳排放评价的概念和措施。具体而言，重庆生态环境局发布了《重庆市生态环境局关于加强建设项目全过程环境监管有关事项的通知》《重庆市规划环境影响评价技术指南——碳排放评价（试行）》和《重庆市建设项目环境影响评价技术指南——碳排放评价（试行）》等相关技术指南，明确了如何将碳排放评价纳入环境影响评价的程序中，从而实现了减污与降碳的融合管理。这一做法不仅强化了对建设项目环境影响的全面监管，还通过评估和控制碳排放，为重庆未来的发展提供了绿色低碳的发展路径。通过科技进步和政策引导的双重推动，浙江和重庆等地区为全国乃至全球应对气候变化、改善生态环境、推动可持续发展做出了积极贡献。

（4）减污降碳协同增效政策与其他政策融合

一些地方政府在推动经济高质量发展的过程中，将减污降碳协同增效作为重要的政策手段，并与其他政策进行有效融合。这种做法不仅有助于提升环境质量，还能促进经济的绿色转型和可持续发展。例如，2023年，浙江生态环境厅和浙江省商务厅联合发布了《关于加强浙江自由贸易试验区生态环境保护推动高质量发展的实施意见》，明确将减污降碳协同增效作为推动自由贸易试验区高质量发展的重要手段之一。该实施意见通过建立和完善减污降碳机制，旨在优化资源配置、提升产业竞争力，从而推动自由贸易试验区向绿色、低碳、循环发展方向迈进。另外，北京也在其《构建现代环境治理体系的实施方案》中，明确强调通过减污降碳协同增效来推动城市环境治理的现代化建设。北京将建立健全的环境管理体系，并通过科技创新和政策引导，促进大气污染物和温室气体排放的协同控制，以实现环境质量的持续改善和经济社会的可持续发展。减污降碳协同增效政策与其他经济发展政策的融合，不仅是当前地方政府推动高质量发展的重要策略之一，也是实现经济可持续发展和环境保护的有效途径。

2.2.3　中国减污降碳协同增效的政策特征

中国制定的减污降碳协同增效政策具有如图2-22所示的特征。

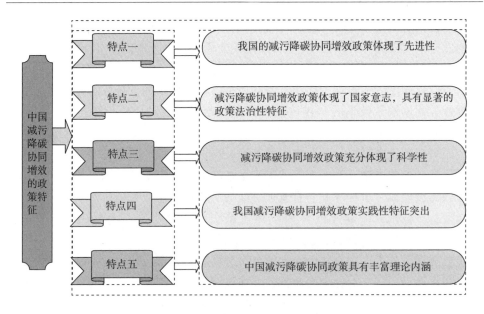

图 2-22 中国减污降碳协同增效的政策特征

第一，在国际比较中，中国的减污降碳协同增效政策体现了先进性。与美国、日本等发达国家相比，中国已将减污降碳协同控制纳入法律法规，并制定了专门政策文件，如《减污降碳协同增效实施方案》和《统筹加强应对气候变化与生态环境保护相关工作的指导意见》。这些举措为中国在该领域取得领先地位奠定了坚实基础。相比较之下，美国等国家仍着重于单一污染物的逐项控制，并未明确涉及多污染物协同控制，更未将此纳入法律规定中。尽管美国设立了多污染物控制工作组，但并未包含温室气体。由于修法过程漫长，企业也未被法律要求主动进行协同控制。尽管中国生态文明建设面临着结构性、根源性、趋势性等压力，但实施减污降碳协同增效已成为中国可持续发展的内在要求。此外，中国的减污降碳协同增效政策不仅停留在原则性规定阶段上，还切实推动了污染物减排与温室气体减排协同控制政策的实施。地方政府也采取了具体措施，如制定技术导则和操作规范，加强了政策的执行力度。这些举措表明了中国在减污降碳协同增效方面的积极探索和实践，彰显了中国在环境保护领域的领先地位。

第二，中国减污降碳协同增效政策作为生态环境保护国家的意志，具有显著的政策法治性特征。2012 年以来，生态文明建设已成为国家推进中国特色社会主义事业"五位一体"总体布局的重要组成部分，其中减污降碳是其重要内容。2021 年，中国将碳达峰、碳中和目标纳入生态文明建设总体布局，进一步凸显了国家对减污降碳的重视。同年 4 月，中国将实现减污降碳协同增效提升为促进经济社会发展全面绿色转型的总抓手，凸显了其在国家发展战略中的核心地位。当前减污降碳协同增效已成为中国推进生态文明建设的战略方针，并且从国家法律、法规、部门规章到规范性文件等已经形成一系列政策体系，如《中华人民共和国大气污染防治法》《中华人民共和国清洁生产促进法》《中华人民共和国节约能源法》《中华人民共和国循环经济促进法》等法律。推动减污降碳协同增效不仅是国家的意志，也是国家的行动。这一政策已形成完整的体系，为中国实现经济社会发展全面绿色转型奠定了坚实基础。

第三，中国减污降碳协同增效政策充分体现了科学性。环境污染物和温室气体排放的同根同源特性源自能源的消耗利用。目前，中国开展污染物与温室气体减排协同效应的研究，既包括污染物与温室气体协同减排机理，也包括协同效应大小、经济效益和健康效益等方面的评估，如煤炭总量控制等政策的影响、攀枝花与湘潭等区域城市以及水泥、钢铁等行业层面的协同效应。近年来，中国还大力推动生态环保技术创新，引导能源、工业和交通运输等领域结构调整。2016年，《国家创新驱动发展战略纲要》提出了"发展资源高效利用和生态环保技术"的重要战略目标，旨在完善环境技术管理体系，提升中国环境承载能力。中国将科技创新作为应对气候变化的重点领域，推动节能降碳技术改造和绿色技术研发，持续开展重点研发计划和战略性先导科技专项。中国的生态环境科技创新体系逐步完善，为协同推进减污降碳提供了重要支撑。总之，中国污染物和温室气体减排协同控制政策是在污染物与温室气体具有同根、同源、同过程的性质基础上，经过科学评估研究而形成的。

第四，中国减污降碳协同增效政策具有突出的实践性特征。减污降碳协同增效已经深入到财政、教育、交通、工业等各个领域，如《财政支持做好碳达峰碳中和工作的意见》《工业领域碳达峰实施方案》《加强碳达峰碳中和高等教育人才培养体系建设工作方案》等相关政策都强调了减污降碳协同增效，这就为减污降碳协同增效政策的落实提供了坚实的基础和保障。另外，地方不仅制定专门的减污降碳协同增效政策，而且将减污降碳协同增效政策融入到其他相关政策中，大大增加了减污降碳协同增效政策的落地。北京、河北、辽宁、黑龙江、江苏、浙江、安徽、河南、广东、海南、重庆、云南、陕西、甘肃、宁夏，共计 15 个省份均将减污降碳协同控制纳入本地区"十四五"规划。

第五，中国减污降碳协同政策具有丰富的理论内涵和意义。首先，减污降碳协同增效政策核心在于将生态环境保护与温室气体减排紧密结合，通过协同增效的方式实现双重目标，而非简单地并列环境保护与气候减缓措施。其次，减污降碳协同增效政策在应对温室气体排放方面，除了主要关注的 CO_2 排放外，还包括其他非 CO_2 类温室气体，诸如臭氧层破坏物质和氢氟碳化物等，以全面降低温室效应。此外，这一政策不仅聚焦于治理大气污染和应对气候变化，还扩展到水体保护、固体废物管理、土壤修复以及生态建设领域，实现了生态环境治理与温室气体减排的全方位协同，有助于形成环境保护与气候行动的良性循环，实现经济社会的可持续发展。

当前中国减污降碳协同增效政策体系仍面临着一些挑战。首先，作为促进经济社会全面绿色转型的总抓手作用尚未充分发挥出来，整体的政策框架和顶层设计相对缺乏。其次，体制机制的决策和执行仍然存在着分散和不协调的情况，需要进一步加强协同治理。最后，已有政策或措施在执行中存在不协调的问题，需要加强衔接和整合，由此提升合力。因此，未来中国的减污降碳协同增效政策需要进一步完善和深化，包括完善总体政策、优化体制机制、提升政策的一致性和执行效果，从而更好地协同推进生态环境保护与应对气候变化，实现经济社会的绿色转型和可持续发展目标。

2.3 减污降碳研究综述

在当今环境污染和气候变化日益严峻的情况下，减污降碳将成为未来中国经济发展的主旋律（郑逸璇等，2021）。减污降碳是指在减少大气污染物排放的同时降低温室气体排放，以实现环境保护和气候改善的双重目标（刘华军和张一辰，2024）。本节旨在系统性地梳理减污降碳的协同机理、评价方法、潜力分析、影响因素、实现路径以及政策评估的文献，对现有减污降碳研究方向进行总结（见图2-23）。

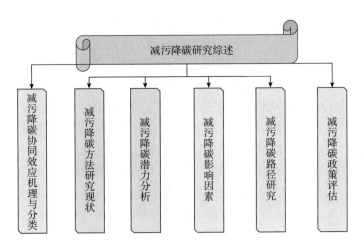

图 2-23 减污降碳研究综述结构

2.3.1　减污降碳协同效应的机理与分类

现有研究已充分证实了减污降碳的协同效应，并对其机理和不同减排措施下的协同效应进行了研究（乐旭等，2020；Park et al.，2021；王震山等，2024；Wan et al.，2024）。减污降碳的机理和协同效应如图 2-24 所示，根据大气污染物和温室气体协同效应的作用机理不同，可以将其分为降碳协同减污和减污协同降碳；不同的减排措施也会对大气污染物和温室气体排放产生不同的影响，根据减排措施促进或抑制了减污降碳协同效应，可以将其分为正协同效应和负协同效应。

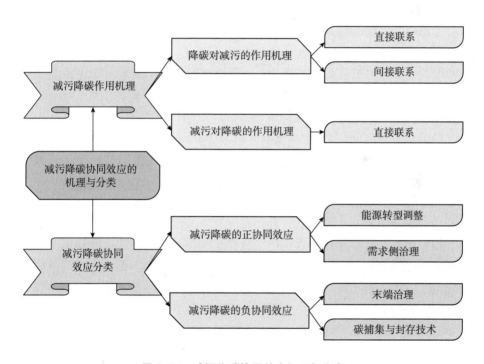

图 2-24　减污降碳协同效应机理与分类

2.3.1.1　减污降碳作用机理

（1）降碳对减污的作用机理

降碳对减污的协同作用已经得到学术界的广泛论证，温室气体减排对于许多大气污染物排放存在影响，其中包括 PM2.5、O_3、NO_x、CO、SO_2 等（乐旭等，2020；Park et al.，2021；王震山等，2024；Wan et al.，2024）。能源相关的碳排放气候政策在全球范围内作用时间跨度长，可在短期内减少局部地区的污染，空气质量改善带来的国民健康共同效益将部分或全部抵消政策成本，具体取决于所选择的健康估值。

降碳对减污产生协同作用的原因有两个方面（Wan et al.，2024；Xu et al.，2017；Zhao et al.，2020）。一方面，化石燃料燃烧过程中产生的温室气体通常与大气污染物一同被排放到大气中，具有"同根同源"的排放特征（Wan et al.，2024）；另一方面，温室气体与污染物存在间接关系，温室气体排放可通过影响物理和化学进程从而对大气污染物产生影响（Xu et al.，2017；Zhao et al.，2020）。

化石燃料燃烧过程中产生的温室气体与污染物具有同根同源性，基于此可以通过降低温室气体排放以达到减少大气污染物的效果（何月等，2022；Wan et al.，2024）。例如，何月等（2022）利用卫星遥感数据协同分析了长三角地区大气 NO_2 和 CO_2 浓度的时空变化特征和驱动因子，发现长三角城市群 NO_2 和 CO_2 浓度的时空分布及变化特征受化石燃料燃烧影响；Wan 等（2024）利用中国清洁发展机制项目的企业数据集，发现企业通过节约化石能源减少了化石燃料燃烧过程中与温室气体共存的空气污染物排放。短期气候污染物（Short-Lived Climate Pollutants，SLCPs）主要包括黑碳（Black Carbon，BC）气溶胶、甲烷（Methane，CH_4）、对流层臭氧（Tropospheric O_3）和部分氢氟碳化物（Hydrofluorocarbons，HFCs）等（Kühn et al.，2020）。SLCPs 会同时加剧温室效应与大气污染，SLCPs 减排有两方面的优势。一方面，SLCPs 的寿命相对较短，因此其减排更具有吸引力，如果可以减少其排放，则其在大气中的含量也将迅速下降。与之不同的是，CO_2 的寿命为数十年至数百年，只有在很长一段时间后才能看到实际的大气减排效果（Kühn et al.，2020；Akimoto et al.，2020）。另一方面，SLCPs 增温潜势高于 CO_2，其造成的全球增温潜势约占当前净气候的 40%，SLCPs 减排可在 10 年内防止 90% 增温的发生，剩下的 10% 则由于海洋热力惯性延迟数百年所致（尹晓梅等，2014；Shindell et al.，2017）。一些学者基于此探讨了缓解措施对气候的影响，Kühn 等（2020）使用 ECHAM-HAMMOZ 气溶胶气候模型来评估黑碳（BC）缓解措施对北极气候的影响，发现到 2030 年，黑碳缓解措施的全面实施可以使全球每年过早死亡人数减少 32.9 万人，约占全球因颗粒物导致的过早死亡总数的 9%。

温室气体与大气污染物存在间接关系。在物理过程方面，气候变暖会对全球降雨产生影响，而降雨对 PM2.5 具有清除作用（Zhao et al.，2020）。在化学过程方面，气候变暖导致生物源挥发性有机物（VOC）排放增加，VOC 是平流层臭氧损耗和区域臭氧生成的重要前体物，在一定条件下，烷烃、芳香族化合物和烯烃等物质通过化学反应参与臭氧的形成，对臭氧生成潜能的贡献高达 69%

（Xu et al.，2017）。由于间接联系中的物理或化学进程对污染物影响的机理比较复杂，需要多个学科的交叉知识，所以协同效应研究大多是考虑直接联系中的各类减排措施的应用，考虑间接联系的文献较少。

（2）减污对降碳的作用机理

中国作为发展中国家，目前来看难以采取大规模的温室气体减排措施，研究减污对降碳的协同效应具有更显著的现实意义（Chae et al.，2010；Nam et al.，2014；Wei et al.，2018）。现有减污协同降碳的研究相对较少，Chae 等（2010）研究发现，改用低硫燃料可以以最低成本实现改善空气质量和减少 CO_2 排放的目标；Nam 等（2014）估计了美国和中国温室气体与大气污染物的潜在协同作用，发现在这两个国家中，随着控制目标的日益严格，NO_x 和 SO_2 控制带来的辅助碳减排量往往会增加，反映出在需要大幅减排时，最终需要大规模转向非化石燃料技术。

2.3.1.2　减污降碳协同效应分类

从影响机理上来看，大气污染治理与温室气体减排在理论上存在直接相关性，很多学者对大气污染治理与温室气体减排的协同效应进行了研究（Grubler et al.，2018；王力等，2022；俞珊等，2022；孙世达等，2023）。根据减排措施是否促进或抑制了污染物和温室气体排放，可以将其分为正协同效应和负协同效应。

（1）减污降碳的正协同效应

减污降碳的正协同效应来源主要包括两个方面：能源转型调整和需求侧治理。在能源转型调整方面，通过调整能源机构、提高能源利用效率等方式可以促进减污降碳协同增效。例如，孙世达等（2023）构建了河北省的年排放清单，分析了大气污染物和 CO_2 排放的总量趋势、结构演变、变化驱动、协同效益和区域分布，发现燃煤治理是大气污染物治理和 CO_2 减排的有效措施；王力等（2022）以渭南市为研究对象，采用 LMDI 分解方法并构建了 LEAP 模型分析了多种情景下的污染减排、能源结构改善和产业结构调整等政策对渭南市未来温室气体和大气污染物减排的影响，发现能源结构改善、产业结构优化和交通运输调整具有显著的大气污染物与温室气体协同减排效果。

能源需求侧既决定了能源系统的规模，也决定了大气污染物和温室气体排放的变化，但是现有减排方案往往侧重于能源转型调整，从而需要大规模的排放技术，这些技术的局限性和不确定性已得到严格评估（Smith et al.，2016）。减污降碳协同增效在能源需求侧的改进有较大的潜力，Grubler 等（2018）对未来实现低能源需求的趋势进行了阐述，通过对全球南方和北方所有主要能源服务活动水平和能源强度变化进行测度，发现到 2050 年全球最终能源需求将减少到

245EJ，比现在减少约 40%，缩小全球能源系统的规模大大提高了低碳供应方转型的可行性，所以这一方案可以在无须依赖碳减排的技术下，实现 1.5℃ 的气候目标以及许多可持续发展目标。目前学者对协同效应研究中能源转型的讨论比较多，而对需求侧治理的研究相对较少，未来可以加强能源需求侧治理的研究，将两者结合起来更好地发挥它们的协同效应。

（2）减污降碳的负协同效应

减污降碳的负协同效应主要包括以下个两个方面：末端治理与碳捕集与封存技术（CCS），将分别增加温室气体和空气污染物的排放。末端治理技术对于气候变化会产生一定程度的负向影响：首先，末端治理需要耗费大量能源，会形成较高的碳足迹（李丽平等，2010）；其次，脱硫、脱硝和除尘过程由于使用电力和产生化学反应会导致 CO_2 排放量增加（Zhao et al.，2017）。在重点行业，末端治理技术虽然可以实现脱硫、脱硝和除尘的目的，但是末端治理设施的增加会导致能源消耗量增加，从而排放更多的 CO_2（Qian et al.，2021；银洲等，2024）。碳捕集与封存技术在降低 CO_2 排放的同时，会实现 PM2.5 和 SO_2 减排，但可能会增加 NO_x、NH_3 排放（邢晓雯等，2024）。尽管全球已实施了一些碳捕集与封存项目，但目前捕集能力远远落后于预期，预期与现实之间的不匹配是由一系列障碍造成的（Budinis et al.，2018）。此外，重大障碍不再集中于技术，而是集中于成本、政策和社会态度（Davies et al.，2013）。

2.3.2 减污降碳协同效应评价和协同控制方法研究现状

本节介绍和总结了减污降碳协同效应的评价方法和控制策略，包括工程技术模型和经济模型等的应用，如图 2-25 所示，为制定减污降碳措施和减污降碳路径研究提供了科学依据。

2.3.2.1 减污降碳协同效应评价方法

根据研究对象不同，需要选择不同的协同效应评估方法。对于微观主体的减排技术措施，更多采用基于技术的"自下而上"模型对协同效益进行评估；而对于较为宏观的减排政策，则更倾向于采取"自上而下"模型或二者结合的"混合模型方法"进行模拟评估（毛显强等，2021）。

从微观减排措施的角度来看，"自下而上"模型对具体减排措施的环境影响评价具有较强的确定性（Atkinson et al.，2022）。部分文献采用工程技术模型和评价指标体系对减污降碳协同潜力进行了测算，比较了不同技术的减污效果，并在重点行业和区域开展环境治理的成本—收益核算（Liu et al.，2022；Wagner et al.，2012）。减污降碳领域较为常用的工程技术模型是 GAINS 模型，该模型由奥地利国际应用系统分析研究所（IIASA）开发，包含 10 种空气污染物和 6 种温

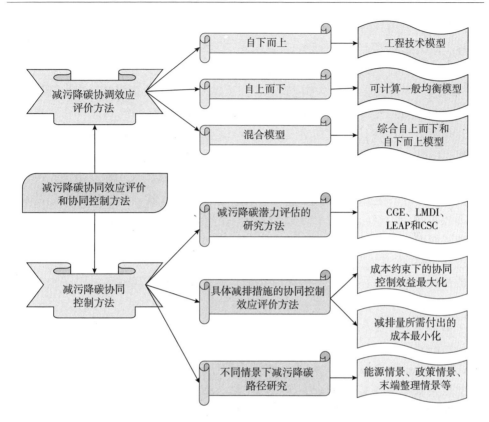

图 2-25　减污降碳协同效应评价和协同控制方法

室气体（Atkinson et al.，2022；Liu et al.，2022）。GAINS 模型的主要优点是对污染物控制技术和减排措施进行了细致刻画，模型包含 160 余种 CO_2 减排技术、28 种 CH_4 减排技术、18 种 N_2O 减排技术，以及超过 1500 种大气污染物排放控制措施的成本参数和环境效益（Wagner et al.，2012；Zhang et al.，2014；Dinga et al.，2022；Yi et al.，2022；Mir et al.，2022）。一些学者用工程技术模型对我国具体行业的减排措施进行研究，评估和比较了各项措施的减排潜力、减排成本和协同效益（马丁和陈文颖，2015；傅京燕和原宗琳，2017；何峰等，2021；逯飞等，2023）。还有学者构建了评价指标体系对减污降碳协同增效进行了测算，李可心等（2024）采用定性与定量相结合的方法，构建了燃煤电厂减污降碳协同增效综合评价体系，评估了 2018 年、2020 年及 2022 年的减污降碳协同增效综合指数。

自上而下的模型可以模拟减污或降碳措施对经济协同的影响（Liu et al.，2022；Bollen，2015）。在协同效应分析中应用最广的自上而下的模型是 CGE 模型。CGE 模型因其对经济高度结构化进行全面系统的描述政策模拟的灵活性和多样性、政策影响评估的广泛性，并在环境政策分析中脱颖而出（Liu et al.，2022）。CGE 模型可以作为低碳政策制定的设想平台，决策者可以分析不同政策输入可能产生的社会经济和环境影响，并反过来作用于政策设计。一些研究尝试将温室气体和大气污染物同时纳入环境系统，并与能源系统和经济系统进行耦合，开发出适用于协同效应评估的 CGE 模型（Bollen，2015；Bollen & Brink，2014；Lanzi et al.，2018；Song et al.，2023）。例如，Bollen 和 Brink（2014）将三种温室气体（CO_2、N_2O 和 CH_4）和四种空气污染物（SO_2、NO_x、NH_3 和 PM2.5）同时纳入考量，并借鉴 GAINS 模型的技术参数，开发构建出递归动态 CGE 模型 WorldScan，并评估了欧盟地区减污降碳的协同潜力。Lanzi 等（2018）构建了面向 OECD 国家的多区域动态 CGE 模型，评估了空气污染的经济损失，发现到 2060 年空气污染造成的经济损失将增加至全球 GDP 的 1%，其中，中国、里海地区和东欧的 GDP 损失最高，这表明将空气污染模块嵌入到经济模型中具有可行性。

部分学者将自下而上的指标纳入宏观框架构建了混合模型用于同时评估降碳与减污的效果（Bollen，2015）。例如，Dong 等（2015）利用 AIM/CGE 模型和 GAINS-China 模型分析了中国的碳减排政策对 SO_2、NO_x 和 PM2.5 三种大气污染物排放量和减排成本的协同效应；Zhao 等（2018）将 GCAM-China 与基于自下而上详细排放清单的排放估算相结合，详细表述了与大气污染相关的部门和技术、本地化排放因子以及末端控制技术；Van 等（2017）基于 IMAGE 综合评估模型描述了全球能源使用和生产、土地使用、碳排放和气候变化的进展，为气候政策如何与实现其他社会目标相结合奠定了基础。

2.3.2.2　减污降碳协同控制方法

在研究减污降碳协同控制方案并落实行业或区域时，需要先评估某项政策或措施的协同控制效应，评估减污降碳的协同潜力，再综合以上两点对减污降碳的协同控制进行讨论（Zhao et al.，2018；Bollen，2015）。

关于大气污染物及温室气体减排潜力研究常用的模型主要包括可计算一般均衡模型（Bollen，2015；Bollen & Brink，2014；Lanzi et al.，2018；Song et al.，2023）、对数平均迪式指数模型（Fujii et al.，2013；楚英豪等，2023）、长期能源替代规划系统模型（王力等，2022）和节能供给曲线模型等（任明等，2018）。

一些研究基于减排成本指标针对行业或区域减排措施的协同控制效应提出了一系列评估方法（Mao et al.，2013；毛显强等，2021；殷阿娜和邓思远，2023；Wang et al.，2020）。这些方法依据经济、环境、政策等成本并基于污染排放当量指标赋予温室气体和大气污染物恰当的权重，将它们合成为以排放当量表征的污染物综合排放当量或减排量水平，并用一系列方法（如协同控制效应坐标系、协同控制交叉弹性、单位污染物减排成本等）对协同控制效应进行评估；以成本约束下的协同控制效益最大化或实现一定的减排量所需付出的成本最小化为目标，结合温室气体和大气污染物排放控制目标，规划行业或区域协同控制路径（Mao et al.，2013；毛显强等，2021）。工业的绿色转型是资源型地区推进减污降碳的重要途径，一些研究对全国工业减排效果进行了评估，基于碳排放效率和减排成本的二维视角，对未能实现 2030 年工业碳减排目标的"落后地区"减排路径进行了优化（Wang et al.，2020；殷阿娜和邓思远，2023）。近年来，上述方法被应用于我国重点行业节能减排的研究，发现交通、电力和钢铁等行业均存在显著的减污降碳协同控制效应，并量化了结构调整、技术减排、制度减排等措施的减排潜力（刘胜强等，2012；傅京燕和原宗琳，2017；李新等，2020；邢晓雯等，2024；Wang et al.，2020；Hu et al.，2024；逯飞等，2024）。还有学者对中国重点区域和城市的减污降碳路径进行了分析（吕一铮，2022；张亚捷等，2022；狄乾斌等，2022；段林丰等，2024）。

还有一些研究针对不同情景下的减污降碳效应进行了评估，如能源情景、政策情景、末端整理情景等，并分析了不同情景下的减排路径（王力等，2022；向梦宇等，2023；邢晓雯等，2024；Jiang et al.，2021；段林丰等，2023）。具体是先通过对温室气体及大气污染物减排潜力进行分析，再结合情景分析，基于不同的情景采用符合情景的定量方法，如经济—能源—环境模型（LEAP、MOP、CGE、MESSAGE 和 MARKAL）或空气质量模型（GEOS-Chem 和 WRF-CMAQ）等，对不同情景下的减污降碳效应进行定量和评估，筛选出达到大气污染物或碳减排目标的情景，并识别减污降碳的关键路径。例如，王力等（2022）采用 LM-DI 分解方法并运用 LEAP 模型在多种情景下评估渭南市污染减排、能源结构改善及产业结构调整等政策对未来能源消费、大气污染物减排潜力的影响；向梦宇等（2023）面向不同的电力需求情景，构建低成本实现碳达峰、碳中和的多目标模型，求解得出减污降碳协同增效最优路径方案；邢晓雯等（2024）使用回归模型对江苏省未来电力需求进行了预测，并结合大气污染—温室气体相互作用和协同模型（GAINS）定量分析了江苏省电力行业低碳政策对 CO_2、SO_2、NO_x 和 PM 等大气污染物排放的影响；Jiang 等（2021）根据减污降碳政策规划，设计了主动减排、强化减排和区域协同减排 3 个控制情景，采用 LEAP 模型和 WRF-SMOKE-CMAQ 模型，评估了 2020~2030 年不同情景下深圳市大气污染物和 CO_2 排放趋势；段林丰等（2023）设计了成渝地区 3 种中长期综合减污降碳情景，应用 SMOKE 模型输出空气质量改善效果评估所需的模型清单，并利用 WRF-

CMAQ 模型对不同情景下空气质量进行模拟，以评估不同情景下不同区域、不同阶段空气质量改善效果；Yuan 等（2022）设计了 4 个能源转型情景，应用空气质量模型（GEOS-Chem）预测了各情景下 2025 年 PM2.5 和 O₃ 浓度以及 CO_2 排放量，探讨了能源转型措施对中国近期空气质量改善和碳减排的协同效应。

2.3.3 减污降碳潜力分析

已有文献关于中国减污降碳协同潜力的测算大都围绕温室气体和大气污染物展开，从国家、地区和行业的角度对减污降碳潜力进行了分析（Tollefsen et al., 2009；毛显强等，2021；王力等，2022）。如图 2-26 所示，从国家层面来看，发达国家早已完成工业化，中国工业化起步晚，面临气候变化和空气污染的双重压力；从行业和地区层面来看，中国一些重点地区和行业 CO_2 排放量和大气污染物浓度相对较高。但从另一角度来看，通过采取污染减排、能源结构改善及产业结构调整等政策和技术措施，中国减污降碳的空间仍然很大。

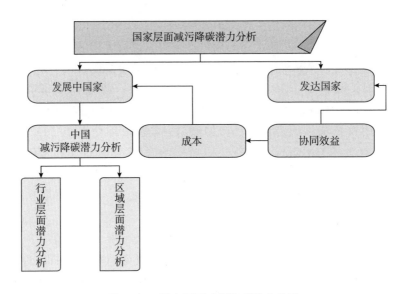

图 2-26 国家层面减污降碳潜力分析

2.3.3.1 国家层面减污降碳潜力分析

已有文献对发达国家和发展中国家协同效应研究的侧重点不尽相同，发达国家更加关注温室气体减排政策和措施对大气污染物减排的协同效益，且主要偏向协同减排所带来的健康效益（Tollefsen et al., 2009；Scovronick et al., 2021；Koengkan et al., 2022；Mir et al., 2022）。这是因为，发达国家工业化历史悠久，温室气体减排并非一种强制性义务，导致空气问题与气候问题的治理时间分离，发达国家提出的"协同治理"，主要是为了挖掘温室气体或大气污染物减排所能带来的福利和健康效应（傅京燕和原宗琳，2017；Vandenberghe & Albrecht，2018；Amelung et al.，2019）。但是，发展中国家面临气候变化和空气污染的双重压力，其协同治理除追求健康效益外，还包括如何以成本有效的方式推动温室气体和大气污染物协同治理（Wei et al.，2020；Hu et al.，2022）。发展中国家由于经济发展方式粗放、产业结构偏重、能源利用率偏低、化石能源在能源结构中占比较高，协同减排潜力将更为明显，更需要推动减污降碳协同增效（林伯强，2022；孙传旺等，2022；Tang et al.，2022；Jiang et al.，2022；Zeng & He，2023；刘华军等，2023）。

2.3.3.2　行业层面减污降碳潜力分析

部分学者从行业视角出发，对中国高耗能行业减污降碳协同潜力进行评估，发现这些行业碳排放控制的协同效应明显（马丁和陈文颖，2015；傅京燕和原宗琳，2017；何峰等，2021；毛显强等，2021；逯飞等，2023；李可心等，2024）。例如，毛显强等（2021）通过评估发现，中国钢铁、交通、电力等行业 CO_2 减排和大气污染治理的协同潜力明显；马丁和陈文颖（2015）选取了钢铁行业的22 项节能减排措施，评估和比较了各项措施的减排潜力、减排成本和协同效益，发现基于 2012 年的钢铁产量和生产结构，中国钢铁行业的技术减排潜力约为 1.47 亿吨 CO_2、31.42 万吨 SO_2、26.57 万吨 NO_x 和 16.15 万吨 PM10；何峰等（2021）对水泥行业全系列节能减排措施协同控制效果进行了研究，发现协同减排潜力最大的是结构调整措施，能效提升与节能措施的协同减排成本较低，但减排潜力有限；逯飞等（2023）利用 LEAP 模型对 2030 年河北钢铁行业的降碳潜力进行了模拟，发现在满足设定条件下 2030 年河北钢铁行业 CO_2 排放约为 2020年的 1/2，炼铁工序和烧结/球团工序的协同减排效果明显。李可心等（2024）通过建立减污降碳协同增效综合指数（ICSP），对燃煤电厂减污降碳协同增效进行了研究，发现案例电厂 2022 年相较 2018 年 ICSP 从不足 50 提至 80 以上，改善幅度超 70%，实现了主要大气污染物与 CO_2 的协同减排目标。

2.3.3.3　区域层面减污降碳潜力分析

部分文献聚焦中国重点地区，通过对该地区减污降碳的协同潜力评估，提出以协同控制为手段，充分挖掘不同技术的协同潜力，以期最大化地区层面减污降碳的协同效应（Jiang et al.，2016；汪明月，2020；俞珊，2022；刘茂辉等，2022；Liu et al.，2022；Zhuo et al.，2022；王力等，2022）。例如，Jiang 等（2016）评估了上海市宝山区能源节约对大气污染物的协同潜力，发现"十一五"期间的节能减排政策使该地区能源强度下降 26.7%，导致 SO_2 排放量和

PM2.5 浓度分别下降 35.1% 和 7.7%；俞珊等（2022）对北京市大气污染物和 CO_2 减排潜力进行了测算，发现优化机动车结构对 NO_x、VOCs 和 CO_2 的减排贡献最大，政策情景下减排率分别达到 74%、80% 和 31%，强化情景下分别达到 68%、74% 和 22%；Liu 等（2022）采用 GAINS 模型测算了北京市碳中和目标对大气污染物的协同潜力，发现与基准情景相比，2050 年 NO_x、SO_2 排放量和 PM2.5 浓度分别下降 50%、84% 和 30%；王力等（2022）通过构建多种情景模拟分析污染减排、能源结构改善及产业结构调整等政策对渭南市大气污染物减排潜力的影响。

2.3.4 减污降碳影响因素识别

中国进入了减污降碳协同治理的崭新阶段，但当前减污降碳协同治理水平较低，碳减排与大气污染控制系统尚处于不稳定、不协调的状态，减污降碳协同效应未能有效发挥，因此需要厘清大气污染物和碳排放的影响因素（傅京燕和原宗琳，2017）。图 2-27 展示了大气污染、CO_2 和减污降碳影响因素。

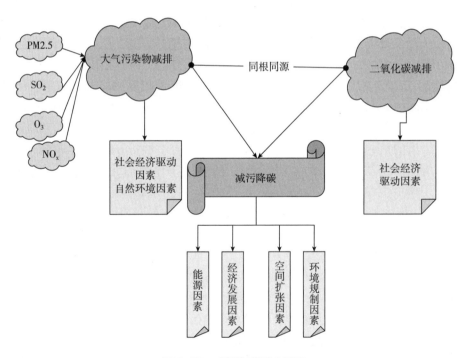

图 2-27　减污降碳影响因素

2.3.4.1　大气污染物排放影响因素识别

关于大气污染物的研究大多围绕 PM2.5、O_3、SO_2 等污染物展开，主要从宏观角度出发，关注大气污染物的物理因素分析、气象特征、浓度测量、影响因素、控制途径等（Li et al.，2016；周曙东等，2017；Ji et al.，2018）。

PM2.5 一直饱受关注，一些学者结合面板数据和计量经济学方法，定量分析了 PM2.5 的社会经济驱动因素（Li et al.，2016；Ji et al.，2018）。计量经济模型只考虑了不同社会经济驱动因素与 PM2.5 之间的原始关系。周曙东等（2017）通过两段式分布滞后模型分析了经济因素和自然环境因素对 PM2.5 的影响；Chen 等（2021）考虑了区域、部门和时间上的异质性，采用指数分解方法分析了 2005～2015 年中国不同地区和部门 PM2.5 排放变化的决定因素，并通过扩展链和嵌套精细的 Laspeyres 指数分解方法，逐年分析和比较了决定因素的影响大小。

臭氧的产生与人为活动密切相关（Li et al.，2019；Wang et al.，2022），一些学者对中国地表臭氧的空间特征进行了研究。Gong 等（2019）应用地面观测、再分析气象场和三维全球化学和传输模型（GEOS-Chem）研究了 2014～2017 年中国北方的 O_3 污染事件（OPEs）；梅莹莹（2024）以深圳市为研究区，用广义加性模型（Generalized Additive Model，GAM），刻画了地表臭氧时空分布特征。一些学者则是对臭氧污染与气象参数的相关性进行了研究，发现臭氧浓度不仅受到高温和湿度的影响，还受到季风的影响（Jacob & Winne，2009；Zhang et al.，2015；Zhang et al.，2023）。SO_2 是重要的大气污染物，主要来自工业生产等，集中在城市和工业区（闫晶洁等，2020）。关于 SO_2 的研究主要关注时间尺度变化特征、潜在源区及其影响因素等（颜鹏等，1999；李菲等，2015；Song et al.，2017；Li et al.，2019；刘涛涛等，2019；孙德尧等，2021）。例如，Song 等（2017）研究了 130 多个国家空气质量监测点的三年时间序列（2014 年 1 月至 2016 年 12 月）空气污染物浓度数据，以了解中国空气污染的严重程度。

除了对大气污染物的物理因素、气象特征、影响因素、控制途径进行分析外，还有部分学者考虑了大气污染物之间的趋势和相关性，对不同地区、不同季节的大气污染物作用机制进行了分析（韩力慧等，2023；兰文港等，2024；陆庆恒等，2024）。例如，韩力慧等（2023）从时间尺度探究了唐山市 PM2.5、PM10 和 O_3 的变化规律，定量估算了污染源排放和气象因素对污染物浓度的贡献，发现 PM2.5、PM10 和 O_3 之间存在小时间尺度的正向作用和大时间尺度的负向影响；兰文港等（2024）对杭州城郊大气 SO_2 和气溶胶的浓度变化特征及其相关性影响因素进行分析，发现 SO_2 与气溶胶相关性偏低，城郊不同粒径的气溶胶之间相关性差异较大；陆庆恒等（2024）采用小波分析和收敛交叉映射分析（CCM）的方法研究了中国不同区域内 PM2.5、PM10、O_3、NO_2、SO_2 和 CO 浓度的时空演化、周期性特征和交互耦合，发现大气污染物区域分布和季节变化存在明显差异，污染物之间交互耦合关系显著，且协同控制具有重要意义。

2.3.4.2 碳排放影响因素识别

有不少学者从不同角度对碳排放的影响因素进行了分析，归纳可得，碳排放影响因素有人口、GDP、能源强度、能源效率、产业结构及国际贸易等（杨骞和刘华军，2012；邓吉祥等；2014，朱勤等，2009）。部分学者探讨了中国区域碳排放特征及其演变规律，对经济发展效应、能源强度效应、能源结构效应、人口规模效应和产业结构效应等碳排放影响因素进行了研究（杨骞和刘华军，2012；邓吉祥等；2014）。还有学者综合考量了经济产出规模、人口规模、产业结构、能源结构和能源效率等因素对碳排放的影响并讨论了主要影响因素的作用机理（朱勤等，2009；田立新和封录，2013）。国际贸易也是影响碳排放量的一个重要因素，Yang 等（2010）提出国际贸易创造了一种转移机制，这种转移机制使碳排放可以自由转移，他们采用投入产出表估计了中国各部门的碳排放乘数及相应的贸易含碳量；Ma 和 Wang（2021）用 179 个主要国家 20 年的面板数据研究了国际贸易参与对碳排放强度的影响，发现国际贸易的参与降低了碳排放强度，而且与发达国家相比，参与国际贸易可以更有效地降低发展中国家碳排放强度。

由于不同行业碳排放量差异明显，因此将行业分类，并研究不同行业的碳排放的影响因素是一个不可忽视的问题（尹希果和霍婷，2010）。现有研究通过行业分类对农业、工业、制造业、交通运输、电力等行业的碳排放做了进一步的分析（李波等，2011；邵帅等，2017；田华征和马丽，2020；田佩宁等，2023）。例如，田华征和马丽（2020）分析了我国工业各部门产值与其碳排放量之间的关系，发现能源消费强度、碳排放部门结构和产值部门结构等不同因素对中国工业碳排放强度变化的贡献；邵帅等（2017）对我国制造业碳排放的驱动因素进行了分析，并基于动态情景模拟了 2015~2030 年制造业碳排放的演化趋势；田佩宁等（2023）建立了交通碳排放测算模型，测度了交通运输业各运输方式的碳排放量和碳排放强度；侯建朝和史丹（2014）综合考虑了电力生产侧、电力输配侧、国际贸易和消费侧，对电力行业碳排放变化的驱动因素进行了研究。

2.3.4.3 减污降碳影响因素识别

从源头治理的角度来看，大气污染治理和 CO_2 减排协同性很强，但是两者间的作用机理错综复杂，还需要对减污和降碳之间的协同进行具体的研究。目前，有不少学者从重点区域和行业层面等不同角度，对中国减污降碳的影响因素进行了研究（Lu et al.，2019；李云燕等，2023；崔连标等，2023；陈小龙等，2023；傅京燕和原宗琳，2017；何子豪等，2024）。

一些学者聚焦中国重点地区，发现减污降碳的主要影响因素有能源消费总量、能源消费强度、能源消费结构、人均 GDP、环保投资占比和空间扩张与环境规制等（Lu et al.，2019；李云燕等，2023；崔连标等，2023；陈小龙等，2023）。例如，崔连标等（2023）基于 Tobit 模型分析了减污降碳影响因素，发现能源强度、人均 GDP、城镇化水平、产业结构及对外开放水平是影响减污降碳协同效应的主要因素；陈小龙等（2023）测算了京津冀城市群、长三角城市群和珠三角城市群减污降碳协同增效指数，发现经济发展、环境污染、环境治理、生态保护和资源利用是减污降碳协同效应演变的重要影响因素。

还有一些学者对工业、电力行业、农业、制造业等行业减污降碳的影响因素进行了分析（傅京燕和原宗琳，2017；何子豪等，2024；俞珊等，2024；朱洋洋等，2024；刘爽和刘畅，2024）。研究发现，电力行业的协同减排普遍存在，但各省份存在区域异质性，其中电力行业固定资产投资与能源效率的增进是电力行业内协同减排的主要影响因素（傅京燕和原宗琳，2017）；工业 CO_2 和各类污染物的减排协同度呈现"N"型变化趋势，加强政府政策力度和科技创新是影响城市工业协同减污降碳的关键因素（何子豪，2024）；就制造业而言，能源强度降低和产业结构调整的协同效果最为明显（俞珊等，2024）；中国农业减污降碳协同效应显著，并且存在区域异质性，农业生产条件、规模化经营程度和农业集聚水平是农业减污降碳协同效应的主要驱动因素（朱洋洋等，2024；刘爽和刘畅，2024）。

2.3.5 减污降碳协同效应路径研究

针对不同领域环境污染和温室气体的治理特性，不同学者从国家政策、行业技术和区域管理等视角，探索了减污降碳协同的实现路径，如图 2-28 所示。

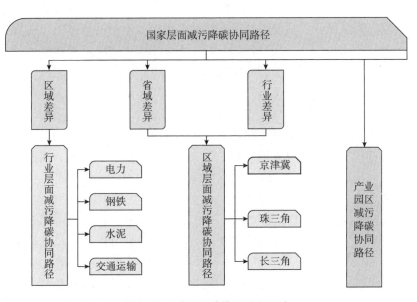

图 2-28 减污降碳协同路径研究

2.3.5.1　国家层面路径研究

一些学者基于不同情景和方法对中国减污降碳的路径进行了研究（戴静怡，2023；刘华军和张一辰，2024；张瑜等，2022；Zhu et al.，2023）。其中，部分学者分析了减污降碳协同治理的内涵、机理、潜力和路径等（戴静怡，2023；刘华军和张一辰，2024）；也有学者从政策层面探究了减污降碳的协同路径，利用面板回归模型和中介效应模型分析了减污降碳政策的动态演变过程、协同效应以及实现路径（张瑜等，2022；Zhu et al.，2023）；易兰等（2022）采用协同控制效应坐标系法，将中国当前与德国 20 世纪八九十年代的协同状况进行了比较，发现中国进入碳增硫减的协同防控波动阶段，并提出促进能源转型、利用碳市场、制定合理大气污染治理政策和明确环境规制边界与政府职责等建议；一些研究结合中国省域 CO_2 排放量和大气 PM2.5、O_3 污染浓度的时空特征，分析了不同情景下 CO_2 和 PM2.5、O_3 前体物的协同效应（Wang et al.，2022；李飞等，2023）；刘贵利等（2024）分析了当前减污降碳分区管治面临的主要问题，并提出现阶段减污降碳分区管治需要制定碳污排放分区标准体系，建立与国土空间规划衔接的分区管治体系等保障机制；还有学者考虑了不同电力需求、供热需求等情景下的减污降碳协同路径（向梦宇等，2023；王堃等，2023）。

2.3.5.2　行业层面路径研究

一些学者分析了电力、钢铁、水泥、交通运输等行业减污降碳的路径（刘胜强等，2012；傅京燕和原宗琳，2017；李新等，2020；邢晓雯等，2024；Wang et al.，2020；Hu et al.，2024；逯飞等，2024）。电力行业的协同减排在众多省份普遍存在，但区域异质性使并非所有地区都适合探索协同减排路径（傅京燕和原宗琳，2017；Hu et al.，2024）。傅京燕和原宗琳（2017）考虑电力行业内的协同减排影响因素，发现电力行业主要的协同减排扩张路径是固定资产投资与能源效率的增进，而研发经费投入则对协同减排作用较弱，三项措施共同实施可使协同减排的总效应较未考虑交互作用时扩张 3 倍以上；邢晓雯等（2024）考虑了新能源和碳捕集与储存技术对 4 种情景下江苏省电力行业的 CO_2 与大气污染物协同减排效益进行了分析，在 4 种情景下，天然气、核能、太阳能、风能替代发电和普通煤电厂比例带来的减污降碳协同效益较高，生物质能和不可再生垃圾能的部署会带来 SO_2 较为显著的排放增加，碳捕集与储存改造煤电只有在 2035 年才表现出较大的协同效益；Hu 等（2024）对不同政策电力行业的协同效应进行分析，提出了围绕发电行业碳减排、能源结构转型、产业环境分阶段政策支持的减排路径；Wang 等（2020）对中国工业行业的减排效果进行了评估，基于 CO_2 排放效率划分了碳减排目标的重点区域，并基于减排成本的二维视角对达不到碳减排目标的重点区域的减排路径进行优化。关于钢铁行业的协同减排路径，刘胜强等（2012）通过构造大气污染物协同减排当量指标，讨论了减污降碳协同减排方法和具体减排路径，发现前端和过程控制技术可实现大气污染物和温室气体协同减排，末端治理措施缺乏协同性且边际污染物减排成本较高，仅靠前端和过程控制措施，NO_x 减排目标能够实现，而 SO_2、CO_2 和协同减排当量指标的减排目标则难以实现。还有学者分别从钢铁行业规模、结构、技术、工序和末端治理角度分析了钢铁行业的协同减排路径（李新等，2020；逯飞等，2024）。何峰等（2021）测算了水泥行业 24 项节能减排措施的大气污染物协同减排量，发现多数节能减排措施可协同减排局部大气污染物，协同减排潜力最大的是结构调整措施，能效提升与节能措施的协同减排成本较低，但减排潜力有限。

2.3.5.3 区域层面路径研究

还有学者对中国重点区域和城市的减污降碳路径进行了分析（王力等，2022；吕一铮，2022；张亚捷等，2022；狄乾斌等，2022；段林丰等，2024）。例如，段林丰等（2024）设计了成渝地区 3 种中长期综合减污降碳情景，优选了中长期空气质量改善目标约束下的综合减污降碳情景及路径，从综合减污降碳措施减排贡献来看，现阶段末端治理仍是大气污染物减排的重要驱动力，大气污染物减排贡献占比为 20%~55%，中长期阶段由"双碳"目标驱动的能源、产业和交通结构调整措施对污染减排具有关键作用，这与王力等（2022）提出的渭南市减污降碳协同控制路径比较一致；吕一铮（2022）以浙江省宁波市为研究对象，对全部经济门类的产业结构开展实证研究，运用多准则决策模型和情景分析法，以能源、水资源、4 种主要污染物（COD、NH_3-N、SO_2、NO_x）和 CO_2 为约束条件建立了产业结构优化调整模型，将各产业增加值占比的变化程度作为决策变量，筛选出产业结构调整平稳、减排幅度大的调整方案；张亚捷等（2022）将流域划分为人工生态系统和自然生态系统，分析了温室气体和污染物的协同减排机制，发现人工生态系统减污降碳协同的主要路径为调整能源结构、加快产业结构转型、提升绿色交通发展水平、扩大农村清洁供暖覆盖面与提高农田土壤固碳潜力，自然生态系统减污降碳协同的主要路径为提高湿地固碳潜力、进行协同农业面污染源控制和水体富营养化控制；狄乾斌等（2022）基于减污降碳协同治理演化机理，对京津冀、珠三角和长三角地区减污降碳协同治理关键路径进行识别，发现三大城市群减污降碳协同治理有序度呈显著增长趋势，还可以从政策、技术、能力建设等方面做好顶层设计、转型升级、合作拓展等予以推进。

2.3.5.4 产业园区路径研究

开展产业园区减污降碳协同路径研究对实现经济发展和减污降碳协同增效具有重要意义（魏泽洋等，2023；刘旭，2024）。刘旭（2024）采用园区 2020 年实际生产活动水平数据，选取六项减污降碳协同增效措施，构建协同发展情景，针对不同类型的产业园区分析协同发展路径，发现园区的碳排放主要来自天然气和电等能源消费环节，污染物排放主要来自重点排污企业，建议优先选择调整能源结构、降低能耗强度和污染物减排。

2.3.6 减污降碳政策评估

现有的环境和气候政策关注的目标相对单一，面对环境污染和气候变化的双重压力，政策制定应充分考虑协同效应（郑逸璇等，2021）。现有政策根据目标不同，可分为单一目标的减污政策或降碳政策，以及多目标间的协同控制政策。前者以单独降碳或减污为主要目标，后者则是为了实现一系列治理目标，基于多项评估指标选择的政策最佳组合，并且有助于保障治理体系中各重要目标的一致性（Hartmann et al.，2023）。不同政策之间的关系如图2-29所示。

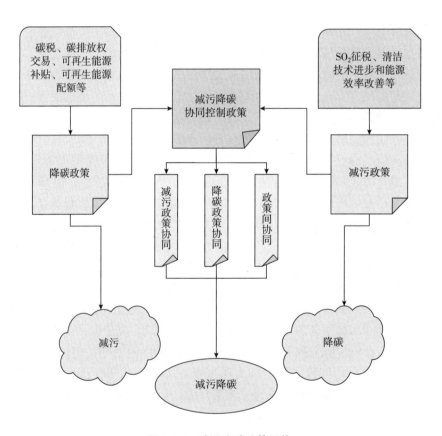

图 2-29　减污降碳政策评估

2.3.6.1　降碳政策的减污效应

降碳政策包括碳税、碳排放权交易、可再生能源补贴、可再生能源配额等政策，旨在减少碳排放和鼓励低碳经济（林伯强，2022）。从全球范围来看，截至2021 年 1 月，共有包括芬兰、荷兰和挪威在内的 35 个国家和地区征收碳税，涉及 27 个全国性征收方案、8 个地方性的征收方案（Hartmann et al.，2023）。由于中国暂时未实行碳税政策，一些学者通过模拟碳税实施后的温室气体和大气污染物的变化，发现实施碳税政策后，温室气体和大气污染物的减排效果明显（Tan & Sun，2019；Yang et al.，2024）。一些学者评估了碳排放权交易政策的减污降碳效应，发现碳排放权交易政策显著降低了碳排放量和大气污染物浓度，促进了减污降碳协同增效（Yan et al.，2020；Cui et al.，2021；叶芳羽等，2022）。化石能源补贴虽然能促进经济发展，但以环境为代价，从长远来看，可再生能源补贴能提高能源利用效率、减少化石能源的使用，促进污染物与温室气体协同减排（林伯强和刘畅，2016；徐晓亮和许学芬，2020）。

2.3.6.2　减污政策的降碳效应

减污政策包括 SO_2 征税、清洁技术进步（CTP）和能源效率改善等政策，是气候变化治理的主要政策工具。部分学者从税费的角度出发，考察了环境税费等政策对减污降碳的影响（Wei et al.，2018；赵晓梦等，2024）。例如，赵晓梦等（2024）从绿色税改革的视角探讨了环境税的减污降碳协同效应及作用机制，发现环境税能够促进大气污染物与温室气体协同减排；Wei 等（2018）构建了一个动态的可计算一般均衡模型，评估了包括 SO_2 征税、清洁技术在内的大气污染治理工具的效果，发现 CO_2 和 PM2.5 的协同减排效应和能源回弹效应显著。部分学者关注"十一五"至"十二五"期间污染物控制政策与 CO_2 减排之间的共同效益，评估了现行污染物控制政策的协同效应，发现燃煤电厂脱硫工程在减污中起着关键作用，结构性减污相对容易实现主要污染物与温室气体的协同减排，而管制减污并不容易实现协同减排（Gu et al.，2018）。还有学者考察了地方政府环境规制对企业碳排放的协同治理效应，发现环境规制策略会导致企业碳排放量增大（周行等，2023）。

2.3.6.3　减污降碳协同控制政策

当前减污降碳协同控制政策方面主要有减污政策和降碳政策协同、减污政策间的协同和降碳政策间的协同。关于减污和降碳政策协同，一些学者通过比较单一政策和政策协同，来论证减污和降碳政策协同更有助于减污降碳协同治理（朱思瑜等，2023；周行等，2023）。例如，周行等（2023）采用多期差分模型考察地方政府环境规制与碳交易制度对企业碳排放的协同治理效应，发现在碳排放权交易与环境规制的双重影响下，高碳企业的碳排放量显著下降。调节效应分析显示，地方政府的环境规制策略会导致企业碳排放量增大，而碳交易制度在环境规制策略与企业碳排放量之间起到负向调节作用，碳交易市场机制的建立能够有效缓解环境规制执行中的策略选择缺陷。还有一些部门和地区的温室气体和空气污染物排放量较大，因此需要对这些部门和地区碳减排和污染治理的协同效应及其潜在的传导机制进行研究（Lu et al.，2019；Xiao et al.，2023）。

对于相同类型间（减污政策或降碳政策）的协同效应，由于政策的治理主体相同，政策相结合能够有效控制大气污染和温室气体。为了减少大气污染，改善空气质量，中国出台了包括 SO_2 征税、清洁技术在内的一系列大气污染治理政策，部分学者研究了减污政策间的协同效应，探究环境政策间协同对环境的影响（Wei et al.，2018；Zhu et al.，2023）。例如，Wei 等（2018）用 CGE 模型评估了陕西省 SO_2 税、清洁技术进步和节能等改进等空气污染控制政策的效果，发现在多种情景下，SO_2 征税与清洁技术进步政策相结合，能够改善能源消费结构和减少大气污染，对经济效益的负面影响不显著。为减少温室气体排放，实现可持续发展，中国制定了碳达峰、碳中和的"1+N"政策体系，旨在减少碳排放、转变能源结构、控制污染（陈新明等，2022；谭显春等，2022；Hu et al.，2024）。一些学者从政策文本的角度出发，采用文本量化的研究方法对政策发展历程、治理主体的网络节点特性以及目标领域与治理工具的互动演化关系进行研究，发现我国低碳政策体系战略目标逐渐清晰、部门协同有待深入、政策存量具备基础但政策组合尚需优化（陈新明等，2022；谭显春等，2022）。降碳政策协同可以降低碳排放，且中央政府的气候政策协同程度比省级政府协同程度高，因此在评估政策成效的基础上，为政策协同提供途径具有重要的现实意义（郑石明等，2021）。Hu 等（2024）选取碳排放交易体系（ETS）、煤炭控治与清洁利用（CCCU）和绿色金融改革创新试验区（GFPZ）三个政策，建立了 10 种情景，发现了 ETS、CCCU 和 GFPZ 政策分别对碳减排、能源结构转型和工业环境污染控制具有显著的正向影响，采用双重差分模型评估了政策间的影响，并给出了政策对接路径。

第3章 中国减污降碳耦合协调度及驱动因素分析

本章采用耦合协调度模型、基尼系数及趋势面分析技术，对 2011~2021 年中国大气污染物与碳排放的耦合协调度进行了时空分布格局的深入探讨。此外，采用面板回归模型，对这些现象背后的影响因素进行了系统分析，相关结果对中国减污降碳协同增效有一定的参考价值。

3.1 研究背景

中国正面临空气污染治理和 CO_2 减排的双重压力。在国际能源署（IEA）最新发布的《全球能源回顾：2021 年 CO_2 排放》报告中，对 2021 年全球能源行业 CO_2 排放量的数据进行了详尽的阐述。该报告提供了关于全球能源消耗与 CO_2 排放之间关系的深入分析，为理解当前能源使用对环境影响提供了重要数据支持。报告指出，该年度全球 CO_2 排放总量高达 363 亿吨。值得注意的是，中国在这一全球排放数据中占据了显著位置，其排放量达到了 118.9 亿吨，占全球的 32.8%。为应对气候变化，履行大国责任，中国于 2020 年 9 月郑重地做出了"双碳"目标承诺。这一目标设定体现了对未来气候变化挑战的积极应对策略，旨在通过减少温室气体排放，促进全球气候稳定。2023 年的全国生态环境保护大会强调了"双碳"目标的坚定性及其与自主行动策略的关系。尽管中国对"双碳"目标的承诺是坚定不移的，但实现这一目标的具体路径、方法、节奏和力度将由中国自主决定，不受外部因素的影响。这一表述不仅体现了中国在全球气候治理中的自主性和责任感，也为研究减污降碳策略的实施提供了政策导向和理论依据。通过深入分析这些政策声明，可以更好地理解中国在推动减污降碳过程中的战略选择和行动逻辑。

在当前全球环境治理的背景下，中国正面临着双重挑战：一方面需实现生态环境的根本性改善，另一方面则需达成碳达峰和碳中和的目标。在这一复杂背景下，推进减污降碳的协同效应被视为环境治理的关键策略，这一策略的核心在于通过综合管理措施，同步减少污染物排放与降低温室气体排放，以实现环境质量的改善与气候变化的缓解，也是推动中国生态环境质量从量变到质变跃迁的必然路径（戴静怡等，2023）。此外，党的二十大报告强调了在产业结构调整、污染治理、生态保护及气候应对方面进行统筹规划的重要性，并提出了协同推进降碳、减污、扩绿和增长的策略方针（李云燕和杜文鑫，2023）。2021 年 11 月，国务院发布的政策文件《关于深入打好污染防治攻坚战的意见》中，明确指出应将实现减污降碳协同增效作为总体策略。该策略旨在通过综合性的环境管理措施，同步推进污染物与温室气体排放的减少，以期达到环境质量改善与气候变化应对的双重目标，全面统筹污染治理工作（崔连标和陈惠，2023）。2022 年 6 月，《减污降碳协同增效实施方案》由生态环境部及其他六个相关部门联合发布，该方案进一步强调了深化减污降碳协同增效的基础科学研究与技术机理探索的必要性，这一举措旨在通过科学方法促进大气污染防治与气候治理的有效结合。尽管如此，当前中国在减污降碳协同治理方面的协同度仍显不足，碳减排与大气污染控制系统的协调性尚未达到理想状态，存在不稳定和不协调的问题。目前，减污降碳的协同效应及其多重效应尚未得到充分发挥（狄乾斌等，2022）。

对减污降碳协同效应的时空演变趋势及其影响机制进行研究，并识别重点区域，是提高政策效率，助力中国经济社会全面绿色转型、区域协调发展，推动中国生态环境治理根本性变革的必然选择（王雅楠等，2024）。研究表明，减污和降碳之间存在良好的协同效应：一是温室气体和大气污染物具有"同根同源"的性质；二是许多减污措施同时也是降碳的有效措施；三是生产生活过程中会同时产生温室气体和大气污染物（高庆先等，2021）。基于此，部分学者通过超效率模型 SBM、复合系统协同度模型、耦合协调度模型测度了减污降碳协同效应并进行了研究分析（张雪纯等，2023；陈小龙等，2023；Chu et al.，2023）。可以为制定更加精准和有效的环境政策提供科学依据，进而推动实现环境质量改善与温室气体减排的双重目标。相关研究对于深入理解减污、降碳与区域经济发展之间的协调关系具有重要价值，这不仅有助于揭示环境治理与经济发展的内在联系，对于地方政府因地制宜地制定绿色转型政策亦具有指导意义。通过此类研究，还可以为推动生态文明建设和"美丽中国"实现可持续发展提供科学依据和策略支持（唐湘博等，2022）。

3.2 文献回顾

在当前的研究领域中，学者们广泛探讨了大气污染物治理与碳减排之间的协同效应。这些研究通常聚焦于特定政策或措施的效果评估。例如，Song（2023）采用可计算一般均衡模型（CGE），对环保监管、碳税征收以及非化石能源补贴等政策措施在大气污染物与 CO_2 协同减排方面的效果进行了比较分析，揭示不同政策工具在实现环境与气候目标方面的相对效率和潜在影响。王力等（2022）通过 LMDI 分解和 LEAP 模型，以渭南市为例，研究发现，能源结构改善、产业结构优化和交通运输调整在大气污染物与温室气体的协同减排方面具有显著效果。刘茂辉等（2022）采用减排量弹性系数法与 STIRPAT 模型，对特定城市减污降碳协同效应进行预测分析，发现天津市 2011~2020 年减污降碳协同效应呈现波动变化，"十四五"时期或可进入减污降碳协同增效阶段。此外，一些研究还通过构建耦合协调模型来对协同效应进行评估。例如，狄乾斌等（2022）采用复合系统协同度模型测度城市群减污降碳协同治理协同度，结果表明，三大城市群减污降碳协同治理有序度呈显著增长趋势；而减污降碳协同治理协同度水平较低，系统处于不稳定、不协调的状态。

同样，也有学者用空间异质性来探究减污降碳协同效应的驱动因素。例如，李汶豫等（2024）采用多尺度地理加权回归模型（MGWR），探究了长江经济带城市减污降碳协同效应驱动因素，发现降水量、空气流通系数、产业结构升级、人均 GDP、绿色技术创新、人口密度和对外开放水平是长江经济带城市减污降碳协同效应的主要驱动因素，且影响空间异质性。张为师等（2024）运用地理时空加权回归模型（GTWR），分析了低碳政策、大气污染物防控措施以及产业结构调整等关键因素对减污降碳协同效应的时空分布特征及其影响。以低碳试点城市为代表的区域，其降碳政策、减污政策、产业结构、人口规模、城镇化水平以及技术投入对减污降碳协同效应的影响存在显著的空间异质性。唐湘博等（2022）通过应用时空地理加权回归模型（GTWR），深入探讨了减污降碳协同效应影响因素的空间动态变化规律及其作用机制。研究发现，能源消费总量、能源消费强度以及能源消费结构是影响减污降碳协同效应的关键因素。这些因素与产业结构、进出口贸易总额等变量在协同效应上的影响呈现出明显的空间异质性。这一发现为制定区域特征的环境与能源政策提供了重要的科学依据，强调了在不同地理区域内实施差异化政策的重要性，以实现环境与气候目标的有效协同。

综合分析现有文献，可以发现大多数研究聚焦于大气污染物或 CO_2 等温室气体的单一维度时空分布模式及其驱动因素方面（张瑜等，2022），关于减污降碳协同效应的时空分布特征及其影响因素的综合性研究较为缺乏，因此，有必要进一步探索和分析这些环境问题的协同效应，以便更全面地理解其复杂性，进而制定更为有效的环境管理策略。本章首先采用耦合协调度模型，对中国大气污染物与碳排放之间的协同效应进行量化评估，其次运用计量模型深入分析影响中国减污降碳协同效应的关键驱动因素，以期为制定更加科学、合理的减污降碳政策提供理论依据和实证支持。

3.3 数据来源与研究方法

3.3.1 变量选取与数据来源

本章选取中国 30 个省份（不包括港澳台及西藏自治区）作为研究对象，研究时段设定为 2011~2021 年。污染物排放当量数据主要来源于同期的《中国城市统计年鉴》《中国环境统计年鉴》《中国能源统计年鉴》等官方统计资料。碳排放量的数据则来源于省级碳排放清单，该清单由中国碳核算数据库提供（https：// www. ceads. net. cn/）。在驱动因素方面，本章从自然环境和经济社会两个维度进行变量选取：空气流通系数（afc）、绿色技术创新水平（gti，以绿色专利授权数表示）、城镇化率（ur）、对外开放水平（luo，以进出口贸易总额表示）、人口密度（pd）以及产业结构升级（is，以第三产业增加值与第二产业增加值的比值表示）。空气流通系数数据来源于 ERA-Interim 数据库，而绿色技术创新、城镇化率、对外开放水平、人口密度和产业结构升级的数据则主要来源于中国研究数据服务平台（CNRDS）、《中国统计年鉴》、国家统计局。对于部分缺失数据，采用了多重插补技术与趋势外推分析相结合的方法进行填补，确保了数据的完整性和准确性。

3.3.2 研究方法

3.3.2.1 污染物当量计算方法

为全面评估各省份在大气污染物治理与碳减排方面的协同效应，本章依据《中华人民共和国环境保护税法》所设定的大气污染当量系数，对各省的大气污染物排放指标实施标准化处理。具体计算步骤如下：

$$E_{LAP} = \alpha E_{SO_2} + \beta E_{NO_2} + \gamma E_{PM} \tag{3-1}$$

式中，E_{LAP} 表示大气污染物当量；E_{SO_2}、E_{NO_2} 和 E_{PM} 分别表示某省份的二氧化硫、氮氧化物和烟粉尘排放量，单位为万吨；α、β 和 γ 分别表示二氧化硫、氮氧化物和烟粉尘排放量的当量系数，其值具体如表 3-1 所示。

表 3-1　大气污染物当量系数

大气污染物	当量系数	当量系数值
二氧化硫	α	1/0.95

续表

大气污染物	当量系数	当量系数值
氮氧化物	β	1/0.95
烟粉尘	γ	1/2.18

注：《中华人民共和国环境保护税法》所设定的大气污染当量系数。

3.3.2.2 耦合协调度模型

社会被视为一个复杂系统，其中包括资源、生态、经济和社会等不同的子系统，这些子系统之间存在着多元的内在耦合关系。随着生态文明建设的持续推进，对一个地区或社会发展程度的评判，已经从单纯的发展水平转向了基于协调水平与发展水平的整体均衡评价。

耦合效应及其协调发展度已被证实为一种评价系统耦合发展水平的有效工具，可以用于分析和评估系统间的相互作用及其协同发展的程度。耦合协调度模型通过使用耦合度来阐释若干子系统之间的相互关系，并进一步使用协调发展度对整个系统进行综合评价和研究。该模型的显著优势在其计算简便性和结果的直观性，这使它在多个领域和不同尺度上的实证研究中得到了广泛应用。

3.3.2.3 传统耦合协调度模型的规范公式

钱丽等（2012）通过数学推导构建了三元耦合模型，姜磊等（2017）注意到实证分析中存在耦合度公式取值范围错误的问题并提出改正。故本章采用公式（3-2）来计算耦合度。

$$C = \left[\frac{\prod_{i=1}^{n} U_i}{\left(\frac{1}{n} \sum_{i=1}^{n} U_i \right)^n} \right]^{\frac{1}{n}} \tag{3-2}$$

在上述公式中，n 表示子系统的数量，而 U_i 则表示各个子系统的标准化值，其取值范围为闭区间 $[0, 1]$。因此，耦合度 C 的取值范围同样为 $[0, 1]$。当 C 值增大时，表明子系统间的离散程度减小，耦合度增强；相反，若 C 值减小时，则意味着子系统间的离散程度增大，耦合度减弱。

$$\text{当 } n = 2 \text{ 时，} C = \frac{2\sqrt{U_1 U_2}}{U_1 + U_2} \tag{3-3}$$

$$\text{当 } n = 3 \text{ 时，} C = \frac{3\sqrt[3]{U_1 U_2 U_3}}{U_1 + U_2 + U_3} \tag{3-4}$$

$$T = \sum_{i=1}^{n} \alpha_i \cdot U_i \qquad \sum_{i=1}^{n} \alpha_i = 1 \tag{3-5}$$

$$D = \sqrt{C \times T} = \sqrt{\left[\frac{\prod_{i=1}^{n} U_i}{\left(\frac{1}{n}\sum_{i=1}^{n} U_i\right)^n}\right]^{\frac{1}{n}} \times \sum_{i=1}^{n} \alpha_i \cdot U_i} \tag{3-6}$$

公式（3-5）中，U_i 表示第 i 个子系统的标准化值；α_i 表示该子系统在整体分析中的权重。

对公式（3-2）所构建的耦合协调模型进行简化，一方面，由于耦合度 C 值倾向于集中在较高值域，导致计算所得的协调度 D 值过度依赖于系统发展程度指标 T，从而相对削弱了系统协调水平的影响，使 D 值难以全面反映耦合协调度的实际测量价值。另一方面，在评估耦合协调度时，若假设各子系统同等重要，将导致耦合协调度计算公式的简化。在此情况下，T 值的计算应采用算术加权而非几何加权，因为几何加权可能缩小 T 值的取值范围。此外，综合评价指数应能够体现各子系统间的互补性。因此，综合协调指数的计算方法应予以调整，以更准确地反映系统间的协调关系（王淑佳等，2021）。

而上述提到的标准化值，为了确保不同指标在不同地区及年份间的可比性，并消除原始数据在量级和方向上的差异，耦合协调模型需对各项指标的原始数据进行极差标准化处理，以实现数据的标准化转换。

$$v_{ij} = \frac{V_{ij} - \min V_{ij}}{\max V_{ij} - \min V_{ij}} \quad (v_{ij} \text{ 为正向指标}) \tag{3-7}$$

$$v_{ij} = \frac{\max V_{ij} - V_{ij}}{\max V_{ij} - \min V_{ij}} \quad (v_{ij} \text{ 为负向指标}) \tag{3-8}$$

式中，v_{ij} 表示系统 i 中第 j 项指标经过标准化处理后的值；V_{ij} 表示该指标的原始数据；而 $\max V_{ij}$ 和 $\min V_{ij}$ 分别表示系统 i 中第 j 项指标在所有相关数据中的最大值和最小值。

通过运用耦合协调度模型，我们可以更好地理解各个子系统之间的相互作用和影响。这有助于提出相应的政策和措施，实现系统的整体均衡发展。这种综合评价和研究方法的应用可以为社会的可持续发展提供宝贵的参考和指导。由于 CO_2 和大气污染物大多来自化石能源燃烧，大气污染物与碳排放之间存在显著的同根、同源、同过程特性。通过应用耦合协调度模型，可以有效地阐释多个子系统之间的交互作用及其整体发展趋势。鉴于此，本章采用耦合协调模型来评估减污降碳的协同效应，并分析不同省份在碳减排与大气污染物控制方面的协调度差异。为增强模型的信度和效度，本章参考了王淑佳等（2021）的方法对模型进行了修正，旨在更精确地量化和理解减污降碳协同效应的复杂性及其在不同地理区域的表现。

$$C = \frac{2\sqrt{U_1 U_2}}{U_1 + U_2} = \sqrt{\left[1 - (U_2 - U_1)\right]\frac{U_1}{U_2}}$$

$$T = aU_1 + bU_2 \tag{3-9}$$

$$D = \sqrt{C \times T} \tag{3-10}$$

在本模型中，U_1 表示某地区污染物排放当量与碳排放量两系统间的最小值，而 U_2 则表示两者间的最大值。参数 a 和 b 为权重系数，污染物治理系统与碳减排系统具有同等重要性，故设定 $a=b=0.5$（李云燕和杜文鑫，2023）。参考翁钢等（2021）、杨孟阳和唐晓彬（2023）的研究成果，将耦合协调度等级细分为十个类别。此外，根据协调等级，可以划分为五个不同的协调发展阶段，以更精确地描述系统间的相互作用及其发展水平。具体划分标准如表 3-2 所示。通过这种细致的分类，本章旨在更精确地评估和描述不同地区在减污降碳协同效应方面的表现和进展。

表 3-2　耦合协调度等级划分

序号	耦合协调度	协调等级	协调发展阶段
1	(0.0, 0.1]	极度失调	衰退期
2	(0.1, 0.2]	严重失调	
3	(0.2, 0.3]	中度失调	可接受的失调期
4	(0.3, 0.4]	轻度失调	
5	(0.4, 0.5]	濒临失调	过渡期
6	(0.5, 0.6]	勉强协调	
7	(0.6, 0.7]	初级协调	发展期
8	(0.7, 0.8]	中级协调	
9	(0.8, 0.9]	良好协调	高度协调期
10	(0.9, 1.0]	优质协调	

3.3.2.4　面板回归模型

为了建立一个适当的框架来探讨自然环境和经济社会两个方面减污降碳耦合协调度的影响因素，本章使用面板回归模型对 2011~2021 年各省份的耦合协调度、空气流通系数、绿色技术创新、城镇化率、对外开放水平、人口密度和产业结构升级的面板数据进行分析。模型设定如下：

$$D_{it} = \beta_0 + \beta_1 afc + \beta_2 is + \beta_3 gti + \beta_4 ur + \beta_5 pd + \beta_6 lou + \mu i + \lambda_t + \varepsilon_{it} \tag{3-11}$$

在这里，$i=1, 2, \cdots, 30$，$t=2011, 2012, \cdots, 2021$，分别显示了不同时间

段和省份的横截面单位。D_{it} 表示 i 省份 t 年的耦合协调度，afc、is、gti、ur、pd 和 lou 分别表示 i 省份 t 年的空气流通系数、绿色专利授权数、城镇化率、进出口贸易额、人口密度和第三产业增加值与第二产业增加值的比值。

3.4 污染物排放当量与 CO_2 排放量的时空分布特征

3.4.1 中国污染物与碳排放量的变动特征

3.4.1.1 中国时空特征

如图 3-1 所示，污染物排放当量自 2014 年开始明显下降，在"十二五"期间变化较小，总量由 2011 年的 5.447×10^7 吨降至 2015 年的 4.604×10^7 吨，但到"十三五"时期，污染物减排效果明显，2020 年相较于 2016 年下降 51.59%。说明"十二五"时期以来，我国污染防治工作取得显著成效，空气质量明显改善。

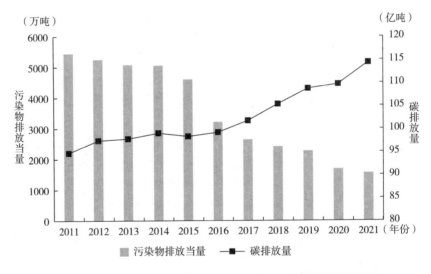

图 3-1　2011~2021 年中国污染物排放当量和碳排放量变化情况

尽管污染物排放总量显示出下降的态势，但与之形成对比的是，CO_2 的排放量却呈现出上升的趋势。从 2011 年的 94.68 亿吨增加到 2021 年的 114.36 亿吨，增幅为 20.79%。这一数据表明，尽管大气污染物排放得到了有效的控制，但碳排放量却在不断增加，尚未达到与污染物排放当量同步下降的程度，这与 Fan（2020）的研究结果类似。

基于这些数据，可以得出结论，中国大气污染防治取得了较好的成效，但在碳排放量控制方面仍面临挑战。

3.4.1.2　趋势面分析

趋势面分析法是一种基于全局多项式拟合技术的空间数据分析方法。该方法通过数学函数对二维空间中的采样点数据进行拟合，进而将这些数据转换为三维可视化的平滑曲线。这种方法有效地揭示了地理要素在空间分布上的变化趋势，为理解和分析地理现象提供了有力的工具。本章运用趋势面分析法，旨在揭示中国减污降碳协同效应在空间分布上的差异性及其趋势。为了深入分析耦合协调度的空间分布特征，相关分析结果如图 3-2 所示。在研究时段内，减污降碳耦合协调度的趋势线基本保持"东低西高，南高北低"的布局态势。该结果的可能原因为，东部地区由于经济发达，且采取了严格的环境规制措施，在污染物减排和碳排放控制方面潜力有限，而西部地区可能因为经济发展方式粗放，产业结构偏重，对化石能源依赖性较高，在污染物控制方面潜力相对较高。研究同时发现，不同空间方向上趋势面变化具有异质性，具体而言，南北方向的趋势面过渡相较于东西方向更为平缓，表明减污降碳耦合协调度在东西方向上展现出更为显著的空间分异特征。

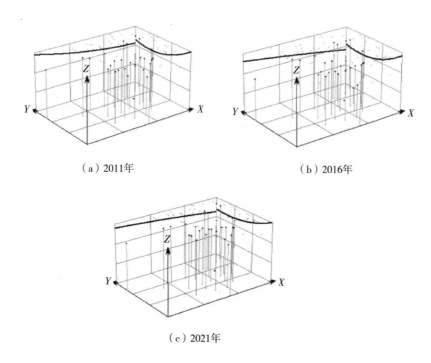

（a）2011年　　　　　　　　（b）2016年

（c）2021年

图 3-2　2011 年、2016 年、2021 年趋势面

3.4.2 减污降碳协同效应的时空特征分析

3.4.2.1 全国时空特征

中国 2011~2021 年减污降碳耦合协调度变动情况如图 3-3 所示。可以发现，2011~2017 年中国减污降碳耦合协调度平均水平总体呈上升的态势，2011~2021 年耦合协调度平均值由 0.76 增至 0.82，增幅为 7.9%。两个系统之间的相互作用和协调性在逐步增强，大气污染物治理与碳减排系统之间的相互作用亦有所提升，反映出环境治理策略在实现减污与降碳双重目标上的有效性。

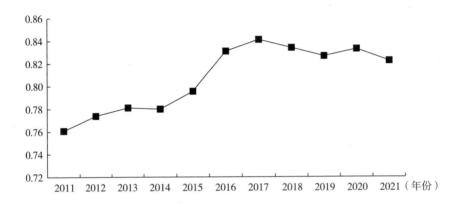

图 3-3　2011~2021 年中国减污降碳耦合协调度平均值变化情况

通过对耦合协调度的波动进行分析，可以将 2011~2021 年的耦合协调水平划分为三个阶段：第一阶段为 2011~2013 年，此期间耦合协调度呈现缓慢增长态势，处于中等协调水平，标志着发展期的开始。第二阶段为 2014~2017 年，这一时期见证了从中等协调向良好协调的过渡，发展期向高级协调期过渡。耦合协调度快速增长，其中，2015~2016 年涨幅较大。第三阶段为 2018~2021 年，耦合协调度出现缓慢下降的趋势，但还是处于高级协调期。深入分析其背后的原因，这些变化在很大程度上可追溯至 2013 年颁布的《大气污染防治行动计划》。该政策的实施对于推动大气质量的改善起到了关键作用，其效果在多个环境监测指标中得到了体现，展示了政策干预在环境治理中的重要作用。但由于在空气污染治理方面措施的实施，2018~2021 年，碳减排协同效应的进一步发挥面临挑战，我们注意到减污降碳协同效应的发展已进入一个相对停滞的阶段。此外，分析表明，大气污染物治理与碳减排系统之间的相互作用关系正逐渐减弱。这一现象可能表明，当前环境政策和技术手段在促进两者协同发展方面面临挑战，需要进一步的策略调整和技术创新以恢复和增强其协同效应。

因此，减污降碳协同效应的难关需要我们进一步研究和探索解决方案。潜在的策略涉及深化碳减排技术的研发与实施，推动能源结构的转型，促进清洁能源的发展，并继续改进大气污染物治理的措施，以提高减污降碳协同效应的水平。

3.4.2.2 分区时空特征

为进一步探究碳减排与大气污染物控制系统间耦合协调度的地区时空特征，根据国家统计局（2021）将中国区域分为东部、中部、西部和东北四大地区，如表 3-3 所示。

表 3-3 中国四大区域划分

区域名称	覆盖省份
东部	北京、天津、河北、上海、江苏、浙江、福建、山东、广东、海南
中部	山西、安徽、江西、河南、湖北、湖南
西部	内蒙古、宁夏、重庆、四川、贵州、云南、陕西、甘肃、青海、新疆、广西
东北地区	辽宁、吉林、黑龙江

通过对四大区域耦合协调度进行分析（见表 3-4），以明确各区域减污降碳协同效应的差异。由图 3-4 可知，四大区域的耦合协调度的平均值总体均呈现上升的趋势，和上文全国的耦合协调度变化趋势是一致的。

表 3-4 2011~2021 年中国减污降碳分地区耦合协调度平均值

年份	东部	中部	西部	东北
2011	0.697275	0.726433	0.83138	0.783115
2012	0.73161	0.739295	0.827872	0.785433
2013	0.743147	0.748933	0.830308	0.775359
2014	0.742851	0.74619	0.830722	0.784743
2015	0.758937	0.764704	0.844559	0.799862
2016	0.78815	0.808897	0.878934	0.841372
2017	0.802719	0.826098	0.882805	0.846314
2018	0.776636	0.831921	0.881859	0.853088
2019	0.76133	0.833601	0.875834	0.850515
2020	0.76763	0.845849	0.876946	0.862747
2021	0.74179	0.844282	0.874033	0.858918

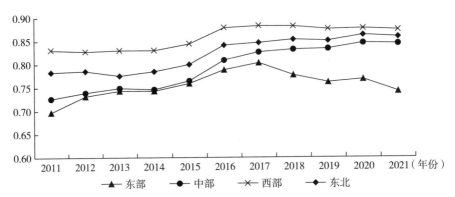

图3-4 2011~2021年中国减污降碳耦合协调度分地区平均值变化趋势情况

总体来看，2011~2021年东部地区的耦合协调度均值最小，而西部地区最大，东部地区虽然经济发达，并采取了严格的环境规制措施，但在污染物减排和碳排放控制方面已经较为成熟，所以提升空间较小。这导致其减污降碳耦合协调度较低。相比之下，西部地区由于经济发展方式较为粗放，产业结构偏重，对化石能源依赖性较高，因此在污染控制方面仍有较大的提升空间，从而其耦合协调度相对较高。因此，迫切需要制定针对性的策略与政策，以促进减污降碳协同增效。

3.4.2.3 各省份的时空特征

本章旨在深入剖析中国碳排放与大气污染物控制系统之间的耦合协调性，并探索其在省级层面的时空分布特征。由图3-5可以看出，2011~2021年中国30个省份碳减排与大气污染物控制系统的耦合协调水平，发现这些地区在空间上存在固化和动态变化两种特征。固化特征表现为若干省份持续维持在高度协调状态，如吉林、天津、青海、北京、海南、安徽及福建等。当然还有部分省份一直处于极度失调及以下水平（山东）。动态化特征具体体现在：①2011~2016年，处于高度协调状态的省份数量呈现增长趋势。②2016~2021年，除山东表现为显著的失调状态外，其余省份的耦合协调水平均显示出不同程度的提升。从总体来看，超过半数的省份处于高度协调期发展水平阶段，2011年处于高度协调期的比例占到56.67%，而2021年比例占到73.33%，增幅为29.40%。多数省份在积极执行国家节能减排与污染防治政策方面取得了进展，这在一定程度上推动了污染物减排与碳排放降低的协同效应。然而，我们观察到山西、山东及内蒙古等地区在碳减排与大气污染物控制系统的耦合协调水平上表现较低。这一现象揭示了这些地区在能源消耗结构优化和大气污染物治理方面的挑战，这些挑战显著限制了协同效应的提升。鉴于此，有必要为这些地区设计并实施针对性的策略和政策，以促进减污降碳的协同增效，从而实现环境治理目标的优化和提升。

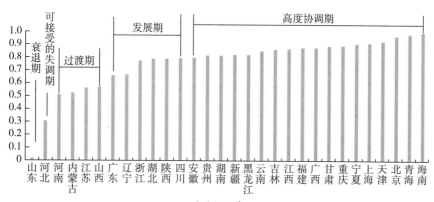

（a）2011年

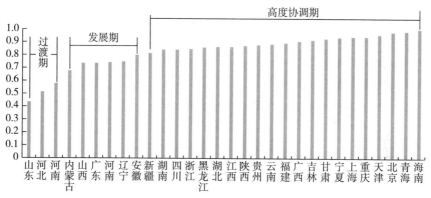

（b）2016年

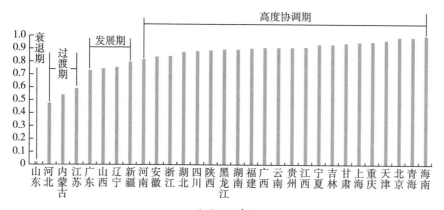

（c）2021年

图 3-5　2011 年、2016 年、2021 年减污降碳耦合协调度和协调发展阶段情况

3.5 中国减污降碳协同效应耦合协调度的空间分异程度及来源

3.5.1 基尼系数

基尼系数是一种统计指标，主要用于评估收入或财富分配的均衡性，其值在 0~1，0 表示完全平等，1 表示完全不平等。计算基尼系数的原理是通过比较实际分配曲线与完全平等分配曲线之间的差距，来衡量分配的不均衡程度。尽管基尼系数通常用于分析经济领域，其思想也可推广到其他领域，从而分析现象的时空特征。例如，在减污降碳方面，可以通过类似的方法评估资源或措施在不同地区或时间段内的分配均衡性。这种分析有助于揭示不平衡现象，并为政策优化提供依据。基尼系数之所以可以用于评估减污降碳协同效应的时空分布差异，是因为它能够量化不均衡程度，揭示不同地区在减污降碳措施与效果上的差异。这种量化分析有助于识别协同效应的分布特征，从而为优化政策提供依据。

3.5.2 中国减污降碳协同效应耦合协调度的空间分异程度及来源

本节采用分解技术，将基尼系数分解为总体空间差异、地区间差距以及差异贡献，对 2011~2021 年中国四大区域的耦合协调度差异进行了分析，从而评估不同区域耦合协调度的时空差异特征及其来源。

3.5.2.1 总体空间差异

总体来看，中国减污降碳协同效应基尼系数呈先下降后上升的下降趋势（见表 3-5）。由 2011 年的 0.13 波动下降至 2021 年的 0.11，这说明中国减污降碳协同效应之间存在较为明显的不均衡现象，但不均衡程度有所下降。分区域来看，西部地区的基尼系数均值为 0.051，为四大地区中最小区域；东部地区、中部地区、东北地区的基尼系数均值分别为 0.059、0.057、0.170，东北地区减污降碳协同效应水平差异最大。从地区差距的变动幅度来看，东部和西部地区变化幅度并不明显，其范围在 0.05~0.07，0.04~0.06，而中部的变动幅度最明显，中部地区变动幅度从 2011 年的 0.10 下降至 2021 年的 0.04，降幅为 60%。从变化趋势来看，东北地区呈现先下降后上升的趋势。

表 3-5　2011~2021 年中国及各区域基尼系数

年份	中国	东部地区	西部地区	中部地区	东北地区
2011	0.13	0.06	0.06	0.10	0.23
2012	0.12	0.07	0.06	0.09	0.19
2013	0.11	0.07	0.06	0.08	0.17
2014	0.11	0.07	0.06	0.08	0.17
2015	0.10	0.06	0.05	0.07	0.16
2016	0.08	0.05	0.04	0.04	0.14
2017	0.08	0.05	0.04	0.03	0.12
2018	0.09	0.05	0.03	0.03	0.15
2019	0.10	0.05	0.05	0.03	0.17
2020	0.10	0.06	0.05	0.04	0.17
2021	0.11	0.06	0.05	0.04	0.20
均值	0.103	0.059	0.051	0.057	0.170

3.5.2.2　区域间差异

使用区域间基尼系数测算中国各地区减污降碳协同效应之间的差异程度及差异演变情况如表 3-6 所示。从各区域间差异的均值来看，东部—中部区域间差异均值最小（0.060），而西部—东北区域间差异均值最大（0.133）。从地区间差距的演变趋势来看，东部—中部和东部—西部区域差异均呈先下降后上升，并在2019~2021 年趋于稳定；东部—东北地区、中部—西部地区、西部—东北地区三者变化趋势相似，先下降后上升；而中部—东北地区差异虽在 2011~2017 年大致呈现下降趋势，但在 2018~2021 年出现波动性的上升趋势。

表 3-6　2011~2021 年区域间基尼系数

年份	东—中	东—西	东—东北	中—西	中—东北	西—东北
2011	0.07	0.10	0.16	0.09	0.17	0.18
2012	0.07	0.09	0.14	0.08	0.14	0.15
2013	0.07	0.09	0.13	0.07	0.13	0.14
2014	0.07	0.09	0.13	0.08	0.13	0.15
2015	0.06	0.08	0.12	0.07	0.12	0.13
2016	0.05	0.06	0.11	0.05	0.11	0.11
2017	0.05	0.05	0.10	0.04	0.10	0.10

年份	东—中	东—西	东—东北	中—西	中—东北	西—东北
2018	0.05	0.05	0.11	0.05	0.12	0.12
2019	0.06	0.06	0.13	0.05	0.13	0.12
2020	0.06	0.06	0.13	0.04	0.12	0.12
2021	0.06	0.06	0.14	0.05	0.14	0.14
均值	0.060	0.072	0.127	0.061	0.128	0.133

3.5.2.3 差异贡献

进一步地，可将样本的整体差异拆分为群间贡献、群内贡献和组间超变密度三个组成部分，减污降碳协同效应水平差异贡献率演变情况如表3-7所示。由此可知，区域内的平均贡献率为28.98%，高于区域间平均贡献率的27.86%，但低于43.16%超变密度贡献率均值。说明超变密度是中国减污降碳协同效应总体差异的主要来源，这意味着区域内部的极端变化或异常表现对总体协同效应的影响更为显著。具体而言，虽然区域之间存在一定的差异，但真正拉开差距的是各地区在减污降碳方面的极端表现。为了更好地改进减污降碳的整体协同效应，政策制定者应深入研究这些区域内的极端表现，从而制定更有针对性的措施。这不仅有助于缩小区域间差异，还能有效提升整体效能。

表 3-7 2011~2021 年差异贡献率 单位：%

年份	群间	群内	超变密度
2011	27.76	30.96	41.28
2012	27.89	25.16	46.95
2013	27.90	24.06	48.04
2014	27.90	23.90	48.20
2015	27.74	25.07	47.19
2016	27.22	30.74	42.05
2017	27.21	28.69	44.10
2018	27.52	32.83	39.65
2019	28.00	32.69	39.30
2020	28.59	30.90	40.52
2021	28.76	33.81	37.43
均值	27.86	28.98	43.16

3.6　中国减污降碳协同效应驱动因素分析

3.6.1　描述性统计

选取 2011～2021 年中国 30 个省份的减污降碳协同效应为被解释变量，空气流通系数、绿色技术创新、产业结构升级、城镇化率、人口密度和对外开放水平为解释变量，表 3-8 为各变量的描述性统计。可以看到 11 年间中国 30 个省份的耦合协调度 d 的平均值为 0.807，属于 $[0.8,0.9)$ 的良好协调区间，说明中国在这 11 年间的综合减污降碳耦合协调水平良好，但 11 年间 30 个省份耦合协调度的极差为 0.978，说明不同时空的减污降碳协同效应有着较大的差异。

表 3-8　描述性统计

变量	观测值	平均值	标准差	最小值	最大值
耦合协调度（d）	330	0.8070	0.1690	0.0200	0.998
空气流通系数（afc）	330	7.1200	0.3600	6.1150	7.855
产业结构升级（is）	330	1.2460	0.7050	0.5180	5.297
绿色技术创新（gti）	330	7.4410	1.4010	2.8900	10.720
城镇化率（ur）	330	59.6000	12.1300	34.9600	89.600
人口密度（pd）	330	0.0635	0.0757	0.0037	0.393
对外开放水平（lou）	330	17.7200	1.5820	12.7200	20.970

3.6.2　多重共线性检验

多重共线性的存在会对回归模型的参数估计产生负面影响，所以在基准回归之前，先对所有解释变量进行多重共线性检验，检验结果如表 3-9 所示。经检验方差膨胀因子（VIF）均小于 10，平均 VIF 为 2.67，表明本部分所选取的变量没有强烈的线性关系，不存在明显的多重共线性问题。

表 3-9　多重共线性检验结果

变量	VIF	1/VIF
对外开放水平（lou）	4.04	0.247447

续表

变量	VIF	1/VIF
绿色技术创新（gti）	4.01	0.249213
城镇化率（ur）	2.90	0.344797
产业结构升级（is）	1.84	0.543756
人口密度（pd）	1.76	0.569368
空气流通系数（afc）	1.46	0.684648
平均 VIF	2.67	

3.6.3　基准回归结果

表3-10为在单固定省份和双固定效应下的基准回归结果，结果显示空气流通系数和人口密度对减污降碳协同效应的影响不显著，而绿色技术创新水平、产业结构升级、城镇化率和对外开放水平对减污降碳协同效应均有显著的影响。

表3-10　基准回归结果

变量	(1)	(2)
afc	0.028 (0.0401)	−0.052 (0.0351)
is	0.028** (0.0123)	0.032*** (0.0119)
gti	−0.030*** (0.0096)	−0.029*** (0.0081)
ur	0.009*** (0.0015)	0.009*** (0.0013)
pd	−0.355 (1.0424)	−0.205 (0.3012)
lou	0.001 (0.0094)	−0.014* (0.0086)
Constant	0.158 (0.4014)	1.102*** (0.3103)
Observations	330	330
R^2	0.319	0.303
Prov	YES	YES
year	NO	YES

注：括号内为标准误；***、**和*分别表示1%、5%和10%的显著性水平。

空气流通系数对减污降碳协同效应的影响不显著，可能是因为空气流通系数高意味着空气流动性好，有助于污染物的快速扩散，这可能导致污染物从排放源迅速转移到其他地区，而不是在原地被有效清除或转化，从而减少了污染物的浓度，但并没有真正减少污染物的总量，也就是说虽然空气流通系数有助于污染物的快速扩散和稀释，但也可能导致污染物在更广泛的区域内积累，从而增加了某些地区的污染水平，这在一定程度上抵消了减排措施直接减少污染物排放的效果。并且空气流通系数是由区域性的气候条件等自然现象决定的，而不是由当地的经济活动或污染排放水平决定的，因此，空气流通系数较高的地区可能不会采取同样严格的环境规制，因为它们的自然条件有利于污染物的扩散（王世进等，2022）。

　　人口密度对减污降碳协同效应的影响不显著，这是因为当人口密度作为一个驱动因素时，其正向作用主要体现在通过促进产业集聚、提高资源使用效率和技术创新，以及加强环境治理政策的实施等方面，从而在一定程度上抵消了负面影响，导致人口密度对减污降碳协同效应的影响不显著。

　　产业结构升级对减污降碳协同效应的影响是正向的，这是因为：①随着产业结构的优化和升级，高污染、高能耗的传统产业逐渐被低碳、环保的新兴产业所替代，这直接减少了污染物和碳排放的总量。②产业结构升级可以实现资源的高效配置和使用，减少资源浪费，从而降低环境污染和碳排放。③产业结构升级还能促进区域经济的协调发展，通过区域间的产业互补和合作，共同推动减污降碳目标的实现。

　　表3-10显示出，绿色技术创新对减污降碳协同效应的影响是负向的，这可能是因为：①虽然绿色技术旨在减少环境污染，但对于绿色技术而言，如果一个地区或企业无法有效吸收和应用这些技术，那么其减污降碳的潜力便不能得到充分发挥。有研究指出消化吸收能力不足可能会抑制减排效应（肖雁飞等，2017）。②技术创新对碳排放影响存在明显的区域差异，不同地区在实施绿色技术创新时可能面临不同的社会、经济和环境挑战，这些差异可能导致绿色技术创新在某些区域的减污降碳效果受到抑制。③绿色技术创新的推广还受到政策支持和市场需求的影响。如果政府政策和市场机制不能有效激励企业采用绿色技术，或者如果消费者对绿色产品的接受度不高，那么即使技术本身具有潜在的环保优势，也难以实现其环境效益。

　　城镇化率对减污降碳协同效应的影响是正向的，这是因为：①城镇化通过人力资本积累和清洁生产技术的推广来抑制地区碳排放。随着城镇化水平的提高，人们的教育水平和技能得到提升，有助于采用更清洁、更高效的生产方式，从而减少碳排放。②城镇化还能通过改善居民生活质量和促进绿色消费模式的形成来间接促进减污降碳（王兵等，2014）。③随着城镇化的推进，产业结构可能会向服务业和高新技术产业转型，这些产业通常具有更低的能耗和碳排放强度。

对外开放水平对减污降碳协同效应的影响是负向的，原因有：①在某些情况下，对外开放可能导致高污染、高能耗的产业从环境规制较严的地区转移到环境规制较松的地区，从而在短期内增加了后者的污染排放和碳排放，简单来说各地在招商引资时忽略了环境保护问题；②对外开放可能加剧国内产业的竞争压力，一些产业为了维持竞争力，可能会牺牲环境保护标准，导致减污降碳协同效应的下降。

3.6.4 稳健性检验

为保证实验结果的可靠性，下面通过细分样本和调整样本区间进行稳健性检验。

3.6.4.1 稳健性检验一：细分样本

细分样本稳健性检验方法是一种旨在验证经验分析结果稳定性的实证研究技术。该方法通过将原始样本依据特定经济、地理或时间上的维度划分为多个子集，对每个子样本独立进行模型估计（马键等，2020）。由 2011~2021 年中国大气污染物治理与碳减排系统耦合协调度平均值变化情况可知，2014 年中国 30 个省份的耦合协调度平均值开始陡增，所以将 2011~2021 年 11 年的时间划分为前 3 年和后 8 年。第一阶段为 2011~2013 年，第二阶段为 2014~2021 年，结果如表 3-11 第（1）列、第（2）列所示。结果表明在前三年空气流通系数对减污降碳协同效应的影响是显著为负的，产业结构升级和绿色技术创新对减污降碳协同效应的影响不显著，这是因为：①空气流通系数可能会抵消这些减排努力，从而降低减污降碳的协同效应。②2011~2013 年中国第三产业在中国经济中的比重持续上升，服务业等非农产业在国民经济中的地位日益重要，中国正处于产业结构调整的初期阶段，许多传统产业的升级改造还未完全到位，因此减污降碳的协同效应可能尚未充分显现。③绿色技术的应用具有滞后性，普及率和成熟度不高，因此对减污降碳的贡献有限。而到了 2014~2021 年，随着技术的成熟和广泛应用，其协同效应变得更加显著。而从 2014 年开始，各影响因素与减污降碳协同效应的回归结果与基准回归保持一致。

表 3-11 稳健性检验结果

变量	2011~2013 年	2014~2021 年	2012~2020 年
	（1）	（2）	（3）
afc	−0.098*	−0.069	−0.052
	(0.0580)	(0.0429)	(0.0351)

续表

变量	2011~2013年	2014~2021年	2012~2020年
	(1)	(2)	(3)
is	0.083	0.026*	0.032***
	(0.0535)	(0.0152)	(0.0112)
gti	−0.001	−0.031***	−0.029***
	(0.0169)	(0.0101)	(0.0081)
ur	0.008***	0.009***	0.009***
	(0.0030)	(0.0017)	(0.0013)
pd	0.122	−0.041	−0.205
	(4488)	(0.3064)	(0.3012)
lou	−0.074***	−0.026***	−0.014*
	(0.0248)	(0.0096)	(0.0086)
Constant	2.259***	1.455***	1.102***
	(0.5716)	(0.3582)	(0.3102)
Observations	90	240	330
R^2	0.421	0.305	0.303
id	YES	YES	YES
year	YES	YES	YES

注：括号内为标准误；***、**和*分别表示1%、5%和10%的显著性水平。

3.6.4.2 稳健性检验二：调整样本区间

调整样本区间法作为一种稳健性检验手段，其核心在于通过改变数据的时间跨度来评估模型估计结果的时效稳健性（洪永淼和孙佳婧，2022）。2021年国务院新闻办发表《中国应对气候变化的政策与行动》白皮书，该白皮书提出坚定走绿色低碳发展道路，实施减污降碳协同治理，积极探索低碳发展新模式。本部分选择剔除首尾各一年改变样本区间，探究空气流通系数、绿色技术创新、城镇化率、对外开放水平、人口密度和产业结构升级对减污降碳协同效应的影响是否仍然显著。结果如表3-11第（3）列所示，可以发现结果与前述基准回归结果仍保持一致。

3.6.5 异质性分析

由于中国的省际资源禀赋以及经济发展程度不平衡，因此东部、中部、西部与东北部的各影响因素存在较大差异。空气流通系数的差异受地区气候条件、地形地貌和气象条件等自然因素的显著影响。东部地区由于靠近海洋，受季风气候的影响，通常具有较高的空气流通系数，有利于污染物在夏季和冬季季风期间的扩散。中部地区的空气流通效率可能受到周围山脉等地形条件的影响，而西部地区由于高原和山区的地形特征，可能导致空气流通系数较低，同时由于人口密度和工业活动相对较低，污染物排放量也较小。东北地区在冬季由于寒冷气候和采暖需求，燃煤使用增多，加之逆温和低风速的气象条件，可能在采暖季节限制污染物的扩散，导致空气流通系数较低（陈卫卫等，2019）。

产业结构升级在中国东、中、西、东北四个地区各具特色。东部地区凭借其雄厚的产业基础和经济实力，成为高新技术和现代服务业发展的前沿，引领全国产业结构向高端化、智能化转型。中部地区依托国家区域发展战略，通过提升科技创新能力和优化产业结构，实现了由传统农业向现代化工业的跨越，成为国家重要的粮食和能源基地。西部地区利用其丰富的自然资源，重点发展能源化工、农牧业加工等特色优势产业，推动经济持续健康发展。东北地区则在国家支持下，积极进行产业结构调整，从传统重工业向现代制造业和服务业转型，力图实现老工业基地的全面振兴。

在绿色技术创新方面，东部地区凭借成熟的创新体系和强劲的创新能力处于领先地位，特别是一线城市在绿色专利申请方面表现卓越。中部地区正通过提升技术效率和创新加速追赶，展现出技术进步对生产率提升的显著贡献。西部地区利用其资源优势，在清洁能源等领域展现出创新潜力，专利申请和授权增长率超越东部地区。而东北地区正聚焦于传统产业的绿色转型，力图通过绿色技术创新实现经济的可持续化发展。

在城镇化率方面，东部、中部、西部和东北四个地区表现出明显的差异性。东部地区因经济发达和城市化进程较早，城镇化率较高，特别是直辖市如上海、北京、天津的城镇化率均超过85%，居全国前列。中部地区城镇化率增长迅速，正逐步追赶东部地区，其中一些省份如河南、湖南的城镇化率虽低于东部但提升势头强劲。西部地区的城镇化率相对落后，但在国家政策支持下，特别是重庆等城市正快速提升，展现出中西部地区的城镇化潜力。东北地区作为老工业基地，城镇化起步早，但近年来提升速度相对较慢，面临产业转型和人口老龄化的双重挑战。

在人口密度方面，东部地区工业和服务业兴旺，吸引了大量人口，人口密度最高，尤其是沿海省份如广东、江苏、浙江。中部地区以农业为主，城镇化水平相对较低，人口密度适中，如河南、湖北、湖南。西部地区因地形复杂、高原和山区多，人口分布不均，整体人口密度较低，包括四川、云南、贵州等省份。东北地区作为老工业基地，面临经济转型和人口外流，人口密度相对较低，包括辽宁、吉林、黑龙江。随着国家区域发展战略的实施，这些差异有望逐步缩小。

各区域对外开放水平的差异显著，东部地区凭借沿海地理优势和早期改革开放政策，形成了成熟的开放型经济体系，成为全国对外开放的领头羊。中部地区随着国家中部崛起战略的推进，正逐步提升其对外开放水平，承接东部产业转移。西部地区虽然自然条件和基础设施相对落后，但在共建"一带一路"倡议下逐渐转变为对外开放的新前沿。东北地区历史上工业基础雄厚，正通过振兴战略，加强与东北亚国家的合作，推动对外开放。

　　以上论述都说明了不同的地区各影响因素的特征具有差异性，所以其对减污降碳协同效应的影响可能是不同的，影响因素或许存在空间异质性。本部分将按东部地区、中部地区、西部地区、东北地区区分地域，在各区域内探究空气流通系数、绿色技术创新、城镇化率、对外开放水平、人口密度和产业结构升级对减污降碳协同效应的影响。结果如表 3-12 所示。

表 3-12　异质性分析结果

变量	东部地区	中部地区	西部地区	东北地区
	(1)	(2)	(3)	(4)
afc	-0.156*	-0.243***	0.033	0.196***
	(0.0925)	(0.0510)	(0.0295)	(0.0625)
is	0.010	0.019	0.013	0.021
	(0.0235)	(0.0546)	(0.0260)	(0.0147)
gti	-0.025	0.046*	-0.035***	0.034**
	(0.0176)	(0.0248)	(0.0057)	(0.0145)
ur	0.011***	-0.005	0.009***	0.009**
	(0.0028)	(0.0032)	(0.0013)	(0.0032)
pd	0.525	-6.332***	-2.283***	46.646***
	(0.4997)	(1.5146)	(0.6322)	(14.5735)
lou	-0.084***	0.088***	0.002	0.009
	(0.0315)	(0.0299)	(0.0052)	(0.0154)
$Constant$	2.841***	1.041	0.404	-2.477***
	(0.9200)	(0.6494)	(0.2384)	(0.7412)
Observations	110	66	121	33
R^2	0.136	0.297	0.593	0.897
id	YES	YES	YES	YES
year	YES	YES	YES	YES

注：括号内为标准误；***、**和*分别表示 1%、5%和 10%的显著性水平。

3.6.5.1 东部地区

由表3-12第（1）列可知，在东部地区，产业结构升级、绿色技术创新和人口密度对减污降碳协同效应的影响不显著，空气流通系数和对外开放水平对减污降碳协同效应的影响是显著为负的，城镇化率对减污降碳协同效应的影响是显著为正的。这是因为：①东部地区经济和产业结构状态已经处于较高技术水平，进一步的升级对环境效应的边际改善作用有限。②当空气流通系数偏低时，大气的湍流强度减弱，导致污染物在排放源附近区域的滞留时间延长，从而在局部范围内导致污染物浓度的显著升高，此时相关减排措施的效果显著。

3.6.5.2 中部地区

由表3-12第（2）列可知，在中部地区，产业结构升级和城镇化率对减污降碳协同效应的影响不显著，空气流通系数和人口密度对减污降碳协同效应的影响显著为负，绿色技术创新和对外开放水平对减污降碳协同效应的影响显著为正。这是因为：①中部地区正处于工业化中期阶段，产业结构调整的环境效应尚未充分显现。②城市人口聚集度提高虽然有利于改善空气污染，但在中部地区，由于工业化和城市化的快速发展，人口密度的增加反而可能加剧了环境污染和碳排放的问题（程开明和洪真奕，2022）。③中部地区的地形起伏度较大，可能会导致空气流通系数降低，从而加剧空气污染和碳排放问题。④中部地区的绿色崛起战略强调了安全、承载和动态三大基本点，以及系统、创新、和谐三大观念的重要性，这为绿色技术创新和对外开放提供了政策支持和发展方向。

3.6.5.3 西部地区

由表3-12第（3）列可知，在西部地区，空气流通系数、产业结构升级和对外开放水平对减污降碳协同效应的影响不显著，绿色技术创新和人口密度对减污降碳协同效应的影响显著为负，城镇化率对减污降碳协同效应的影响显著为正。这是因为：①西部地区的地形复杂多样，包括高原、山地、盆地等多种地貌。这种复杂的地形会影响空气流动的模式，从而影响污染物的扩散和稀释，例如，成都西部地区的地形起伏度较大，建筑密度高，这些因素都会影响到空气流通和污染物的分布。②绿色技术创新在初期可能会增加企业的研发成本，尤其是在技术尚未成熟或市场需求不足的情况下，这种成本可能会转化为环境污染的压力。③人口密度的增加通常伴随着能源消耗的增加，尤其是在没有有效控制能源效率的情况下，人口密集地区可能会面临更大的环境压力。

3.6.5.4 东北地区

由表3-12第（4）列可知，在东北地区，产业结构升级和对外开放水平对减污降碳协同效应的影响不显著，空气流通系数、绿色技术创新、人口密度和城镇化率对减污降碳协同效应的影响显著为正。这是因为：①东北地区的产业结构长期以来以第二产业为主，尤其是重工业比重较大，这导致了高耗能、高污染的产业特征。尽管近年来东北地区推进产业结构调整，试图通过发展第三产业和绿色农业来减少对第二产业的依赖，但这一转变过程缓慢且效果有限。②在东北地区，由于地理位置和气候条件的影响，空气流通性较好，这有利于污染物的快速排放和稀释，从而减少了长期累积的污染问题。

3.7 结论与建议

本章通过对 2011~2021 年中国大气污染物与碳排放的耦合协调度进行系统分析，深入探讨了中国减污降碳协同增效的时空演变趋势及其影响机制。研究发现，中国在大气污染防治方面虽取得显著成效，但碳排放总量仍呈上升趋势，表明减污与降碳的协同效应尚未完全实现。区域间差异显著，东部地区面临的挑战较大，而西部地区表现较好。在政策层面，如《大气污染防治行动计划》的实施对改善大气质量起到了积极作用，但后续碳减排的协同增效仍需加强。驱动因素分析表明，产业结构升级、城镇化率的提升对减污降碳协同效应有正向影响，而对外开放水平的影响则呈现负向影响。空间分异程度的分析揭示了中国减污降碳协同效应在空间分布上的差异性，且这种差异性随时间呈现动态变化。异质性分析进一步指出，各地区在关键驱动因素的影响下表现出显著的空间异质性，提示未来研究与政策制定需考虑地区特性，实施差异化的环境治理策略。

有鉴于此，给出以下建议：东部地区作为中国经济最为发达的区域，其产业结构升级对减污降碳协同效应的影响虽不显著，但持续推动产业向高端化、智能化转型是实现可持续发展的关键。建议加强环境规制，严格控制污染物排放，特别是在高度开放的经济体系中，应积极引入国际先进的环保技术和管理经验。同时，鉴于城镇化率对协同效应的正面影响，东部地区应进一步优化城市环境管理，提升城市化质量，构建绿色、低碳的城市发展模式。

中部地区在推动产业结构升级和城镇化进程中，需要关注空气流通系数和人口密度对环境的潜在负面影响。建议制定针对性的环境政策，优化人口和产业的空间布局，减少对生态环境的压力。同时，加大对绿色技术创新的支持力度，促进技术创新与产业升级的深度融合，以技术创新推动减污降碳。此外，中部地区应充分利用其区位优势，加强与东部地区的产业对接和环境合作，实现区域协调发展。

西部地区在享受城镇化带来的正面协同效应的同时，需要警惕空气流通系数和产业结构升级的不足对减污降碳的影响。建议加强基础设施建设，改善区域空气流通条件，促进污染物的有效扩散。同时，针对绿色技术创新和人口密度的负面影响，应优化人口政策，引导人口合理分布，并加大对清洁能源和生态保护技术的研发投入，推动西部地区走生态优先、绿色发展的道路。

东北地区在推动产业结构升级和对外开放的同时，应注意到空气流通系数、绿色技术创新、人口密度和城镇化率对减污降碳协同效应的正面影响。建议利用东北地区丰富的自然资源和老工业基地的优势，推动传统产业的绿色改造和技术创新。同时，加强城市环境建设和管理，提升城镇化质量，打造宜居、绿色的城市环境。此外，东北地区应积极融入国家对外开放大局，吸引外资和先进技术，促进区域经济的转型升级和可持续发展。在本章中，我们采用耦合协调度模型、基尼系数及趋势面分析技术，对 2011~2021 年中国大气污染物与碳排放的耦合协调度进行了时空分布格局的深入探讨。此外，通过应用面板回归模型，我们对这些现象背后的影响因素进行了系统分析，这对中国减污降碳协同增效有一定的参考价值。

第4章 中国减污降碳协同潜力及时空演变特征研究

本章主要基于非径向方向性距离函数和对偶理论测算了各省份大气污染物当量和 CO_2 的边际减排成本，探讨中国各省份单独减排和联合减排下边际减排成本的变化趋势和成本缩减情况，并从全国层面进行收敛性的动态演进特征分析，揭示了中国减污降碳协同增效潜力的时空演变特征。

4.1 引言

随着全球气候变化问题的日益严峻，污染防治与碳排放控制已成为国际社会普遍关注的议题。近年来，世界各国纷纷加强环境治理，推动绿色低碳转型。2015 年，《巴黎协定》的签署标志着全球应对气候变化的合作迈入新阶段，各国承诺通过国家自主贡献（NDC）目标，采取行动减少温室气体排放，抑制全球变暖趋势。同时，发达国家和发展中国家在环境治理与减排责任方面的矛盾依然存在，全球污染防治格局呈现多元化与不平衡性特征。在此背景下，中国作为当今世界最大的发展中国家和全球碳排放大国，面临着巨大的减排压力与环境治理挑战。中国政府不仅高度重视污染防治与碳减排，还积极参与全球环境治理进程。中国的这些举措不仅体现了其在全球环境治理中的大国担当，也表明了在全球污染防治格局下，中国正从排放大国向全球绿色发展引领者的转变。

中国在 2015 年提出"生态文明建设"目标，将减污降碳协同治理作为政策关注的焦点。党的十九大报告明确提出要加快推进生态文明建设，推动绿色低碳循环发展，并将"碳达峰、碳中和"纳入了国家发展全局规划。2020 年，习近平主席在第 75 届联合国大会上承诺，中国将力争 2030 年前实现碳达峰，2060 年前实现碳中和。近 20 年来，中国政府针对污染物防治和碳减排出台了一系列相关政策，中国的减污降碳政策经历了从污染控制到节能减排，再到碳达峰碳中和的演变过程。在"十一五"期间，中国开始实施主要污染物排放总量控制,力求单位 GDP 上能耗的进一步降低。"十二五"期间,再次强调了碳强度下降要求,标志着对碳排放量控制的启动。"十三五"期间,提出了系统的减污降碳措施,如能源结构调整和工业污染治理。"十四五"时期,中国将碳达峰、碳中和纳入国家发展战略,颁布了《碳达峰行动方案》和《国家适应气候变化战略》等政策文件并作为"十四五"规划的重要内容之一,提出在"十四五"期间,继续深化大气污染防治工作,重点治理细颗粒物和臭氧等复合型污染物,并强化工业、交通、能源等行业的绿色低碳发展。在全国各地区严格执行相关政策并积极实施相关举措后,中国在减污降碳方面取得了显著成效。因此量化评估这些政策所带来的实际减污降碳成效成为学术界的一项重要议题,针对这一问题的研究对于后续政策制定及改进具有重要意义。

4.2 文献回顾

在深入探讨减污降碳效应的量化评估领域时,现有研究已提供了多元化的研究视角和思路,这些视角和思路可归纳为以下几大类别:首先,通过直接观测排放水平或浓度的变动来衡量减污降碳效果;其次,通过考察环境质量改善导致的健康水平提升进行间接评估;最后,以减排成本、维护费用减少及农业效益增长等经济指标作为评估标准(赵曼仪和王科,2024)。而本章的核心在于精确计量大气污染物和 CO_2 的边际减排成本,以此全面剖析中国当前的减污降碳协同效应。

本章将聚焦于测算 CO_2 和大气污染物排放的边际减排成本,以此为依据实现对减污降碳协同效应的量化评估。边际减排成本是指每减少单位污染物或碳排放所需额外投入的成本,它直接反映了减排措施的经济效能。在计算方法方面,既可采用直接计算法,也可借助模型模拟法(Chen et al. , 2022)。

测算边际减排成本可通过非竞争型投入产出模型,结合 ZSG-DEA 模型、方向距离函数与随机前沿分析,剖析产业部门的隐含碳配额及边际减排成本(胡建波等,2023)。亦或运用投入产出法,构建行业层面分析框架,从而精准估算中国各行业碳减排的边际成本,并进一步分析其结构特征与影响因素(张柏杨等,2023)。参数估计方法也是较为流行的方法之一,利用投入产出数据和二次型产出方向距离函数,结合线性规划,亦可测算 CO_2 及大气污染物的边际减排成本(潘炯炜等,2023)。同时,可运用方向性距离函数非参数估计方法,测算中国各行业 CO_2 边际减排成本,并对其变化趋势进行预测(魏丽莉和侯宇琦,2023)。此外,借助大数据和统计模型对边际减排成本进行精确的量化评估，进而分析政策的实际成效并给出优化方向亦是常用方法之一（Zhang et al.，2019）。

对减污降碳协同效应的时空演变特征研究，大多采用不同的分析方法。例如，可以运用综合排放当量法、超效率 SBM 模型和空间杜宾模型，对中国三大城市群的协同效应进行系统分析，从而揭示其空间异质性及驱动机制（刘明亮等，2024）。此外，基于多种空间计量模型的研究也能深入探讨区域差异性，以京津冀地区为例，研究表明，各地区在减污降碳效应上存在明显差异，并分析了导致这些差异的原因（李云燕，2023）。同样地，Tobit 模型的应用可用于测算京津冀地区大气污染物与 CO_2 排放的协调度，并进一步揭示其分布特征及影响因素（崔连标和陈惠，2023）。

在政策影响方面，碳排放权交易试点政策的协同效应机制分析常采用双重差分法（DID）与中介效应模型。基于中国省级面板数据，研究发现该政策对减污降碳具有显著的促进作用（丁丽媛等，2023）。进一步拓宽视野的研究还表明，全国 30 个省份及八大经济区的大气污染物和碳排放的时空演变特征存在显著差异，这也体现了协同效应的空间异质性（唐湘博，2022）。同时，通过对省际数据的分析，研究发现中国的减污降碳协同效应呈倒"U"形趋势，并伴随明显的空间聚集性和空间溢出效应（王雅楠等，2024）。

这些研究为我们深入理解减污降碳协同效应的时空演变提供了重要参考。现有文献普遍认为减污与降碳具有高度协同性，但在具体实施过程中，如何最大化这一协同效应仍是一个亟待解决的问题。此外，不同地区、行业的减污降碳潜力及其时空演变特征也存在显著差异，这为进一步研究提供了重要的方向。鉴于此，本章将研究对象分为不同层次，从中国整体到各经济圈、区域及省际，旨在系统分析其减污降碳协同潜力以及时空演变特征。为此，本章将基于已有的研究，在 DEA 框架下，计算边际减排成本，定义减污降碳协同效应，分情景讨论中国现阶段减污降碳协同效应及其时空演变特征。

本章可能的边际贡献有：①通过对减污降碳效应的量化评估，厘清了减污降碳的协同作用相比于单独减污或单独降碳所带来的效应提升，侧面印证了协同推进减污降碳治理的重要性；②分层次、分区域探讨了减污降碳协同效应，囊括全国层面、区域层面、经济圈层面、省际层面四个维度，由大及小对各层面进行分析，弥补了现有文献不足；③运用空间收敛模型深入探讨了减污降碳协同效应的空间演变特征，揭示了大气污染与温室气体协同减排的空间差异性，研究结论将对区域高质量协同减排具有重大的现实意义。

4.3 模型方法

4.3.1 大气污染排放当量

为对不同省份减污降碳协同效应进行综合比较,本部分基于综合大气污染物协同排放量核算方法,在大气污染当量法的研究基础上,以《中华人民共和国环境保护税法》和全国碳排放交易试点规定的当量价格为参考,将各种主要大气污染物指标汇总为大气污染物排放当量。计算公式如下:

$$P = \alpha Q_{SO_2} + \beta Q_{NO_x} + \gamma Q_{粉尘} \tag{4-1}$$

大气污染物排放当量由 P 表示,根据"应税污染物和当量值表",每单位的污染当量中含有二氧化硫 0.95 千克,氮氧化物 0.95 千克以及烟粉尘 2.18 千克。因此,针对 SO_2、NO_x、烟粉尘的排放强度(Q),分别除以相应污染当量值,即可得到大气污染物的污染当量。

4.3.2 非径向方向性距离函数

本章基于 DEA 模型,将中国各省份设置为决策单元(DMU),决策单元总数为 N。投入系统包括三类要素,分别为资本(K)、劳动(L)和能源(E)。产出系统包括期望产出和非期望产出,期望产出为地区生产总值(Y),非期望产出包括 CO_2 排放量(C)和污染物排放当量(P)。本章借鉴 Färe 等(2007)的研究,在假定规模收益不变的情形下,构建生产可能性集合 PPS^G。这个集合为分析和优化资源配置提供了科学依据,使在不同省份之间进行有效的比较成为可能。通过对以上数据的分析,可以找到最优的资源配置方式,实现经济增长与环境保护的"双赢"。

DEA(数据包络分析)作为一种重要的非参数模型,广泛应用于决策单元的评估,适用于各种生产环境和复杂的投入产出关系,尤其在处理资源环境变量方面有显著优势(Cooper et al., 2007)。

$$PPS^G = \left\{ (K, L, E, Y, C, P): \sum_{t=1}^{T} \sum_{n=1}^{N} \lambda_n^t K_n^t \leq K, \quad \sum_{t=1}^{T} \sum_{n=1}^{N} \lambda_n^t L_n^t \leq L, \right.$$

$$\sum_{t=1}^{T} \sum_{n=1}^{N} \lambda_n^t E_n^t \leq E, \quad \sum_{t=1}^{T} \sum_{n=1}^{N} \lambda_n^t Y_n^t \geq Y, \quad \sum_{t=1}^{T} \sum_{n=1}^{N} \lambda_n^t C_n^t = C,$$

$$\left. \sum_{t=1}^{T} \sum_{n=1}^{N} \lambda_n^t P_n^t \leq P, \ \lambda_n^t \geq 0 \right\} \tag{4-2}$$

其中，λ 表示各决策单元指标的系数，表示每个 DMU 观察值的权重，用于构建有效的生产前沿，以评估各 DMU 的相对效率。假设 PPS^G 具有闭合且有界的性质，投入变量和期望产出变量具备显著的可处置性，表明增加投入不会减少期望产出，即存在规模报酬不变或递增，这一过程可以在不影响生产能力的情况下进行调整。同时，随着环境和气候问题日渐受到国际重视，各国政府纷纷加强环境规制，因此添加假定，非期望产出满足弱可处置性和零结合公理（Färe et al.，2007）。弱可处置性是指在生产过程中，减少投入或产出是可能的，但可能会有一定的成本或限制，即额外减少非期望产出将可能会造成期望产出出现一定程度的下降。这种属性反映了实际生产中的复杂性，即实现环境友好型生产需要在经济和环境目标之间找到平衡。零结合公理意味着只要有投入，期望产出和非期望产出就必须同时存在，除非生产活动完全停止。这也凸显了经济活动的现实情况，即期望的经济产出总是伴随着一定程度的非期望产出。即使是最先进的生产技术，也无法完全消除污染，只能尽量减少。

若 $(Y, C, P) \in PPS^G(K, L, E)$ 且 $0 \le \theta \le 1$，则 $(\theta Y, \theta C, \theta P) \in PPS^G(K, L, E)$，即可以理解为：若 $(Y, C, P) \in PPS^G(K, L, E)$ 且 $C = 0$，$P = 0$，则 $Y = 0$。

基于以上假设，构建非径向方向性距离函数模型：

$$\vec{D}(K, L, E, Y, C, P; G) = \max(w_K\beta_K + w_E\beta_E + w_Y\beta_Y + w_C\beta_C + w_P\beta_P)$$

$$\text{s.t.} \sum_{t=1}^{T}\sum_{n=1}^{N}\lambda_n^t K_n^t \le K - w_K\beta_K, \quad \sum_{t=1}^{T}\sum_{n=1}^{N}\lambda_n^t L_n^t \le L - w_L\beta_L, \quad \sum_{t=1}^{T}\sum_{n=1}^{N}\lambda_n^t E_n^t \le E -$$

$$w_E\beta_E, \quad \sum_{t=1}^{T}\sum_{n=1}^{N}\lambda_n^t Y_n^t \ge Y + \beta_Y g_Y, \quad \sum_{t=1}^{T}\sum_{n=1}^{N}\lambda_n^t C_n^t = C - \beta_C g_C, \quad \sum_{t=1}^{T}\sum_{n=1}^{N}\lambda_n^t P_n^t = P - \beta_P g_P;$$

$$\lambda_n^t \ge 0; \quad \beta_j \ge 0 \tag{4-3}$$

其中，$W^T = (w_K, w_L, w_E, w_Y, w_C, w_P)$ 为权重向量，表示各变量的相对重要程度。$B^T = (\beta_K, \beta_L, \beta_E, \beta_Y, \beta_C, \beta_P)$ 为松弛向量，用于衡量 DMU 在效率评估中的输入和输出调整量，有助于深入地理解决策单元的效率状态以及改进的具体方向。$G = (g_K, g_L, g_E, g_Y, g_C, g_P)$ 为方向向量，它进一步对调整过程进行了细化，在距离函数构建环境生产技术过程中起到了至关重要的作用。参考 Fukuyama 和 Weber（2009），本章构建的基准模型假设投入系统和产出系统同样重要。本章假定共有投入的三类要素，即资本（K）、劳动（L）和能源（E），故而它们的权重均等且都为 1/9（即 1/3×1/3）。产出系统则包括两个要素，两者的权重均等，因此投入、期望产出和非期望产出的权重分别为 1/3。与之不同的是，在联合减排情境下对非期望产出的权重设置有所区别，非期望产出中包括

了 CO_2 和大气污染物当量，因此权重分别为 1/6（1/2×1/3）。

$$\begin{cases} G=(-K, -L, -E, Y, 0, -P)，且\ W^T=\left(\dfrac{1}{9}, \dfrac{1}{9}, \dfrac{1}{9}, \dfrac{1}{3}, 0, \dfrac{1}{3}\right)，单独减污 \\[2ex] G=(-K, -L, -E, Y, 0, -P)，且\ W^T=\left(\dfrac{1}{9}, \dfrac{1}{9}, \dfrac{1}{9}, \dfrac{1}{3}, \dfrac{1}{3}, 0\right)，单独降碳 \\[2ex] G=(-K, -L, -E, Y, 0, -P)，且\ W^T=\left(\dfrac{1}{9}, \dfrac{1}{9}, \dfrac{1}{9}, \dfrac{1}{3}, \dfrac{1}{6}, \dfrac{1}{6}\right)，减污降碳 \end{cases}$$

$$(4-4)$$

4.3.3 边际减排成本推算

考虑到边际转换率就是技术前沿上对应点的斜率，因此参考 Zhang 等（2020）的做法，边际转化率也可以应用于影子价格的求解中。这一方法的核心在于将复杂的环境经济问题转化为数学计算，通过对技术前沿点的分析，确定非期望产出在不同条件下的价值变化。具体而言，本章基于非径向方向性距离函数和成本函数之间具有对偶关系的性质，引入对偶向量 q，将生产过程中的投入和生产与其相应的价格联系起来，通过 Shephard 引理来估算 CO_2 和 PM2.5 的影子价格。Shephard 引理在其中起到了关键作用，通过它可以将距离函数转化为实际成本，从而精确地测算出污染物排放的边际成本。最终构建的对偶模型如下所示：

$$\min\left(q_K K_o^t + q_L L_o^t + q_E E_o^t - q_Y Y_o^t + q_C C_o^t + + q_P P_o^t\right)$$

$$s.\,t.\,\left(q_K K_o^t + q_L L_o^t + q_E E_o^t - q_Y Y_o^t + q_C C_o^t + + q_P P_o^t \geq 0\right)$$

$$q_K \geq 1/g_K,\ q_L \geq 1/g_L,\ q_E \geq 1/g_E,\ q_Y \geq 1/g_Y,\ q_C \geq 1/g_C,\ q_P \geq 1/g_P \qquad (4-5)$$

式（4-5）可以理解为让经济系统成本最小化的约束条件，从而可以求解边际减排成本。

$$q_P = -q_Y \frac{\overrightarrow{\partial D}(K, L, E, Y, C, P;\ G)/\partial P}{\overrightarrow{\partial D}(K, L, E, Y, C, P;\ G)/\partial Y} = -q_Y \frac{p_Y}{p_P} = MAC_P \qquad (4-6)$$

$$q_C = -q_Y \frac{\overrightarrow{\partial D}(K, L, E, Y, C, P;\ G)/\partial P}{\overrightarrow{\partial D}(K, L, E, Y, C, P;\ G)/\partial Y} = -q_Y \frac{p_Y}{p_C} = MAC_C \qquad (4-7)$$

根据非径向 DEA 计算边际减排成本的原理，参考陈诗一（2011）的做法，令 $q_Y=1$。其中，q_C 和 q_P 分别表示 CO_2 和污染当量的市场价格，而 p_C 和 p_P 则分别表示 CO_2 和排放当量的影子价格；MAC_P 和 MAC_C 分别表示污染当量和 CO_2 的边际减排成本，是指为减少 1 单位 CO_2 排放量和大气污染物排放量而愿意牺牲的 GDP。

4.3.4　减污降碳协同效应计算

本书基于成本节约视角对减污降碳协同效应进行定义，具体的协同效应可以理解为联合减排相较于单独减排时，边际减排成本的变动趋势和缩减情况。

$$\Delta C_P = \frac{MACB_P - MACT_P}{MACB_P} \tag{4-8}$$

$$\Delta C_C = \frac{MACB_C - MACT_C}{MACB_C} \tag{4-9}$$

在单独减污和联合减污的情形下，污染当量的边际减排成本有所不同，具体而言，$MACB_P$ 表示单独减污时污染当量的边际减排成本，$MACT_P$ 表示联合减污情景下估算得到的大气污染物排放当量的边际减排成本。其中，ΔC_P 为减污效应，表示在联合减排情形下，相较于单独减排污染物当量的边际减排成本缩减的比例。同样，在单独降碳和联合降碳的情形下，CO_2 的边际减排成本也会有所变化，$MACB_C$ 表示单独降碳时 CO_2 的边际减排成本，$MACT_C$ 表示联合降碳时 CO_2 的边际减排成本，同理，ΔC_C 为降碳效应，表示联合减排情形相较于单独减排时，CO_2 的边际减排成本的缩减比例。参考刘华军等（2023）定义减污降碳协同效应为：$T = \alpha C_P + \beta C_C$。本章假设减污与降碳同等重要，在此情形下 $\alpha = \beta = 0.5$。这样一来，通过引入不同情境下的边际减排成本以及相应的效应，可以更全面地评估减污降碳政策的协同效应。

4.3.5　空间收敛性

σ 收敛是指边际减排成本的差异在时间推移中逐渐减小的现象。这种趋势可以被理解为边际减排成本的离散性随时间逐渐减弱。如果在样本期内首位时间点的 σ 收敛系数出现下降，则说明边际减排成本在样本期内存在 σ 收敛。本章选取边际减排成本的对数标准差来反映地区差异变化。

β 收敛则是从增长率角度考察不同省份间边际减排成本的发展态势，指边际减排成本高的地区具有更低的增长率，从而使中国各省份的边际减排成本达到以同样增长率发展的收敛状态。

传统基于面板数据的绝对 β 收敛模型为：

$$\ln\left(\frac{MAC_{i,t+1}}{MAC_{i,t}}\right) = \alpha + \beta \ln(MAC_{i,t}) + u_i + v_t + \varepsilon_{i,t} \tag{4-10}$$

其中，$\ln\left(\dfrac{MAC_{i,t+1}}{MAC_{i,t}}\right)$ 表示第 i 个省份边际减排成本的增长水平，u_i 和 v_t 分别表

示地区和时间效应，$\varepsilon_{i,t}$ 表示服从独立同分布的随机干扰项。β 表示收敛系数，若公式 β 显著为负，则表明边际减排成本的变化存在绝对 β 收敛。

同时，收敛速度可以由下式计算得到：

$$\lambda = -\frac{1}{T}\ln（1+\beta）\qquad(4-11)$$

一般而言，各地区之间的空间依赖性与其经济要素流动性呈正相关关系，即省份间的空间依赖性随着地区经济流动性的增加而不断增强。因此，在分析中国边际减排成本的收敛性时，不可忽视不同地区间的空间相关性。具体而言，空间相关性是指一个地区的经济活动或政策变化可能会对邻近地区产生影响。在边际减排成本的分析中，忽视空间依赖性可能会导致误导性的结论，因为省份间的经济和环境政策具有互相影响的特点。例如，一个省份实施的减排政策可能会通过产业转移或技术扩散等途径影响相邻省份的减排成本。空间计量模型能够捕捉这种相互影响关系，使分析结果更加准确和可靠。在进行绝对 β 收敛分析时，空间计量模型不仅可以反映个别省份的经济特征和发展路径，还能揭示省份之间的相互作用，从而提供更全面的政策建议。总之，随着经济要素的流动性和空间依赖性的增强，采用空间计量模型进行收敛性分析是理解和应对中国边际减排成本区域差异演变的重要方法。

本章采用经济距离矩阵作为空间权重矩阵，其中，非对角线元素 $E_{ij} = 1/|\overline{Y_i}-\overline{Y_j}|$（$i \neq j$），而对角线元素均为 0，$\overline{Y_l} = \sum_{t=t_0}^{t_1} Y_{it}/t_1 - t_0 + 1$，$Y_{it}$ 表示省份 i 在第 t 年的 GDP 值。该方法能够更好地揭示省际间由于地理距离和经济所带来的相互影响。

采用空间滞后模型（SAR）、空间误差模型（SEM）等空间计量模型分析 β 收敛问题。基于空间滞后和空间误差的绝对 β 收敛模型如下：

$$\ln\left(\frac{MAC_{i,t+1}}{MAC_{i,t}}\right) = \alpha + \beta\ln(MAC_{i,t}) + \rho\sum_{i=1}^{N} w_{ij}\ln\left(\frac{MAC_{i,t+1}}{MAC_{i,t}}\right) + u_i + v_t + \varepsilon_{i,t}$$

$$(4-12)$$

$$\ln\left(\frac{MAC_{i,t+1}}{MAC_{i,t}}\right) = \alpha + \beta\ln(MAC_{i,t}) + u_i + v_t + \varepsilon_{i,t},\ \varepsilon_{i,t} = \lambda\sum_{j=1}^{N} w_{ij}\varepsilon_{i,t} + \sigma_{i,t}$$

$$(4-13)$$

其中，ρ 表示空间滞后系数，λ 表示空间误差系数，w_{ij} 表示空间权重矩阵。

4.4　减污降碳协同效应的量化评估

4.4.1　变量选取与数据来源

本章基于中国 29 个省份（不含新疆、西藏、香港、澳门和台湾的数据）2011~2022 年相关面板数据，变量包括各省份的资本存量、能源消费、常住人口、碳排放量和大气污染物排放当量。借鉴刘华军（2021）的做法，本书将资本存量、能源、劳动作为非径向 DEA 模型的投入变量，产出变量分别为地区生产总值（期望产出）、CO_2 排放和大气污染物排放当量（非期望产出）。下面是具体的数据来源和变量构造方法。

资本存量借鉴金剑等（2024）的做法，基于永续盘存法，估算各省份的资本存量，并以此作为资本投入。各省份每年的资本存量计算公式如下：

$$k_{i,t} = k_{i,t-1}(1-\rho) + I_{i,t} \tag{4-14}$$

其中，$k_{i,t}$ 表示第 i 个省份第 t 年的资本存量，ρ 表示固定资产折旧率，$I_{i,t}$ 表示当期的固定资本形成总额。考虑到国家统计局自 2017 年后"固定资产投资总额"不再公布，因此 2017 年后资本存量的计算使用"分地区按领域分固定资产投资（不含农户）比上年增长情况"数据，通过增长率对固定资产投资总额进行估算，最终利用"固定资产投资价格指数"得到以 2005 年为不变价的省份年度固定资产投资完成额。假定中国各省份固定资产折旧率各年均为 9.7%（柏培文等，2021）。

能源消费总量、以三次产业就业人数和地区生产总值数据分别来自历年《中国能源统计年鉴》和各省份统计年鉴。同时为保证不同时期地区生产总值的可比性，将地区生产总值转化为 2005 年的不变价格。

碳排放数据引用孙浩等（2024）测算的数据，将总的碳排放划分为三个范围进行核算，包括直接生产能源排放、间接能源排放（如外购电力等造成的排放）和其他排放。

大气污染排放当量。根据大气污染当量计算方法，将二氧化硫、氮氧化物和粉尘排放量进行合并汇总为大气污染物排放当量。

4.4.2　全国层面减污降碳协同效应的量化评估

结果显示，相较于单独减排，联合减排下边际减排成本更低，但年均增速略高。在单独减排下，边际减污成本由 58.67 亿元/百万吨上升至 550.15 亿元/百万吨,边际降碳成本由 33.90 亿元/百万吨上升至 45.58 亿元/百万吨;相较于单独减排,联合减排下边际成本有所降低,但年均增速上有所增加。具体来看,联合减排边际减污成本由 28.25 亿元/百万吨增长至 276.12 亿元/百万吨;边际降碳成本由 18.03 亿元/百万吨上升至 28.37 亿元/百万吨。由结果可知,年均增长率越高,边际减排成本年间增长幅度越大,其原因主要是中国不断推进大气污染治理工作,末端减排空间越来越小(陈德湖等,2016),大气污染和温室气体的治理难度逐渐增加。特别是对于二氧化硫和氮氧化物,由于其在单位大气污染当量中占比小,降低一单位二氧化硫和氮氧化物需要处理更多单位的大气污染当量,因此需要对多行业进行联合治理,使减排难度更大。这一挑战需要中国进一步加大环境治理力度,推动技术创新和产业升级,采取更有效的减排措施,以实现大气污染和 CO_2 减排目标,促进环境保护和可持续发展。

值得注意的是,中国边际减排成本均呈现波动上升的趋势,且受疫情影响,在 2019~2022 年波动剧烈。具体来看,2021 年边际减污成本为 179.85 亿元/百万吨,相较于 2020 年边际减污成本有所下降。到 2022 年边际减污成本有所上升,升至 276.12 亿元/百万吨。在边际降碳成本中也有类似的结论。2020 年边际降碳成本为 26.95 亿元/百万吨,相较于 2019 年降低 2.21%,到 2021 年边际降碳成本升至 28.31 亿元/百万吨,增长 5.05%。这主要是在 2020~2022 年,受疫情影响,中国工厂大批减产停产,污染强度有所下降,因此边际减排成本有所下降。而随着疫情形势逐渐好转,各地工厂恢复生产,工人返工,生产和交通排放加剧导致污染强度有所上升,从而增加了边际减排成本。

受末端减排空间压缩影响,减污降碳协同效应显示出波动中下降的趋势,这与陈德湖等(2016)的结论类似。样本期内,减污降碳协同效应从 49.58% 下降至 41.19%(见表 4-1)。这说明,尽管大气污染物和 CO_2 具有同根同源性,但随着经济发展和减污降碳协同减排技术的逐渐成熟,它们的治理路径和减排技术之间的差异逐渐加大(孙慧等,2022),这导致末端减排空间的压缩,从而使减污降碳协同效应在波动中下降(刘卫先等,2022)。同时也表明,自党的十八大以来,环境治理持续改善,但减污降碳协同效应的潜力越来越有限。

表 4-1　2011~2022 年全国减污降碳协同效应

年份	单独减排（亿元/百万吨）		联合减排（亿元/百万吨）		减污效应（%）	降碳效应（%）	协同效应（%）
	单独减污	单独降碳	联合减污	联合降碳			
2011	58.68	33.90	28.25	18.03	52.41	46.75	49.58
2012	67.37	35.04	30.94	18.26	52.52	47.41	49.97

续表

年份	单独减排（亿元/百万吨）		联合减排（亿元/百万吨）		减污效应（%）	降碳效应（%）	协同效应（%）
	单独减污	单独降碳	联合减污	联合降碳			
2013	74.20	34.89	33.58	18.50	52.74	46.72	49.73
2014	81.25	38.02	38.83	20.83	53.27	42.05	47.66
2015	95.70	40.45	46.24	22.66	50.19	45.93	48.06
2016	159.29	42.87	80.08	26.00	49.37	41.40	45.38
2017	197.31	44.00	97.00	25.00	50.68	43.77	47.22
2018	222.32	47.41	115.37	25.36	48.42	45.26	46.84
2019	253.89	48.78	131.05	27.56	47.42	42.94	45.18
2020	368.43	48.90	186.93	26.95	47.09	41.39	44.24
2021	359.85	49.29	179.82	28.31	44.41	39.54	41.98
2022	550.15	48.58	276.12	28.76	47.53	34.85	41.19

注：***、** 和 * 分别表示 1%、5% 和 10% 的显著性水平。

4.4.3　区域层面减污降碳协同效应的量化评估

考虑到各省份产业结构、能源强度差异显著，大气污染物排放和碳排放压力互异，因此从区域维度分析边际减排成本的规模和变化趋势对各省份因地制宜出台相应的措施有意义。本章借鉴沈小波（2021）的做法，将中国分成东、中、西三个地区进行比较，结果如表 4-1 所示。从边际减污成本规模来看，样本期内中国东部边际减污成本略高于中国平均水平，中部地区和西部地区的边际减污成本低。且随着时间的推移，西部地区的边际减污成本逐渐超过中部地区。此外，中国中部地区和西部地区的波动幅度较大，特别是西部地区的边际降碳成本波动最为显著，这主要是由于中国西部产业结构扭曲程度较高（沈小波，2021；杨瑄，2023），产业扭曲加剧了资源错配，降低了资源配置效率，从而在一定程度上增加了减排难度。具体来看，西部地区边际减污成本分别于 2014~2018 年和 2022 年超越东部地区，中部地区的边际降碳成本在 2018~2020 年超过西部地区。

从变化趋势来看，样本期内中国东部边际减污成本总体呈现上升趋势，仅在 2021 年受疫情影响出现下滑（见图 4-1）。相比之下，中国中部地区和西部地区的边际减污成本较低但增速略高，2022 年中国中部地区边际减污成本为 89.52 亿元/百万吨，年均增长率达 23.36%，西部地区边际减污成本为 107.00 亿元/百万吨，年均增长率达 23.81%。从边际降碳成本来看，东部地区的边际降碳成本变化最为平缓，由 2011 年的 16.48 亿元/百万吨上升至 2022 年的 27.82 亿元/百万吨，年均增长率为 4.87%。中部地区和西部地区波动最为明显，中部地区的边际降碳成本由 2011 年的 12.23 亿元/百万吨上升至 2022 年的 17.06 亿元/百万吨，年均增长率为 3.07%，西部地区的边际降碳成本在样本期内由 9.77 亿元/百万吨上升至 22.85 亿元/百万吨，年均增长率达 8.03%。从减污降碳协同效应来看，东部地区的协同效应年均值最高，达 46.08%；西部地区次之，协同效应年均值达 44.15%；随后是中部地区，协同效应年均值为 40.64%。

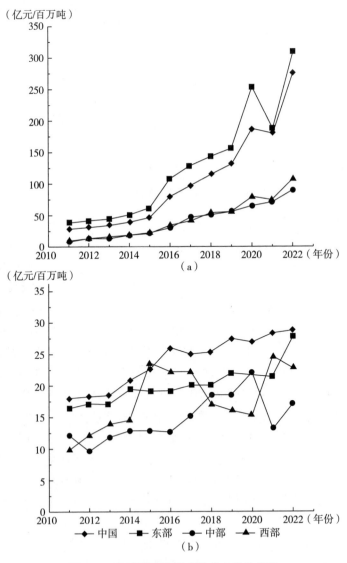

图 4-1　区域层面边际减排成本变化趋势

4.4.4　经济圈层面减污降碳协同效应的量化评估

《中共中央 国务院关于全面推进美丽中国建设的意见》强调，"聚焦区域协调发展战略和区域重大战略，加强绿色发展协作，打造绿色发展高地"。作为中国区域发展的核心载体，经济圈在规划与行动中采取了一系列措施，致力于提升环境质量、推动绿色低碳发展（张彩平等，2024）。由于经济圈内各行业、企业之间存在着复杂的上下游关系和资源流动，对比不同经济圈内部减污降碳协同效应能为制定更有针对性的减排政策提供依据。参考张文静和马喜立（2020）以及狄乾斌等（2022）的做法，选取五大经济圈（京津冀经济圈、长三角经济圈、长江中游经济圈、珠三角经济圈和成渝经济圈）对其边际减排成本进行对比分析。

从五大经济圈来看，边际减污成本和边际降碳成本在规模顺序上保持一致，但在规模大小上存在显著差异（见图 4-2）。边际减排成本由高到低分别为京津冀经济圈、长三角经济圈、长江中游经济圈和珠三角经济圈，最后是成渝经济圈。不同经济圈产业结构的差异导致不同经济圈内边际减污成本和边际降碳成本规模差异显著。对第二产业依赖程度较高的经济圈边际减污成本和边际降碳成本相差较大。例如京津冀经济圈年平均减污成本达 118.48 亿元/百万吨，年平均降碳成本仅 23.08 亿元/百万吨，长三角经济圈年平均减污成本达 69.79 亿元/百万吨，年平均降碳成本仅 15.84 亿元/百万吨。而对第二产业依赖程度较低的经济圈内部边际减污成本和边际降碳成本规模差异较小，如成渝经济圈年平均减污成本达 13.67 亿元/百万吨，年平均降碳成本 3.37 亿元/百万吨。

与单独减排相比，联合减排下边际成本缩减明显，减污降碳效应显著，但不同经济圈内部减排成本缩减比例存在差异，因此不同经济圈减污降碳效应存在异质性。与单独减污相比，联合减排下边际减污成本缩减最高的为长三角经济圈，成本缩减 55.35%，随后是长江中游经济圈和京津冀经济圈，分别缩减 50.58% 和 42.85%，缩减比例最小的是成渝经济圈和珠三角经济圈，成本缩减比例仅 21.88% 和 16.27%，这主要是受经济圈经济发展、产业结构差异影响。此外，边际降碳成本方面结果有所不同，受地区环境承载能力差异影响，长江中游经济圈和成渝经济圈的联合降碳成本缩减比例最高，分别为 49.89% 和 44.96%。长三角经济圈和珠三角经济圈次之，成本分别缩减 36.85% 和 31.75%。成本缩减空间最小的是京津冀经济圈，联合减排下边际降碳成本仅缩减 12.98%。

4.4.5　省际层面减污降碳协同效应的量化评估

分别计算中国各省份边际减排成本及减污降碳协同效应可以发现，中国各省份在样本期内均存在协同效应，其中协同效应最高的省份为湖北、江西和福建。

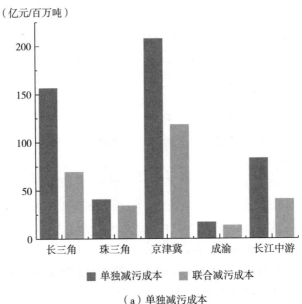

（a）单独减污成本

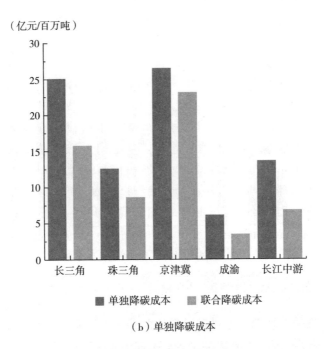

（b）单独降碳成本

图 4-2　经济圈层面边际减排成本

这些省份依托资源配置和管理的有利条件，推进减污降碳同步增效，经济社会加速向全面绿色发展转型（郑亚男等，2024）。值得注意的是，北京、上海和广东的减污降碳效应在所有省份中相对较低。究其原因，这些发达地区能源结构转型较早，已经形成相对成熟的能源、环境、经济一体化发展系统（郑亚男等，2024），末端减排空间小，无法实现较大的成本缩减（刘卫先等，2022），因而由成本缩减衡量的减污降碳协同效应相对较低。

其中，上海在研究期内的减污降碳效包含负值，造成这种现象的原因是大气污染物和碳排放间联合效应具有极其灵敏的弹性，导致上海联合减排成本不降反升。当联合减排的边际成本高于单独减排时的边际成本，减污降碳协同效应将有负值出现，这与傅京燕和原宗琳（2017）的研究结论相似，同时也说明像上海、北京等部分地区减污降碳协同效应将近"瓶颈"，发展空间也逐渐减小。

4.5　中国边际减污成本和边际降碳成本收敛性

为深化对中国边际减排成本动态特性和发展趋势的认识，需要构建收敛模型进行分析，以便探究边际减排成本的空间相关性，揭示地区间的相互作用和联系，从而更好地理解和评估中国区域发展的差异性和减排政策的实施效果。这一研究方法将为未来的政策制定和区域规划提供更为深入和全面的依据，促进中国在减排领域的可持续发展和协调发展。

4.5.1　σ 收敛

σ 收敛可以应用于分析全国层面下边际减排成本离散水平随时间的变化趋势，普遍由标准差来衡量，以揭示边际减污和降碳成本是否向某个稳定值趋近。若边际减排成本标准差随时间推移呈现下降趋势，说明边际减排成本分布越来越集中，各省份边际减排成本差距逐渐缩小，即边际减排成本存在 σ 收敛。全国边际减排成本标准差变化趋势如图 4-3 和表 4-2 所示。全国边际降碳成本标准差总体呈现下降态势，说明边际降碳成本存在 σ 收敛，而由于边际减污成本 2022 年标准差大于 2011 年的标准差，因此在样本期内不存在 σ 收敛。从变化趋势来看，大气污染物和 CO_2 的边际减排成本标准差在样本期内均呈现先上升再下降的态势。2011~2014 年边际减污成本标准差保持上升，由 0.2652 上升至 0.5426，达到了样本期内标准差峰值。随后进入回落阶段，边际减污成本标准差由 2014 年的 0.5426 下降至 2022 年的 0.3319。这表明样本期内，全国边际减污成本差异在2014 年达到峰值，而后差异逐年缩小，其原因可能是 2013 年 9 月《大气污染防治行动计划》的颁布实施，污染物排放防治越发严格，从而加剧了各地区经济发展水平、产业结构和能源结构差异所导致的减排难度和成本的不平衡。

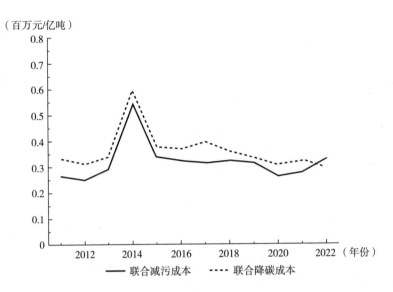

图 4-3 边际减排成本 σ 收敛情况

表 4-2 协同减排成本离散水平趋势

年份	边际减污成本标准差	边际降碳成本标准差
2011	0.2652	0.3314
2012	0.2492	0.3129
2013	0.2902	0.3377
2014	0.5426	0.5957
2015	0.3386	0.3773
2016	0.3241	0.3697
2017	0.3154	0.3951
2018	0.3235	0.3605
2019	0.3135	0.3348
2020	0.2620	0.3057
2021	0.2779	0.3239
2022	0.3319	0.2963

中国边际降碳成本在样本期内存在 σ 收敛。具体来看，2011~2014 年，边际

减污成本由 0.3314 上升至 2014 年的 0.5957，后于 2022 年回落至 0.2963，相较于初期值下降了 10.62%。这表明中国边际降碳成本差异逐年增大，并在 2014 年达到峰值，此后差异逐年缩小，并最终呈现收敛状态。这种变化可能源于 2014 年初中国 7 个省市启动了碳排放权交易试点，为不同地区的碳减排成本差异带来了显著影响。相较于以往政府主导的碳减排目标，碳排放权交易机制的建立使各地区的碳排放权分配和定价更多地受到市场影响（罗量文等，2024），而各省份的碳减排成本与省份自身的经济发展水平、产业结构等因素高度相关，综合影响下加剧了碳减排成本的差异。这种差异促使各地区不得不采取针对性的减排措施和技术路径，进一步拉大了区域间的减排成本差异，成为推动全国碳减排成本差异扩大的重要因素（王溥瑄等，2024）。此外，2014 年后随着地方政府和企业间技术交流与合作的不断加强，先进的减碳技术逐步在全国范围内推广应用，进一步缓解了边际减排成本差异。

4.5.2　绝对 β 收敛

绝对 β 收敛可以检验边际减排成本年均增长率是否随着时间收敛于同一稳态水平，由此评估不同省份间边际减排成本差距的变化趋势。若 $\beta<0$，表示区域内边际减排成本年均增长率随着时间推移将趋于同一稳态水平，即存在绝对 β 收敛，这表明各省份之间的减排成本差距正在缩小，反映了中国在减排技术、政策和管理等方面取得了较好成效。反之，若不存在绝对 β 收敛，说明各省份间减排成本差距并没有缩小，甚至可能扩大，则表明中国减排领域发展不平衡的问题依然存在。由表 4-3 可知，中国边际减污成本 β 系数在 1% 水平下显著为负，中国边际减污成本存在显著的绝对 β 收敛，说明各省份的边际减污成本增长向一个稳定值收敛，收敛速度为 10.71%。这意味着初期边际减排成本较高的地区，其减排成本增长将逐步放缓，从而使中国边际减污成本能够保持相对同步的增长。在不考虑各省份资源和发展差异影响的情况下，中国边际减排成本增长将趋于稳态，体现了现有施行政策的有效性。

在边际降碳成本方面也有类似的结论。具体来看，边际降碳成本绝对 β 收敛系数在 1% 水平下显著为负，中国边际降碳成本存在显著绝对 β 收敛，在不考虑经济发展水平和自然禀赋差异下，各省份的边际降碳成本将趋于一致，收敛速度为 10.62%。究其原因，一方面可能是因为中国各省份在产业政策和区域规划协调下推动了城市联合与协作，实现了各省份减污降碳协同增效的互利共赢（刘华军，2023）；另一方面可能是因为受到较高经济发展水平城市的集聚与扩散效应的影响（王俏茹等，2024），从而实现了边际减排成本的绝对收敛。

表 4-3　协同减排成本绝对 β 收敛结果

变量	边际减污成本	边际降碳成本
β	−0.6920*** (−11.33)	−0.6889*** (−11.41)
常数项	1.3174*** (9.95)	1.9210*** (10.89)
模型设定	双固定效应	双固定效应
收敛性判定	收敛	收敛
收敛速度（%）	10.71	10.62

注：***、** 和 * 分别表示 1%、5% 和 10% 的显著性水平。

4.5.3　空间绝对 β 收敛

随着各省份经济发展不断向好，资源要素流动性不断增强，不同省份间的空间依赖性也不断增强，因此，分析中国边际减排成本收敛性时应当充分考虑各省份的空间关联性。空间绝对 β 收敛模型常应用于研究空间相关性的演变情况，了解地区之间的相互作用和联系，为区域发展规划提供科学依据。为分析边际减排成本是否存在空间绝对 β 收敛，需要先检验其是否具有空间自相关性，可通过Lagrange 乘数检验和更为稳健的 Robust Lagrange 乘数检验来证明（见表 4-4）。结果显示，中国边际减污成本通过 Lagrange 乘数检验和 Robust Lagrange 乘数检验，各省边际减污成本存在显著的空间自相关性，后续可以选择空间杜宾模型（SDM）、空间误差模型（SEM）或空间滞后模型（SAR）进行建模。边际降碳成本未通过 Lagrange 乘数检验和 Robust Lagrange 乘数检验，说明其空间自相关性微弱，将退回 OLS 建模。

表 4-4　模型选择检验

变量	边际减污成本		边际降碳成本	
	统计值	P 值	统计值	P 值
空间误差分析				
Lagrange 乘数检验	17.327	0.000	0.310	0.505
Robust Lagrange 乘数检验	18.154	0.000	0.562	0.453
空间滞后分析				

续表

变量	边际减污成本		边际降碳成本	
	统计值	P 值	统计值	P 值
Lagrange 乘数检验	12.495	0.000	0.196	0.658
Robust Lagrange 乘数检验	13.322	0.000	0.448	0.503
Hausman 检验	145.190	0.000	63.760	0.000
固定时间	103.490	0.000		
固定地区	98.790	0.000		

LR 检验、Hausman 检验用于边际减污成本空间计量模型中固定效应的选择。结果显示，中国边际减污成本通过 Hausman 检验，选择固定效应模型。LR 检验结果显示，双固定效应和单固定地区、单固定时间中，显著支持使用双固定效应模型。边际降碳成本通过 Hausman 检验，后续使用固定效应模型进行建模。

对比边际减污成本的空间计量模型可以发现，空间误差模型的对数似然值略高，中国边际减污成本更匹配空间误差模型，这表明空间误差项能更有效地捕捉中国边际减污成本中的空间依赖关系，从而更好地解释其空间异质性。此外，该结果也说明模型的误差项也存在着空间依赖性，侧面说明各省份经济发展差异、绿色减排能力等是导致边际减排成本出现空间异质性的原因。具体来看，两个模型的空间收敛系数 β 在 1% 水平下显著为负，中国的边际减污成本存在空间绝对 β 收敛。在不考虑其他影响因素的情况下，中国的边际减污成本将趋于一致，平均收敛速度为 10.69%（见表 4-5）。此外，SAR 和 SEM 中空间滞后系数和空间误差系数均显著为正，证明边际减污成本存在明显的正向空间自相关性。这意味着，一个省份的边际减污成本水平不仅受本省因素影响，还会受到周边省份的溢出效应影响。

表 4-5 模型结果

模型	边际减污成本		边际降碳成本
	空间滞后模型	空间误差模型	固定效应模型
β	−0.6914*** (−12.10)	−0.6914*** (−12.10)	−0.5471*** (−9.84)
α	−0.0013 (−0.01)	−0.2501 (−0.29)	

续表

模型	边际减污成本		边际降碳成本
	空间滞后模型	空间误差模型	固定效应模型
ρ	0.02674*** (12.63)	0.0267*** (12.63)	
常数项			1.7916*** (9.95)
对数似然值	124.9801	125.0204	
收敛速度（%）	10.69	10.69	7.20

由于中国边际降碳成本未通过 Lagrange 乘数检验和 Robust Lagrange 乘数检验，说明边际降碳成本并未表现出明显的空间相关性，没有明显的空间溢出效应。这说明边际降碳成本更多地受到自身因素的影响，如经济发展水平、能源结构、技术水平等。尽管如此，从边际降碳成本回归结果来看，模型系数在 1% 水平下显著为负，说明各省份的边际降碳成本存在空间绝对 β 收敛。在不考虑其他影响因素的情况下，中国的边际降碳成本增速也将趋于相同，收敛速度为7.20%。这表明，即便在产业结构、能源结构等诸多影响因素差异较大的情况下，中国各省份的边际降碳成本仍在朝着相同水平逐步收敛。

4.6　中国减污降碳协同潜力探究

多情景模拟可有效评估不同发展路径下边际减排成本的变化趋势。本节基于党的二十大报告，设置不同权重矩阵和方向向量，设定与中国现阶段发展和未来目标相关的三种情景，以模拟中国边际减排成本在各种情况下的发展走向，比较各种情景下的结果差异，从而更好地评估不同发展路径对边际减排成本的影响，通过识别风险点并制定应对措施，从而提高决策的科学性和有效性。

4.6.1　情景模拟

生态文明建设是构建人与自然和谐共生的重要举措。它呼吁人类以负责任的态度保护环境、合理利用资源，推动社会经济发展与自然生态保护的协调统一。因此本书设定第一种情景：生态优先情景。在生态优先情景下，投入与期望产出的重要性相同，权重均为 1/4。投入系统中包括 3 个变量，每个投入变量等权重，因此每个投入变量的权重为 1/12（1/4×1/3）。期望产出权重设定为 1/4。

在联合减排时，大气污染物和 CO_2 防治同样重要，权重分别为 1/4 （1/2×1/2）。

党的二十大报告强调了能源安全的重要性，要基于中国能源禀赋，积极进行能源革命，推动中国未来能源高质量发展。因此，本书设定第二种情景：能源革命情景。能源革命情景将特别关注能源投入变化对边际减排成本产生的影响。权重设定为投入 1/3、期望产出 1/3、非期望产出 1/3。特别地，由于该情景下不考虑其他投入变量（劳动和资本）的缩减，仅考虑投入系统中的能源部分，因此能源投入权重为 1/3，其余变量权重被设定为 0。

此外，为及时完成碳达峰任务、加强应对气候变化挑战能力，党的二十大报告还强调了中国未来的推进节约集约、绿色低碳发展的战略目标。基于此，本书设定第三种情景：降碳优先情景。在降碳优先情景下，降低 CO_2 排放在大气污染防控中成为首要目标，碳减排防治的优先级高于大气污染物。在权重设定方面，大气污染权重设定为 1/9，CO_2 的权重设定为大气污染物权重的两倍，以体现二者重要性的差异。

$$\begin{cases} G=(-K, -L, -E, Y, -C, -P)，且 W^T=\left(\dfrac{1}{12}, \dfrac{1}{12}, \dfrac{1}{12}, \dfrac{1}{4}, \dfrac{1}{4}, \dfrac{1}{4}\right)，生态优先情景 \\[2ex] G=(-K, -L, -E, Y, -C, -P)，且 W^T=\left(0, 0, \dfrac{1}{3}, \dfrac{1}{3}, \dfrac{1}{6}, \dfrac{1}{6}\right)，能源革命情景 \\[2ex] G=(-K, -L, -E, Y, -C, -P)，且 W^T=\left(\dfrac{1}{9}, \dfrac{1}{9}, \dfrac{1}{9}, \dfrac{1}{3}, \dfrac{2}{9}, \dfrac{1}{9}\right)，降碳优先情景 \end{cases}$$

$$(4-15)$$

4.6.2　不同情景下的边际减排成本

为探究各情景下的边际减排成本分布动态演变趋势，分别绘制三种情景下的减排成本核密度分布图（见图 4-4）。首先，从分布位置来看，各情景下的边际减排成本均逐年左移，说明边际减排成本将随着各省份经济发展和技术进步而不断下降，其中能源革命情景中边际减排成本移动趋势最为显著。其次，从分布延展性来看，边际减污成本和边际降碳成本均存在明显的向右拖尾现象，且分布延展性呈现逐年拓宽趋势。最后，从极化特征来看，边际减污成本呈现多级分化现象，边际降碳成本曲线呈现两极分化态势，侧峰峰值较高，两极分化现象更为显著，说明不同省份减污降碳能力存在一定梯度。不过，边际减排成本侧峰均随时间逐渐向主峰偏移，也逐渐与侧峰合并形成新的主峰，多极分化现象逐步得到缓解。

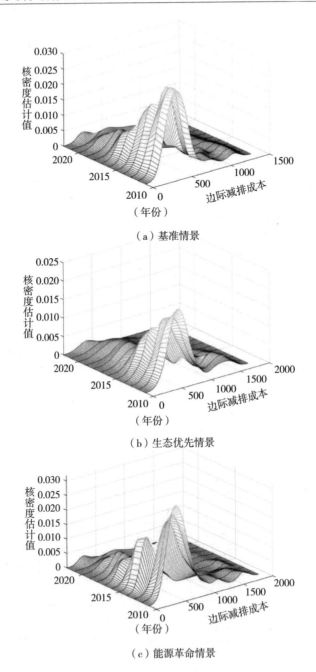

（a）基准情景

（b）生态优先情景

（c）能源革命情景

图4-4 不同情景下的边际减污成本

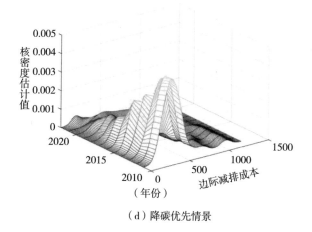

（d）降碳优先情景

图 4-4　不同情景下的边际减污成本（续）

　　相较于基准情景，降碳优先和能源革命情景下边际减污成本有所下降，而在生态优先情景下成本则有所上升。具体来看，降碳优先情景的边际减污成本波峰靠左且波峰更高，说明当以降碳为重点战略方向时，各省份大气污染的治理成本相对有所降低。这可能是因为，大气污染物和温室气体间的同根同源性，一些针对碳减排、碳消除的措施同时带动了大气污染物减排，从而降低了各省份的边际减污成本。而对于边际降碳成本，除降碳优先情景外，其余情景下的边际降碳成本密度分布形态和基准情景下的密度分布形态大致相同。具体来看，能源革命情景下的边际成本波峰靠左，波峰略窄，说明在能源革命情景下，各省份边际减污成本相较于基准情景有所降低，分布更集中于中低水平，省份间差异逐年减小。这表明能源革命驱动下各地区的经济发展水平和产业结构将趋于接近，使减排潜力和成本负担也日趋一致，有助于缩小省际间的边际减排成本差距。生态优先情景下的边际减污成本波峰靠右、最宽，出现明显靠右的次波峰，说明优先考虑大气污染和 CO_2 联合防治减排目标时，各省份的边际减污成本相较于基准情景有所增加，不同省份由于其不同经济发展、技术减排效率导致边际减污成本的进一步增加，对工业依赖程度较高省份需要承担更高的减排成本。

　　在边际降碳成本的核密度分布中，两极分化现象显著（见图 4-5）。相较于基准情景，能源革命情景下温室气体的边际减排成本有所降低，生态优先和降碳优先情景下边际降碳成本则有所上升。具体来看，能源革命情景下的边际降碳成本靠左且最高，说明在积极进行能源结构优化下，温室气体的边际减排成本有所下降，各省份碳减排的治理成本相对降低。同时，能源革命情景下早年的边际降

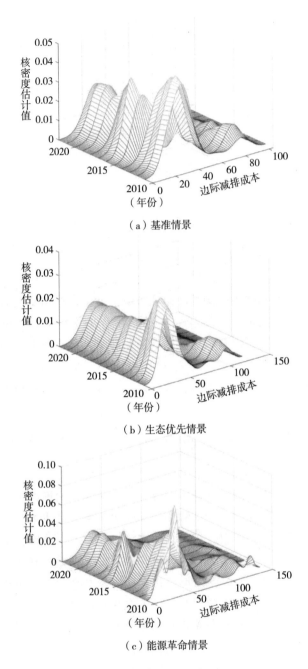

（a）基准情景

（b）生态优先情景

（c）能源革命情景

图 4-5　不同情景下的边际降碳成本

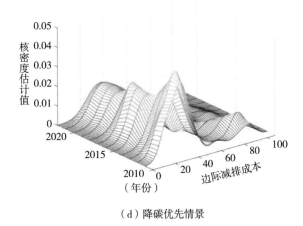

（d）降碳优先情景

图 4-5 不同情景下的边际降碳成本（续）

碳成本出现多个明显的次波峰，这表明不同省份由于能源结构和能源消费的差异，导致了降碳成本的多极分化，部分高耗能、高排放的省份边际降碳成本更高。但随着时间向后推移，次波峰逐渐向右移动，并逐渐与主峰融合，两极分化现象明显减缓，省份间的边际降碳成本差异逐渐减小。值得注意的是，随着时间的推移，能源情景下的边际降碳波峰逐渐变低变宽，这表明通过能源结构优化将使各省份边际降碳成本集中于中低水平，但受限于各省份的自然资源禀赋差异，各省份的边际降碳成本依旧存在差异。基准情景和降碳优先、生态优先情景下的密度分布形态大致相同，在早年都存在显著的次波峰，两极分化现象显著。相较于基准情景，降碳优先情景和生态优先情景波峰靠右、较低、更宽，说明以大气污染物和温室气体防治为重点战略方向时，都将导致边际降碳成本的上升，且边际降碳成本概率密度分布较为分散，即两种情景都将加剧不同省份边际降碳成本的差异。此外，基准情景下边际降碳成本的次波峰最为显著，虽然随着时间的推移，次波峰逐渐向主峰移动并融为一体。值得注意的是，降碳优先情景和生态优先情景下各省份的边际降碳成本波峰带宽明显增大，省份间边际降碳成本离散程度呈上升趋势，差异显著，两极分化现象凸显，说明分别以温室气体和大气污染物为重点战略方向时，会进一步加剧各省份之间边际降碳成本的差异。

4.7 结论与建议

本章以中国 29 个省份（不含新疆、西藏、香港、澳门和台湾）为研究对象，以 2011~2022 年为研究周期，基于非径向方向性距离函数，计算各省份边际减排成本，并分区域、经济圈和省份层面探究中国减污降碳协同效应情况，得到如下结论：①整体来看，边际减排成本整体呈现波动上升趋势，且在 2019~2022 年受疫情影响波动剧烈，减污降碳协同效应在样本期内从 49.58% 下降至 41.19%，呈现波动中下降的趋势。②在区域层面，东部地区由于产业结构较为优化，能源消费结构较为清洁，减污降碳协同效应明显，中西部地区由于产业结构偏高耗能高排放行业，减污降碳协同效应相对较低。③在经济圈层面，从五大经济圈看，边际减污成本和边际降碳成本在规模顺序上保持一致，但在规模大小上存在显著差异。边际减排成本由高到低分别为京津冀经济圈、长三角经济圈、长江中游经济圈和珠三角经济圈，最后是成渝经济圈。④在省际层面，中国各省份在样本期内均存在减污降碳协同效应，但效应程度存在显著差异，其中湖北、江西和福建的协同效应最高，而北京、上海和广东等地区协同效应相对较低。⑤中国的边际减污成本和边际降碳成本均存在显著的绝对 β 收敛，各省份的减排成本趋向于稳态。此外，边际减污成本存在明显的空间自相关性和空间溢出效应，而边际降碳成本未表现出明显的空间相关性。⑥不同发展路径对中国边际减排成本有显著影响，其中能源革命情景下减排成本下降最为明显且省际差异逐渐缩小，而生态优先和降碳优先情景可能导致边际降碳成本上升并加剧省际差异，但总体上各情景下的边际减排成本分布随时间趋于集中。

基于上述结论，本书提出下述政策建议：①优化产业结构，提升中西部地区的减污降碳协同效应。借鉴东部地区在产业转型和清洁能源消费方面的成功经验，通过政策支持和资金扶持，推动中西部高耗能高排放行业的产业升级和绿色技术创新。建立跨区域的减排协作机制，促进绿色技术和经验的共享，实现区域间协调发展。②加大减排技术的研发和推广力度，降低边际减排成本。政府应增加对减排技术研发的投入，鼓励企业和科研机构联合开发高效、低成本的减排技术。通过政策补贴和税收优惠，推动先进减排技术在各地的应用。③制定具有地区特征的减排政策，进而精准施策。基于各地区的发展现状，拟定灵活的减排政策，避免"一刀切"。结合地方实际情况，运用碳交易市场、排污权交易等多种政策工具，提升政策的灵活性和适应性，确保各省份实现减排目标。④加强政策激励和监管，确保减排目标的实现。建立完善的激励机制，对减排成效显著的地区和企业给予奖励，如税收减免和资金补助。同时，加强减排政策执行情况的监督和评估，对未达标地区和企业采取相应的惩罚措施，确保减排措施的有效落实。

第5章 城市群一体化对中国减污降碳协同效应的影响研究

中国政府正在积极推进城市群一体化，但对其在"减污降碳"方面的潜在作用关注较少。本章以城市群一体化为准自然实验，创新性地探讨了该政策的"减污降碳"效应，验证了政府联防联控推动大气污染与温室气体协同减排的有效性。同时，本章还进行了机制分析、异质性分析及溢出效应检验，研究结果将对区域高质量协同减排具有重大的现实意义。

5.1 引 言

改革开放以来，中国在城镇化方面取得了巨大进展，城镇化率由 1978 年的 17.92%[①]增长到 2021 年的 64.72%[②]，自 2006 年起中国就已经将城市群作为国家新型城镇化建设的重要平台和经济发展的主要载体。2021 年发布的《中华人民共和国国民经济和社会发展第十四个五年规划和 2035 年远景目标纲要》明确提出建立发展"京津冀"等 19 个城市群，健全城市群一体化协调发展机制，全面形成"两横三纵"城镇化战略格局。城市群一体化有助于打破行政区划的局限性，促进区域间生产要素的自由流动和建立良性的区域合作关系。但由于区域间不协调发展、缺乏统一的环境保护与治理机制，城市群内部大气污染的跨区域化特征明显，区域的空气污染比其他地区更为严重，城市群也成为"污染群"（Wang et al.，2017）。同时，迅速增长的交通运输、工业生产和居民生活需求导致了大量的化石能源消耗，也直接加剧了以 PM2.5 为首的空气污染问题（Guan et al.，2018）和巨大的 CO_2 排放（Guo et al.，2018）。过高的 PM2.5 污染不仅能显著降低经济发展质量（Zhao & Yuan，2020），还会危害居民健康更甚者导致人口死亡（Li et al.，2022）；同样地，过多的 CO_2 排放会导致更多的自然灾害

---

① 资料来源：http：//www.gov.cn/shuju/2018-09/10/content_5321150.htm。

② 资料来源：http：//www.stats.gov.cn/xxgk/sjfb/zxfb2020/202202/t20220228_1827971.html。

以及不可逆转的生态系统损伤（Mongo et al.，2021）。

环境退化、严重的空气污染是城市快速扩张和过度聚集的结果（Kaya & Koc，2019），随着城市化进程的快速推进，中国发展不平衡问题依然突出，生态环境保护形势依然严峻，结构性、根源性、趋势性压力尚未根本缓解。在此背景下，2022年国务院印发的《减污降碳协同增效实施方案》指出，要开展区域、城市减污降碳协同创新，在重点城市群加快探索减污降碳协同增效的有效模式，以碳达峰行动进一步深化环境治理，以环境治理助推高质量达峰。尽管政府已经提出要加强大气污染联防联控、推动减污降碳协同增效，同时也积极采取了一系列重点区域大气污染防治措施，并取得一定成效（Liu et al.，2022；Yu et al.，2022），但仍尚未达到世界卫生组织规定的PM2.5标准（Song et al.，2022）。此外，由于大气环流、紧密的城市化活动等原因，PM2.5和CO_2排放不仅受到本地区城市群一体化影响，还受到邻近地区政策的溢出效应影响（Wang et al.，2021）。由于二者具有高度同源性，空间聚集性强，当前逐步推进的城市群一体化政策能否通过强化地方政府联防联控从而有效地促进以PM2.5为首的大气污染物和CO_2联合减排？城市群一体化的减排效应实现机制如何？城市群一体化能否对邻近地区的PM2.5和CO_2排放产生影响？这均已成为城市群推进一体化进程中亟待考虑的问题。

本章可能的边际贡献有：①创新性地探讨了城市群一体化政策对PM2.5和CO_2的联合减排影响，厘清了一体化政策的"减污降碳"效应，并揭示了该效应的大小、方向及时长，验证了政府联防联控推动大气污染与温室气体协同减排的有效性。②从环境从业人员、能源利用效率和产业结构转型三个方面研究"减污降碳"效应的影响机制，并对不同城市群的"减污"和"降碳"效应进行了异质性分析，弥补了现有文献不足。③从空间依赖角度构建空间双重差分模型，揭示城市群一体化政策的"减污降碳"效应具有空间溢出性，这一结论将对区域高质量协同减排具有重大的现实意义。

5.2　文献综述

现有关于城市群一体化对PM2.5和CO_2排放影响的研究较少，学者们更为关注城市化对大气污染和碳排放的作用机制。城市化对PM2.5排放的影响与城市化阶段和政策有关，主要认为城市化水平与PM2.5浓度满足倒"U"形曲线关系，城市化率的提高可以降低整个时期的PM2.5浓度（Qi et al.，2023；Xu et al.，2016；Liu et al.，2022）。例如，Ji等（2018）发现城市化与PM2.5浓

度之间存在倒 "U" 形曲线关系,在城市化水平达到拐点后,城市化程度提高将降低 PM2.5 排放;Qi 等(2022)认为人口城市化和经济城市化均与 PM2.5 浓度呈倒 "U" 形关系。同时,在推进城市化过程中,区域经济运行会产生空间相关和溢出效应(薛永刚,2022),不仅影响本城市的大气污染,还会影响邻近城市的 PM2.5 浓度(Du et al.,2019)。Du 等(2018)以 2000~2010 年的京津冀、长三角和珠三角城市群为研究对象,发现城市化的溢出效应在很大程度上促进了 PM2.5 浓度的空间依赖性;Wei 等(2021)认为城市化是 PM2.5 浓度变化的主要驱动因素,且城市化对相邻两个区域 PM2.5 排放的溢出效应更强。此外,Luo 等(2018)发现城市化的影响因区域而异,推进城市化有利于降低中国西北、东北地区的 PM2.5 浓度,但会促进其他地区 PM2.5 浓度升高。总体上,现有学者认为城市化对 PM2.5 浓度的影响随着城市化阶段和区域分布的不同而有所差异,但基本呈现倒 "U" 形曲线关系;另外,城市化不仅对本区域 PM2.5 排放有显著影响,也对邻近区域的 PM2.5 污染存在明显贡献,因此有必要考虑区域间的溢出效应,从城市群层面研究一体化进程对 PM2.5 排放的影响。

关于城市化对 CO_2 排放的影响,学者们也认为两者之间呈倒 "U" 形关系(He et al.,2017;Ahmed et al.,2019),且存在时空异质性。例如,Zhang 和 Lin(2012)发现城市化对中国中部地区 CO_2 排放的影响大于东部地区;佘倩楠等(2015)认为不同城市化阶段对碳排放的影响不同,在城市化初期,碳排放量呈现出增加趋势,随着城市化进程的加快和城市形态的变化,碳排放量呈现减少趋势。虽然快速城市化在长期内对 CO_2 保持明显的正向冲击(臧良震和张彩虹,2015),持续增加的化石燃料消耗也将导致更高的 CO_2 排放(Zhang et al.,2020),但这并不是中国碳排放增长的最主要原因(徐丽杰,2014)。此外,部分研究也认为城市化与 CO_2 排放之间具有双向因果关系(Dogan & Turkekul,2016;Bekhet & Othman,2017),城市化和城市扩张都增加了 CO_2 排放(Cheng & Hu,2023),而碳减排有利于可持续的低碳城市化进程(林美顺,2016)。特别地,城市化对 CO_2 排放具有空间溢出效应(Xu et al.,2023),在制订可持续的城市碳减排方案时,需考虑空间影响。

城市群作为城市化的主体形态,在推进一体化进程中,其扩张和建设对大气污染减排具有积极效应(Jiang et al.,2022;Xiao et al.,2022;Li & Wu,2023),可以降低城市化后期的 PM2.5 浓度(Dong et al.,2020)。例如,Jiang 等(2022)发现城市群建设促使城市 PM2.5 年均浓度下降 7.90%,但该试点政策不利于其他城市 PM2.5 减排;Xiao 等(2022)认为京津冀协同发展主要通过降低城市经济增长规模从而促进 PM2.5 浓度减少;Du 等(2018)认为在控制城市群空气污染时,不仅要考虑直接影响,还要考虑溢出效应;赵一心和缪小林

（2022）发现地方政府协同治理模式可以显著改善城市空气质量。关于城市群对碳排放的影响，学者们发现相比于单个城市，城市群的碳排放效率更高（Yu et al.，2020），可以在一定程度上促进当地碳减排（Wang et al.，2020），但可能导致周边城市的 CO_2 排放量增加（Xu et al.，2023），因此需要采取跨城市政策来减少碳排放（Yu et al.，2020）。城市群规划和区域一体化政策对 CO_2 排放绩效具有显著的正向影响，其效果因城市区位和城市特征而异（Feng et al.，2024；Li & Lin，2017）。然而，如果城市群人口过于集中，城市化的碳减排效益将被抵消（Bai et al.，2019）。综上所述，现有关于城市群建设对 PM2.5 和 CO_2 排放影响的结论不尽相同，部分学者认为城市群建设在一定程度上促进 PM2.5 和 CO_2 减排，但政策的空间溢出将导致试点城市和邻近城市间存在较大差异的减排效应；亦有学者认为城市群内人口、产业等过度聚集易导致 CO_2 排放增加。

虽然现有研究在不同角度探讨了城市化及城市群建设对 PM2.5 和 CO_2 排放的影响，但仍存在以下不足：一是研究区域只着眼于经济发达的重点城市群，如京津冀（Du et al.，2019；Li et al.，2022）、成渝（Gao et al.，2022）、长三角（Jiang & Zheng，2017）等，并未在全国层面考虑一体化政策的有效性、稳健性和异质性，这容易产生系统误差。二是研究单位仅聚焦于省级层面（Jiang et al.，2022；Zhao & Wang，2022），然而城市群规划范围具体到省域的下属地级市及部分县区，若笼统地将省域作为研究最小单位，则会造成信息流失，导致结果偏误。三是少有文献研究城市群一体化政策对 PM2.5 和 CO_2 联合减排的影响，当前减污降碳协同增效已成为中国大气污染防治和"双碳"任务的重要驱动因素和政策目标（孙雪妍等，2023），研究如何在推进城市群一体化进程中实现减污降碳具有重要意义。

基于此，本章首先将城市群一体化作为一项准自然实验，将 2005~2021 年国务院正式批复的 11 个城市群作为处理组，没有被批复的城市群视为控制组，以地级市作为研究最小单位，利用渐进双重差分（DID）模型实证分析城市群一体化对 PM2.5 和 CO_2 排放的影响，并进行模型稳健性检验。其次利用三重差分（DDD）模型探究城市群一体化政策效果的影响机制和异质性，以期考察政策的实施效果和作用机理。最后采用空间双重差分（Spatial DID）模型探究城市群一体化的空间溢出效应，为其他城市群发展规划的制订提供参考。

5.3 研究设计

5.3.1 研究区域

城市群发展规划的批复与实施是城市群迈向一体化的重要体现（刘倩等，2020）。本章将城市群一体化视为一项准自然实验，将 2005~2021 年国务院正式批复的 11 个城市群视为处理组①，而没有被批复的城市群视为控制组（见表5-1）。基于数据的可得性，只研究 19 个城市群中的 172 个地级市②，其中，处理组包含 115 个地级市，控制组包含 57 个地级市。

表 5-1 2005~2020 年城市群一体化实施时间

分组	城市群	城市群发展规划	印发时间
处理组	京津冀	《京津冀协同发展规划纲要》	2015 年
	长江中游	《长江中游城市群发展规划》	2015 年
	长三角	《长江三角洲城市群发展规划》	2016 年
	成渝	《成渝城市群发展规划》	2016 年
	哈长	《哈长城市群发展规划》	2016 年
	中原	《中原城市群发展规划》	2017 年
	北部湾	《北部湾城市群发展规划》	2017 年
	关中平原	《关中平原城市群发展规划》	2018 年
	呼包鄂榆	《呼包鄂榆城市群发展规划》	2018 年
	兰州—西宁	《兰州—西宁城市群发展规划》	2018 年
	珠三角	《粤港澳大湾区发展规划纲要》	2019 年
控制组	滇中	无	无
	山东半岛	无	无
	黔中	无	无
	粤闽浙沿海	无	无
	辽中南	无	无

① 虽然国务院于 2020 年 1 月对《关于请求审批滇中城市群发展规划的函》进行了函复，但没有正式印发《滇中城市群发展规划》，对此本书将滇中城市群视为控制组。
② 研究样本不包括香港、澳门和台湾地区，以及行政区划变动的地级市和数据缺失过多的城市。

续表

分组	城市群	城市群发展规划	印发时间
控制组	山西中部	无	无
	宁夏沿黄	无	无
	天山北坡	无	无

5.3.2　模型设定

5.3.2.1　DID 模型

为准确估计政策实施的净效应，本章利用 DID 模型实证分析城市群一体化对 PM2.5 和 CO_2 排放的影响。具体地，由于 19 个城市群批复时间各不相同，因此设置城市虚拟变量 $treat_i$ 和年份虚拟变量 $post_t$，将表 5-1 所包含的 115 个地级市作为处理组（$treat_i = 1$），其余 57 个地级市作为控制组（$treat_i = 0$）。以城市群发展规划的批复时间为城市群一体化实施起始时间，将处理组的政策实施前（$post_t = 0$）和政策实施后（$post_t = 1$），以及控制组进行相应的赋值（$post_t = 0$），构建模型（5-1）：

$$Pollution_{it} = \beta_0 + \beta_1 treat_i \times post_t + \gamma X_{it} + \delta_i + \mu_t + \varepsilon_{it} \tag{5-1}$$

其中，$Pollution_{it}$ 具体表示 $PM2.5_{it}$ 和 CO_{2it}，$PM2.5_{it}$ 表示第 i 个城市在第 t 年的 PM2.5 年均浓度，CO_{2it} 表示第 i 个城市在第 t 年的 CO_2 排放量；$treat_i$ 表示城市虚拟变量；$post_t$ 表示年份虚拟变量；交互项 $treat_i \times post_t$ 表示城市 i 所属城市群在第 t 年是否实施城市群一体化政策；X_{it} 表示控制变量；δ_i 表示城市固定效应；μ_t 表示年份固定效应；ε_{it} 表示随机误差项。

5.3.2.2　DDD 模型

参考淦振宇和踪家峰（2021）的研究，利用 DDD 模型对城市群一体化政策进行机制分析。环境保护力度直接影响污染排放水平，绿色技术也具有促进经济增长和改善生态环境的双重功效（严翔等，2023），为考察城市群一体化是否通过增加环境从业人员和提高能源利用效率作用于 PM2.5 浓度变化，构建模型（5-2）和模型（5-3）：

$$PM2.5_{it} = \beta_0 + \beta_1 treat_i \times post_t \times ep_{it} + \beta_2 treat_i \times post_t + \beta_3 ep_{it} + \gamma X_{it} + \delta_i + \mu_t + \varepsilon_{it} \tag{5-2}$$

$$PM2.5_{it} = \beta_0 + \beta_1 treat_i \times post_t \times eg_{it} + \beta_2 treat_i \times post_t + \beta_3 eg_{it} + \gamma X_{it} + \delta_i + \mu_t + \varepsilon_{it} \tag{5-3}$$

其中，ep_{it} 表示环境从业人员增加数，该值越大代表城市的环境保护投入力度越大；eg_{it} 表示单位 GDP 能耗下降幅度，该值越大代表城市间通过技术交流促使能源利用效率提高、能源结构转型加快；$treat_i \times post_t \times ep_{it}$ 和 $treat_i \times post_t \times eg_{it}$ 表示核心解释变量；其他变量同模型（5-1）。

结构减排是中国减污降碳协同增效的重要手段（李红霞等，2022），产业结构高级化对区域一体化提高碳排放效率具有正向调节效应（徐斌等，2023），为进一步考察城市群一体化能否通过推动产业结构升级作用于 CO_2 排放变化，构建模型（5-4）：

$$CO_{2_{it}} = \beta_0 + \beta_1 treat_i \times post_t \times ec_{it} + \beta_2 treat_i \times post_t + \beta_3 ec_{it} + \gamma X_{it} + \delta_i + \mu_t + \varepsilon_{it} \qquad (5\text{-}4)$$

其中，ec_{it} 表示第三产业增加值占 GDP 的比重，该值越大表示城市第三产业规模增加、产业结构不断优化；$treat_i \times post_t \times ec_{it}$ 表示核心解释变量；其他变量同模型（5-1）。

5.3.2.3　Spatial DID 模型

考虑到 PM2.5 和 CO_2 的空间溢出效应，采用 Spatial DID 模型探究城市群一体化对邻近城市的环境影响。Spatial DID 模型可以同时识别空气污染物、温室气体和试点政策的空间相关性（Jiang et al.，2022），本章借鉴 Jia 等（2021）和 Jiang 等（2022）的研究分别对 PM2.5 和 CO_2 构建空间滞后—双重差分模型（SAR-DID）及空间杜宾—双重差分模型（SDM-DID），见模型（5-5）和模型（5-6）：

$$PM2.5_{it} = \beta_0 + \rho \sum_j w_{ij} PM2.5_{jt} + \beta_1 treat_i \times post_t + \gamma X_{it} + \delta_i + \mu_t + \varepsilon_{it} \qquad (5\text{-}5)$$

$$CO_{2_{it}} = \beta_0 + \rho \sum_j w_{ij} CO_{2_{jt}} + \beta_1 treat_i \times post_t + \theta \sum_j w_{ij}(treat_i \times post_t)_{jt} + \gamma X_{it} + \delta_i + \mu_t + \varepsilon_{it}$$
$$(5\text{-}6)$$

其中，w_{ij} 是空间权重矩阵 W_1 的元素，W_1 的定义见公式（5-7）；i 与 j 均为样本城市；其他变量同模型（5-1）。

$$W_1 = \begin{cases} 1/d_{ij}^2 & i \neq j \\ 0 & i = j \end{cases} \qquad (5\text{-}7)$$

其中，d_{ij} 为两城市间的地理距离，用城市的经纬度计算得出。

5.3.3　变量选取与数据来源

本章主要变量描述性统计如表5-2所示。

表5-2　主要变量描述性统计

变量	变量解释	单位	样本量	均值	标准差	最小值	最大值
PM2.5	PM2.5 年均浓度	微克/立方米	2924	44.28	14.55	13.80	92.12

续表

变量	变量解释	单位	样本量	均值	标准差	最小值	最大值
CO_2	CO_2 年排放量	百万吨	2924	42.17	43.14	0.32	570.46
ytem	年均温度	℃	2924	15.06	4.91	2.30	25.70
yrai	年均降水	mm	2924	3.10	1.44	0.27	7.61
lnpgdp	人均 GDP 对数	元	2924	10.34	0.77	7.78	12.50
lnpdes	人口密度对数	人/平方千米	2924	5.98	0.86	2.85	9.09
lnnum	公路货运量对数	万吨	2924	8.95	0.94	4.25	12.59

5.3.3.1　被解释变量

被解释变量为 PM2.5 年均浓度和 CO_2 年排放量，城市 PM2.5 数据来自中国空气质量在线监测分析平台[①]，CO_2 排放量来源于 CEADs[②]，缺失值采用插值法和趋势外推法填充。

5.3.3.2　核心解释变量

$treat_i \times post_t$ 为模型（5-1）的核心解释变量，属于处理组内的城市且在政策实施后的 $treat_i \times post_t$ 均为 1，否则为 0。

$treat_i \times post_t \times ep_{it}$ 和 $treat_i \times post_t \times eg_{it}$ 分别为模型（5-2）和模型（5-3）的核心解释变量。环境从业人员增加数来自《中国城市统计年鉴》；单位 GDP 能耗下降幅度采用各城市实际 GDP 和能源消费总量进行计算，该值来自《中国城市统计年鉴》和各城市的统计年鉴与统计公报。

$treat_i \times post_t \times ec_{it}$ 为模型（5-4）的核心解释变量，第三产业增加值占比来自《中国城市统计年鉴》，缺失数据用插值法和趋势外推法填充。

5.3.3.3　控制变量

PM2.5 浓度主要受气象和社会经济因素影响，温度和降雨量是影响 PM2.5 污染的主要气象因素（Jing et al.，2020；Chen et al.，2018），人口密度和人均 GDP 是影响城市 PM2.5 污染的主要社会经济因素（Jiang et al.，2018；He et al.，2022；Yu et al.，2021）。此外，由于推进城市群一体化有助于打破行政区域限制，从而促使城市间贸易往来，本章将公路货运量纳入 PM2.5 排放的影响因素中。由于 PM2.5 与 CO_2 具有同根同源性，本章也将上述因素作为 CO_2 排

---

① 资料来源：http://www.aqistudy.cn/historydata/。

② 资料来源：https://ceads.net/data/city/。

放的影响因素。

年均温度和年降雨量来自 NOAA 全球气象站点[1]，人均 GDP、人口密度、公路货运量来自《中国城市统计年鉴》及各城市的统计年鉴。为减弱模型异方差，以及更好地解释各变量间的相关性，本章依次对人均 GDP、人口密度和公路货运量取对数，缺失数据用插值法和趋势外推法进行填充。

5.4 实证分析

5.4.1 基准回归

模型（5-1）的回归结果如表 5-3 所示，其中，列（1）和列（3）仅控制了变量 $treat_i \times post_t$ 和城市与年份固定效应，而列（2）和列（4）报告了控制所有变量的完整结果，有效避免了由于遗漏变量而导致的估计误差。可以看出，$treat_i \times post_t$ 对 PM2.5 的回归系数为−2.88，在 1%的统计水平上显著，即城市群一体化政策显著促使 PM2.5 浓度下降了 2.88 微克/立方米；对 CO_2 的回归系数为−5.67，通过了 5%的显著性检验，即城市群一体化政策促使 CO_2 排放显著减少了 5.67 百万吨。这意味着，城市群一体化政策通过各城市间的政府合作，有助于完善区域大气污染和温室气体防治协作机制，可以通过联防联控促使 PM2.5 和 CO_2 联合减排，呈现"减污降碳"效应。

表 5-3 基准模型回归结果

变量	（1）PM2.5	（2）PM2.5	（3）CO_2	（4）CO_2
$treat_i \times post_t$	−3.17***	−2.88***	−4.80*	−5.67**
	(0.67)	(0.65)	(2.64)	(2.39)
$ytem$		−0.93***		1.41
		(0.30)		(0.99)
$yrai$		−0.97***		0.63
		(0.14)		(0.64)
$lnpgdp$		−3.17		25.71*
		(1.96)		(15.09)

① 资料来源：https://www.ncei.noaa.gov/maps-and-geospatial-products。

续表

变量	(1) PM2.5	(2) PM2.5	(3) CO$_2$	(4) CO$_2$
lnnum		0.07 (0.18)		0.28 (2.65)
ln$pdes$		-1.76 (2.18)		44.32*** (16.38)
_$cons$	44.82*** (0.11)	104.45*** (26.95)	43.00*** (0.46)	-513.36** (237.07)
城市固定效应	控制	控制	控制	控制
年份固定效应	控制	控制	控制	控制
N	2924	2924	2924	2924
R^2	0.93	0.93	0.79	0.80

注：括号内是城市层面的聚类稳健标准误；***、** 和 * 分别表示在1%、5%和10%的统计水平上显著。

5.4.2　时空异质性检验

5.4.2.1　时间异质性检验

为检验城市群一体化的"减污降碳"效应是否存在时间异质性，本章借鉴Beck 等（2010）的研究构建模型（5-8）：

$$Pollution_{it} = \alpha + \beta_j \sum_{j=-7}^{-1} treat_i \times post_t^j + \beta_j \sum_{j=1}^{6} treat_i \times post_t^j + \gamma X_{it} + \delta_i + \mu_t + \varepsilon_{it}$$

$$(5-8)$$

其中，$post_t^j$ 表示时间虚拟变量，当 $t-T=j$ 时取值为1，否则为0；T 表示城市 i 实施城市群一体化的年份；其他变量同模型（5-1）。考虑到研究样本的时间范围和各城市群的批复时间，从政策实施前7年到政策实施后6年设置13年的窗口期，若城市群一体化政策实施前7年的估计系数 β_j 的95%置信区间均包含0，则表明处理组和控制组满足平行趋势假设。为避免多重共线性的出现，此处略去了政策实施前1年。

当 $Pollution$ 代表PM2.5年均浓度时，β_j 的估计值如图5-1所示。在城市群一体化政策实施之前，其95%置信区间均包含0，处理组和控制组在一体化政策实施前无显著差异，满足了平行趋势假设。而在政策实施后，β_j 的估计值迅速偏离0，其95%置信区间也不再包含0，呈现明显的下降趋势。这表明随着城市群一体化实施时间的增加，政策显著降低了所在城市的PM2.5浓度，一体化实施时间越长,"减污"效应越明显。

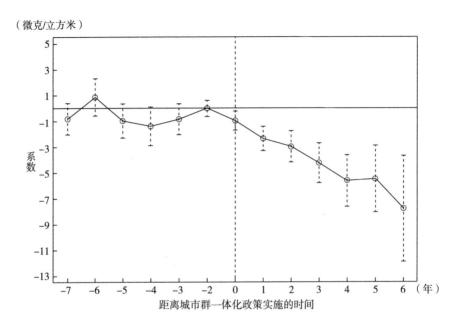

图5-1 城市群一体化对PM2.5浓度影响的时间异质性

当 *Pollution* 表示 CO_2 排放量时,β_j 的估计值如图5-2所示。在一体化政策实施之前,其95%置信区间均包含0,处理组和控制组满足平行趋势假设。在政策实施之后,β_j 的估计值小于0,其95%置信区间也不再包含0,呈现出明显的下降趋势,表现出"降碳"效应。但该效应在政策实施后第4年达到最大,在第5年消失,未表现出持续的降碳作用。上述结果表明城市群一体化政策的"减污降碳"效应具有时间异质性,"减污"效应随着政策实施时间延长而逐渐显著,"降碳"效应在政策实施后的第5年开始不显著。

5.4.2.2 空间异质性检验

城市群是以中心城市为核心向外辐射的城市网络形态,中心城市的聚集和辐射能力随着城市间的距离不同而存在较强异质性,进而影响城市群一体化政策实施的有效性。本章参考曹清峰(2020)的研究设定模型(5-9)检验一体化政策效果的空间异质性:

$$Pollution_{it} = \beta_0 + \beta_1 treat_i \times post_t + \sum_{s=50}^{700} \sigma_s N_{it}^s + \gamma X_{it} + \delta_i + \mu_t + \varepsilon_{it} \quad (5-9)$$

其中,s 表示城市间的地理距离(千米),$s \geq 50$;若在第 t 年距离中心城市 i

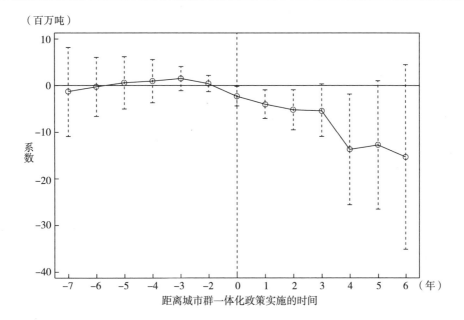

（百万吨）

系
数

距离城市群一体化政策实施的时间

图 5-2　城市群一体化对 CO_2 排放影响的时间异质性

（$s-50$，s］的空间范围内存在有城市群一体化政策覆盖的城市，那么 $N_{it}^s = 1$，否则 $N_{it}^s = 0$；σ_s 衡量了中心城市对邻近城市 PM2.5 和 CO_2 排放的影响；其他变量同模型（5-1）。本章以 50 千米为单位，绘制了当 $s = 50$，100，…，700 时 σ_s 随空间距离变化的 95% 置信区间变化趋势。

如图 5-3（a）所示，一体化政策的"减污"效应阴影区在距中心城市的100 千米范围内，中心城市对周边 100~150 千米、200~250 千米和 350~450 千米城市的 PM2.5 浓度具有显著的促降效应，该效应随着距离的增大而逐渐减小，超过 450 千米后又不显著；如图 5-3（b）所示，一体化政策对距中心城市 350~400 千米城市的 CO_2 排放具有显著的促降效应，"降碳"效应的阴影聚集区在50~350 千米。这表明城市群一体化对 PM2.5 和 CO_2 排放的促降效应具有空间异质性，中心城市的"减污降碳"带动效应在周边 350~400 千米。

现有文献已表明城市群空间结构会影响大气污染和碳排放，空间聚集度越高的城市 PM2.5 浓度越高（彭彦彦等，2023）。中国城市偏向能源资源消耗型的粗放式发展，城市紧凑度越高代表资源消耗聚集度越高，从而导致高的大气污染和碳排放。虽然城市群一体化可以促进 PM2.5 和 CO_2 协同减排，但在距中心城市50~100 千米的"减污"效应和 50~350 千米的"降碳"效应并不显著；在超过一定距离后，中心城市表现出显著的"减污降碳"效应；而如果距离中心城市

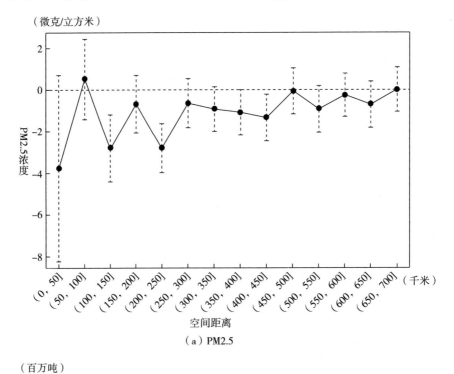

（a）PM2.5

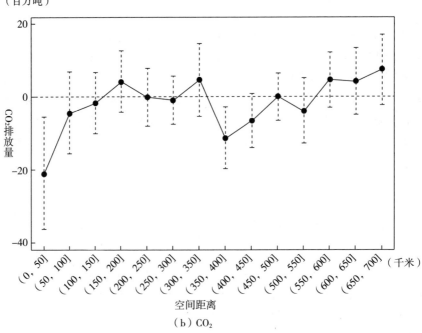

（b）CO₂

图5-3　城市群一体化政策效应的空间异质性

太远，"减污降碳"效应不断衰减并变得不显著。当前中国经济的发展与大气污染物和温室气体排放并未达到脱钩，经济聚集的同时也带来了污染聚集，城市群一体化政策"减污降碳"的空间异质性同样符合聚集经济理论。

5.4.3　稳健性检验

5.4.3.1　平行趋势检验

平行趋势假设是 DID 模型适用的前提，即在政策实施前处理组与控制组的 PM2.5 浓度和 CO_2 排放量不存在显著差异，或具有共同增长趋势。由模型（5-8）得出的图 5-1 和图 5-2 可以看出，在城市群一体化政策实施前，处理组和对照组的 PM2.5 浓度和 CO_2 排放量在统计上并无显著差异，即通过了平行趋势检验。

5.4.3.2　基于 PSM-DID 方法修正样本选择性偏误

为解决城市间的异质性，避免实验组与对照组由于可能存在的个体差异而造成结果的系统偏差，本节利用 PSM-DID 方法修正样本选择性偏误。采用倾向得分匹配法（PSM），使用 Logit 模型估计倾向得分，按照 1∶1 近邻匹配对处理组进行混合匹配，并绘制核密度曲线图测试匹配效果。由图 5-4 可以看出，匹配后的处理组和控制组的概率密度非常接近，表明匹配效果良好。根据表 5-4，PSM-DID 结果中变量 $treat_i \times post_t$ 的系数无较大变化，分别在 1% 和 5% 的统计水平上显著，这提高了 DID 结果的可信度。

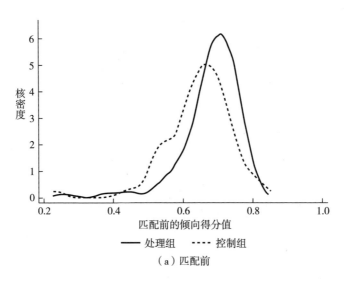

（a）匹配前

图 5-4　核密度曲线匹配

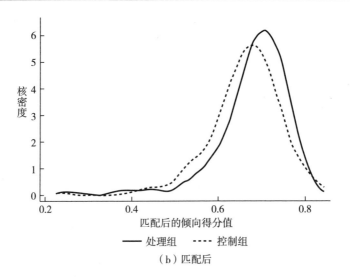

（b）匹配后

图5-4 核密度曲线匹配（续）

表5-4 PSM-DID 结果

变量	（1）PM2.5	（2）PM2.5	（3）CO_2	（4）CO_2
$treat_i \times post_t$	-3.17***	-2.88***	-4.77*	-5.64**
	(0.67)	(0.65)	(2.64)	(2.39)
$ytem$		-0.93***		1.40
		(0.30)		(0.99)
$yrai$		-0.97***		0.63
		(0.14)		(0.65)
$\ln pgdp$		-3.17		25.71*
		(1.96)		(15.11)
$\ln num$		0.07		0.28
		(0.18)		(2.66)
$\ln pdes$		-1.76		44.36***
		(2.19)		(16.38)
$\_cons$	44.83***	104.40***	43.02***	-513.56**
	(0.11)	(26.97)	(0.46)	(237.22)
城市固定效应	控制	控制	控制	控制
年份固定效应	控制	控制	控制	控制
N	2921	2921	2921	2921

变量	（1）PM2.5	（2）PM2.5	（3）CO_2	（4）CO_2
R^2	0.93	0.93	0.79	0.80

注：括号内是城市层面的聚类稳健标准误；＊＊＊、＊＊和＊分别表示在1％、5％和10％的统计水平上显著。

5.4.3.3　排除区域大气污染联防联控政策影响

PM2.5作为城市主要的大气污染物，往往受到区域间大气污染联防联控政策的影响（见表5-5）。在纳入城市群一体化的115个地级市样本中，有51个城市被纳入城市群一体化之前都已受到区域大气污染联防联控政策影响。为排除该政策对城市群一体化政策效应的干扰，在模型（5-1）的基础上估计如下方程：

$$PM2.5_{it}=\beta_0+\beta_1 treat_i\times post_t+\beta_2 treat1_i\times post1_t+\gamma X_{it}+\delta_i+\mu_t+\varepsilon_{it} \tag{5-10}$$

其中，$treat1_i\times post1_t$为区域大气污染联防联控政策的双重差分估计量，若城市i在第t年实行大气污染联防联控政策，那么城市i在第t年之后的$treat1_i\times post1_t$为1，否则为0。表5-6报告了模型（5-10）的DID和PSM-DID估计结果可以发现，$treat1_i\times post1_t$不显著，而$treat_i\times post_t$显著为负，这表明样本城市的PM2.5浓度降低确实由城市群一体化导致，并非其他政策影响。

表5-5　区域大气污染联防联控政策

区域大气污染联防联控政策	印发时间	区域范围
《京津冀及周边地区落实大气污染防治行动计划实施细则》	2013年	北京、天津、河北、山西、内蒙古
《长三角区域落实大气污染防治行动计划实施细则》	2014年	上海、江苏、浙江、安徽
《粤港澳区域大气污染联防联治合作协议书》	2014年	广东
《陕西省大气污染重点防治区域联动机制改革方案》	2015年	西安、宝鸡、咸阳、铜川、渭南

表5-6　区域大气污染联防联控政策影响检验结果

变量	DID	PSM-DID
$treat_i\times post_t$	−3.09＊＊＊	−3.09＊＊＊
	（0.68）	（0.68）
$treat1_i\times post1_t$	0.86	0.87
	（0.65）	（0.65）
$ytem$	−0.94＊＊＊	−0.94＊＊＊
	（0.30）	（0.30）

续表

变量	DID	PSM-DID
$yrai$	-1.01^{***}	-1.01^{***}
	(0.15)	(0.15)
$\ln pgdp$	-2.48	-2.48
	(1.84)	(1.84)
$\ln num$	0.05	0.05
	(0.17)	(0.18)
$\ln pdes$	-1.87	-1.87
	(2.20)	(2.21)
$\_cons$	98.45^{***}	98.36^{***}
	(26.18)	(26.20)
城市固定效应	控制	控制
年份固定效应	控制	控制
N	2924	2921
R^2	0.93	0.93

注：括号内是城市层面的聚类稳健标准误；$***$、$**$和$*$分别表示在1%、5%和10%的统计水平上显著。

5.4.3.4 安慰剂检验

本节借鉴曹清峰（2020）的研究，从以下两个方面进行安慰剂检验：

（1）城市安慰剂检验

随机化处理组与控制组将原来处理组中纳入城市群一体化的城市视为新的控制组；保持城市群一体化政策时间不变，如果在 t 年有 n 个城市实施城市群一体化，那么，从当年以及之前从未纳入城市群一体化的城市中随机抽取 n 个城市作为新的处理组，在此基础上利用新的样本分别重新估计表5-3的列（2）和列（4），由此可以完成1次安慰剂检验。将上述过程重复1000次，分别得到1000个以PM2.5和CO_2为被解释变量的 $treat_i \times post_t$ 估计系数。图5-5为变量 $treat_i \times post_t$ 系数的分布，图5-5（a）显示以PM2.5为被解释变量的系数分布基本满足正态分布，均值为2.55，远大于表5-3列（2）估计出的-2.88；图5-5（b）显示以CO_2为被解释变量的系数分布基本满足正态分布，均值为5.03，远大于表5-3列（4）估计出的-5.67。这表明城市群一体化的政策效应表现出明显的城市导向性，对纳入城市群一体化样本城市的PM2.5和CO_2的联合减排效应最为显著。

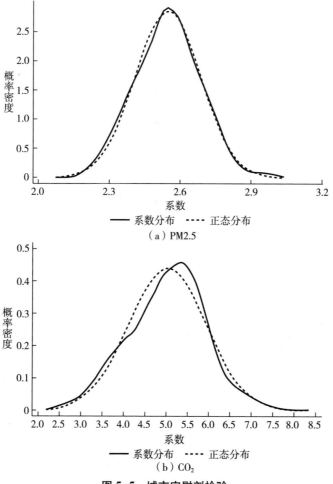

图 5-5　城市安慰剂检验

（2）年份安慰剂检验

随机提前城市群批复时间。假定纳入城市群一体化的城市不变，如果现实中城市 i 在第 t 年被纳入城市群一体化中，那么从 [2005, t-1] 的时间范围内随机抽取任意 1 年作为城市 i 实施城市群一体化的时间，据此利用新样本重新估计表 5-3 列（2）和列（4），以此得到变量 $treat_i \times post_t$ 的估计系数，同样将上述过程重复 1000 次。图 5-6（a）显示，$treat_i \times post_t$ 的系数均值为 0.36，远大于表 5-3 列（2）估计出的-2.88；图 5-6（b）显示，$treat_i \times post_t$ 的系数均值为 0.43，远大于表 5-3 列（4）估计出的-5.67。这表明，随机提前一体化时间会导致纳入城市群一体化城市的 PM2.5 浓度和 CO_2 排放量明显上升，这也从反事实角度证实了城市群一体化确实促进了城市间大气污染联防联控，对 PM2.5 和 CO_2 呈现出联合减排效应。

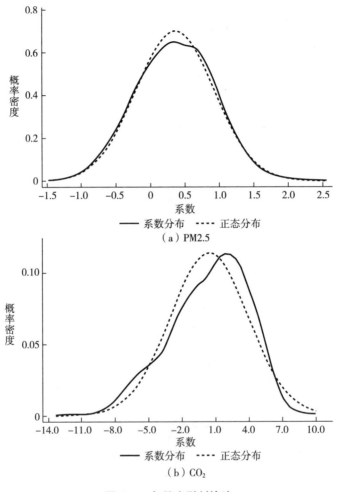

图 5-6　年份安慰剂检验

5.5　城市群一体化政策效应的再分析

5.5.1　机制分析

为考察城市群一体化政策的具体作用机制，采用 DDD 模型实证分析该政策是否通过增加环境从业人员和提高能源利用效率来降低城市 PM2.5 浓度，是否通过推动产业结构转型升级从而促使 CO_2 排放减少。

5.5.1.1　基于增加环境从业人员的机制

环境从业人员增加数越大表明该城市环境保护投入力度越强。表 5-7 的第 (1) 列显示，$treat_i \times post_t \times ep_{it}$ 的估计系数在 10% 的统计水平下显著为负，表明在实施城市群一体化政策的情况下，环境从业人员每增加 1 万人，可以促使 PM2.5 浓度降低 2.87 微克/立方米。由此可知，城市群一体化可以通过增加环境从业人员而显著控制细颗粒物污染。

5.5.1.2　基于提高能源利用效率的机制

以单位 GDP 能耗下降幅度来衡量城市的能源利用效率，该值越大表明能源利用效率越高。由表 5-7 的第 (2) 列可以看出，$treat_i \times post_t \times eg_{it}$ 的估计系数在 1% 的统计水平下显著为负，表明在实施城市群一体化政策的情况下，单位 GDP 能耗每降低 1%，城市 PM2.5 浓度降低 1.40 微克/立方米。由此可知，城市群一体化通过提高节能技术水平促使单位 GDP 能耗下降、能源利用效率提高，从而降低 PM2.5 污染。

5.5.1.3　基于推动产业结构转型的机制

以第三产业增加值占 GDP 比重来衡量产业结构转型强度，比值越大则表明产业结构转型强度越大。由表 5-7 的第 (3) 列可以看出，$treat_i \times post_t \times ec_{it}$ 的估计系数在 10% 的统计水平下显著为负，表明在实施城市群一体化政策的情况下，第三产业占比每增长 1%，城市 CO_2 排放量降低 0.23 百万吨。由此可知，城市群一体化通过推动产业结构转型、提高第三产业增加值占比来促进 CO_2 排放量减少。

表 5-7　"减污降碳"机制分析

变量	PM2.5		CO_2
	(1)　$U=ep$	(2)　$U=eg$	(3)　$U=ec$
$treat_i \times post_t \times U_{it}$	-2.87*	-1.40***	-0.23*
	(1.55)	(0.28)	(0.12)
$treat_i \times post_t$	-2.96***	-3.16***	3.92
	(0.64)	(0.67)	(5.28)
U_{it}	0.40	-0.04	-0.05
	(0.58)	(0.05)	(0.19)
$ytem$	-0.88***	-0.92***	1.50
	(0.30)	(0.30)	(0.98)

变量	PM2.5		CO$_2$
	（1）$U=ep$	（2）$U=eg$	（3）$U=ec$
$yrai$	−0.95***	−0.96***	0.74
	(0.14)	(0.14)	(0.62)
ln$pgdp$	−3.41*	−3.12	24.28*
	(1.95)	(1.92)	(14.19)
lnnum	0.07	0.08	0.44
	(0.18)	(0.18)	(2.71)
ln$pdes$	−1.82	−1.78	46.61***
	(2.18)	(2.18)	(16.94)
_cons	106.47***	103.77***	−513.37**
	(27.01)	(26.67)	(228.37)
城市固定效应	控制	控制	控制
年份固定效应	控制	控制	控制
N	2924	2924	2924
R^2	0.93	0.93	0.80

注：括号内是城市层面的聚类稳健标准误；***、**和*分别表示在1%、5%和10%的统计水平上显著。

上述研究表明，城市群一体化政策可以通过增加环境保护投入和提高能源利用效率这两条路径高效促进 PM2.5 浓度降低，主要通过推动产业结构转型促进 CO$_2$ 排放减少。但值得注意的是，基于增加环境保护投入和提高能源利用效率的机制并不能促使 CO$_2$ 排放显著减少，而基于推动产业结构转型的机制也不能促进 PM2.5 浓度显著降低。换言之，城市群一体化政策无法通过"减污"机制进行降碳，也无法通过"降碳"机制促进减污，"减污降碳"机制未能展现出 PM2.5 与 CO$_2$ 的协同减排效应。中国的"减污"政策起步较早，"降碳"政策起步较晚（张瑜等，2022），城市群一体化政策起步更晚，虽然一体化政策能推动城市间环境的协同治理，但"减污"与"降碳"机制在工作体系和管理政策层面缺少有效协调，在区域层面更缺少协同增效的量化评估体系。政府应尽快完善和推动空气污染物与温室气体排放协同控制的治理体系，同时兼顾减排协同效应，以便提高政策的成本有效性。

5.5.2 异质性分析

为考察城市群一体化政策对各城市群 PM2.5 和 CO$_2$ 排放的影响，本节对 11

个已批复的城市群分别进行回归，具体结果如表 5-8 所示。实施一体化政策后，北部湾、关中平原和兰州—西宁城市群的 PM2.5 浓度无显著影响，哈长和呼包鄂榆城市群的 PM2.5 浓度显著增加了 6.03 微克/立方米和 5.86 微克/立方米，其余城市群的 PM2.5 浓度显著降低；京津冀、成渝、中原、兰州—西宁和珠三角城市群的 CO_2 排放量显著减少了 13.78 百万吨、9.83 百万吨、14.38 百万吨、12.21 百万吨和 21.87 百万吨，呼包鄂榆城市群的 CO_2 排放量显著增加了 122.38 百万吨。可以看出，一体化政策对不同城市群 PM2.5 和 CO_2 排放的影响强度和方向不同，北部湾和关中平原城市群未受到该政策影响，京津冀、成渝、中原和珠三角城市群表现出显著的"减污降碳"效应，呼包鄂榆城市群表现出显著的"增污增碳"效应，哈长城市群呈现出显著的"增污"效应。

表 5-8　不同城市群一体化政策对 PM2.5 和 CO_2 排放的影响

变量	京津冀		长江中游		长三角	
	(1) PM2.5	(2) CO_2	(3) PM2.5	(4) CO_2	(5) PM2.5	(6) CO_2
$treat_i \times post_t$	-9.15**	-13.78**	-5.07***	-5.07	-1.95**	-0.55
	(3.96)	(6.26)	(1.19)	(3.94)	(0.87)	(3.98)
$ytem$	-1.47***	4.16**	-0.86*	3.01*	-1.36***	3.07*
	(0.53)	(2.01)	(0.46)	(1.74)	(0.47)	(1.78)
$yrai$	-1.93***	1.51	-1.39***	1.06	-1.29***	1.99*
	(0.27)	(1.20)	(0.24)	(1.00)	(0.23)	(1.04)
$\ln pgdp$	-0.44	12.04	3.97	1.54	-0.82	20.97
	(2.57)	(12.71)	(2.65)	(10.64)	(2.03)	(12.84)
$\ln num$	0.06	-1.70	0.04	-1.17	-0.07	-1.95
	(0.24)	(1.86)	(0.18)	(1.56)	(0.21)	(1.77)
$\ln pdes$	3.29	42.22**	1.98	38.32**	1.44	37.80**
	(2.25)	(20.61)	(2.18)	(19.12)	(1.91)	(18.60)
$\_cons$	53.78*	-377.05*	6.79	-239.08	67.78**	-436.69**
	(30.59)	(206.70)	(28.47)	(177.22)	(26.54)	(207.05)
城市固定效应	控制	控制	控制	控制	控制	控制
年份固定效应	控制	控制	控制	控制	控制	控制
N	1037	1037	1190	1190	1309	1309
R^2	0.95	0.80	0.95	0.78	0.94	0.87

续表

变量	成渝		哈长		中原	
	（7）PM2.5	（8）CO_2	（9）PM2.5	（10）CO_2	（11）PM2.5	（12）CO_2
$treat_i \times post_t$	−7.02***	−9.83***	6.03***	−3.92	−5.91***	−14.38***
	（1.25）	（3.00）	（1.31）	（4.07）	（1.21）	（5.19）
$ytem$	−0.97**	1.44	−0.95**	3.13*	−1.17**	2.29
	（0.42）	（1.68）	（0.46）	（1.73）	（0.48）	（1.88）
$yrai$	−1.68***	1.13	−1.68***	1.46	−1.74***	0.80
	（0.28）	（1.02）	（0.26）	（1.15）	（0.25）	（0.99）
$\ln pgdp$	−4.25*	−5.27	3.29	7.35	−1.03	1.35
	（2.29）	（14.66）	（3.00）	（12.16）	（2.39）	（12.58）
$\ln num$	−0.02	−1.04	−0.24	−1.53	0.05	−2.50
	（0.21）	（1.71）	（0.23）	（1.74）	（0.19）	（1.76）
$\ln pdes$	4.06*	45.11**	0.52	37.74*	2.37	33.65*
	（2.19）	（20.00）	（2.33）	（19.21）	（2.53）	（18.36）
$\_cons$	83.29***	−187.09	22.64	−284.29	64.71**	−185.99
	（26.64）	（216.50）	（32.06）	（190.96）	（29.82）	（202.63）
城市固定效应	控制	控制	控制	控制	控制	控制
年份固定效应	控制	控制	控制	控制	控制	控制
N	1241	1241	1105	1105	1309	1309
R^2	0.94	0.80	0.94	0.77	0.96	0.77

变量	北部湾		关中平原		呼包鄂榆	
	（13）PM2.5	（14）CO_2	（15）PM2.5	（16）CO_2	（17）PM2.5	（18）CO_2
$treat_i \times post_t$	0.31	−4.11	0.50	−4.83	5.86***	122.38*
	（0.98）	（4.45）	（0.79）	（7.35）	（0.92）	（64.45）
$ytem$	−1.13**	3.53*	−0.89*	4.38**	−1.04**	6.89***
	（0.50）	（1.91）	（0.48）	（1.96）	（0.52）	（2.59）
$yrai$	−1.52***	1.48	−1.67***	1.47	−1.84***	2.74*
	（0.25）	（1.08）	（0.26）	（1.11）	（0.28）	（1.42）
$\ln pgdp$	0.82	3.87	2.07	4.03	1.31	69.29*
	（2.54）	（11.40）	（2.46）	（11.79）	（2.44）	（37.69）
$\ln num$	−0.09	−1.29	−0.08	−1.43	−0.05	1.89
	（0.20）	（1.77）	（0.20）	（1.80）	（0.20）	（4.26）
$\ln pdes$	2.97	35.77*	1.85	34.42*	3.35	46.86
	（2.22）	（19.22）	（2.19）	（18.93）	（2.30）	（28.56）

续表

变量	北部湾		关中平原		呼包鄂榆	
	（13）PM2.5	（14）CO$_2$	（15）PM2.5	（16）CO$_2$	（17）PM2.5	（18）CO$_2$
_cons	37.72	−258.52	27.31	−253.99	28.22	−1066.46**
	（29.36）	（185.60）	（27.58）	（193.93）	（27.15）	（468.69）
城市固定效应	控制	控制	控制	控制	控制	控制
年份固定效应	控制	控制	控制	控制	控制	控制
N	1122	1122	1105	1105	1037	1037
R^2	0.95	0.77	0.95	0.76	0.95	0.76

变量	兰州—西宁		珠三角	
	（19）PM2.5	（20）CO$_2$	（21）PM2.5	（22）CO$_2$
$treat_i \times post_t$	−0.23	−12.21***	−4.61***	−21.87***
	（0.76）	（3.33）	（1.00）	（6.65）
ytem	−1.01**	3.49*	−1.05*	3.57*
	（0.50）	（1.93）	（0.53）	（2.03）
yrai	−1.79***	1.49	−1.77***	0.71
	（0.28）	（1.20）	（0.25）	（1.02）
ln$pgdp$	1.76	3.24	3.31	23.69
	（2.66）	（11.62）	（2.61）	（14.60）
lnnum	−0.09	−1.41	−0.19	−1.98
	（0.20）	（1.78）	（0.20）	（1.81）
ln$pdes$	2.86	38.23*	2.60	31.75*
	（2.29）	（20.52）	（2.15）	（18.33）
_cons	26.23	−255.13	14.38	−437.86**
	（29.99）	（193.48）	（32.13）	（212.44）
城市固定效应	控制	控制	控制	控制
年份固定效应	控制	控制	控制	控制
N	1037	1037	1122	1122
R^2	0.95	0.77	0.95	0.77

注：括号内是城市层面的聚类稳健标准误；***、**和*分别表示在1%、5%和10%的统计水平上显著。

一体化政策的"减污降碳"效应呈现城市群异质性，造成区域差异的主要原因是区域内部差异（狄乾斌等，2022）。呼包鄂榆城市群跨越不同省区，政策协调难度大，一体化发展较为困难；同时该城市群内资源型产业转型升级任务艰巨，战略性新兴产业和现代服务业发展相对滞缓，若不优化资源配置，一体化进程的加快只会推动更多的资源能源消耗，造成 PM2.5 的 CO_2 的大量排放。哈长城市群内产业结构偏资源型、重化工型、传统型，支柱产业增长乏力，跨流域污染和冬季大气污染问题突出，生态环境治理任务艰巨，在当前背景下，一体化进程也将促进更严重的大气污染。

5.6 城市群一体化政策的溢出效应分析

5.6.1 空间相关性检验

本节利用 Spatial DID 模型探讨城市群一体化政策是否具有空间溢出效应，由于该模型由 DID 模型和空间计量模型嵌套而成，在应用 Spatial DID 模型前，需满足平行趋势假设和空间相关性检验。根据 Jia 等（2021）的研究，只有当自变量在政策实施前对本城市 PM2.5 和 CO_2 排放的直接影响在统计上不显著时，平行趋势假设才成立，该思想与模型（5-8）一致。对此，本节只需检验城市 PM2.5 和 CO_2 排放量是否存在空间相关性，使用莫兰指数 I 进行度量，计算公式如下：

$$I = \frac{\sum_{i=1}^{n} \sum_{j=1}^{n} w_{ij}(x_i - \bar{x})(x_j - \bar{x})}{S^2 \sum_{i=1}^{n} \sum_{j=1}^{n} w_{ij}} \tag{5-11}$$

$$W_2 = \begin{cases} 1 & 城市\ i\ 与\ j\ 相邻 \\ 0 & 城市\ i\ 与\ j\ 不相邻 \end{cases} \tag{5-12}$$

其中，x_i、x_j 分别表示第 i 个和第 j 个城市的 PM2.5 浓度或 CO_2 排放量，$S^2 = \frac{1}{n} \sum_{i=1}^{n} (x_i - \bar{x})^2$ 表示样本方差，$\bar{x} = \frac{1}{n} \sum_{i=1}^{n} x_i$ 表示样本均值，n 表示城市个数，w_{ij} 表示空间权重矩阵的 (i, j) 元素，本节使用 W_1 和 W_2 作为空间相关性检验的空间权重矩阵，具体定义见公式（5-7）和公式（5-12）。莫兰指数 I 的取值一般介于 −1 到 1 之间，$I > 0$ 表现为空间正自相关，即高值（低值）与高值（低值）相邻；$I < 0$ 表现为空间负自相关，即高值（低值）与低值（高值）相邻。由公式（5-11）可以检验样本城市 PM2.5 和 CO_2 的全局自相关性。由表 5-9 可得，在 5% 和 1% 的显著性水平下，样本城市 PM2.5 浓度和 CO_2 排放量均呈现出显著的正相关关系，证明了模型（5-5）和模型（5-6）的合理性。

表 5-9　样本城市 PM2.5 与 CO_2 全局自相关检验结果

年份	PM2.5						CO_2					
	W_1			W_2			W_1			W_2		
	I	z	p	I	z	p	I	z	p	I	z	p
2005	0.55 ***	15.71	0.00	0.78 ***	12.80	0.00	0.07 **	2.18	0.01	0.22 ***	3.68	0.00
2006	0.55 ***	15.69	0.00	0.76 ***	12.40	0.00	0.08 ***	2.46	0.01	0.23 ***	3.83	0.00
2007	0.53 ***	15.31	0.00	0.75 ***	12.32	0.00	0.09 ***	2.69	0.00	0.24 ***	4.06	0.00
2008	0.50 ***	14.24	0.00	0.72 ***	11.84	0.00	0.09 ***	2.68	0.00	0.22 ***	3.79	0.00
2009	0.52 ***	14.97	0.00	0.77 ***	12.60	0.00	0.09 ***	2.61	0.01	0.23 ***	3.93	0.00
2010	0.54 ***	15.53	0.00	0.76 ***	12.44	0.00	0.10 ***	3.07	0.00	0.26 ***	4.45	0.00
2011	0.53 ***	15.06	0.00	0.73 ***	11.96	0.00	0.10 ***	3.11	0.00	0.24 ***	4.09	0.00
2012	0.54 ***	15.45	0.00	0.73 ***	12.07	0.00	0.10 ***	3.11	0.00	0.25 ***	4.27	0.00
2013	0.53 ***	15.17	0.00	0.73 ***	12.00	0.00	0.10 ***	3.10	0.00	0.25 ***	4.20	0.00
2014	0.49 ***	14.19	0.00	0.67 ***	11.02	0.00	0.11 ***	3.35	0.00	0.25 ***	4.25	0.00
2015	0.57 ***	16.32	0.00	0.79 ***	12.94	0.00	0.12 ***	3.71	0.00	0.24 ***	4.25	0.00
2016	0.56 ***	16.00	0.00	0.77 ***	12.66	0.00	0.13 ***	4.01	0.00	0.24 ***	4.24	0.00
2017	0.54 ***	15.47	0.00	0.74 ***	12.10	0.00	0.12 ***	3.80	0.00	0.22 ***	3.91	0.00
2018	0.55 ***	15.62	0.00	0.76 ***	12.53	0.00	0.12 ***	3.76	0.00	0.23 ***	4.07	0.00
2019	0.57 ***	16.27	0.00	0.78 ***	12.82	0.00	0.11 ***	3.59	0.00	0.24 ***	4.31	0.00
2020	0.57 ***	16.39	0.00	0.77 ***	12.68	0.00	0.10 ***	3.38	0.00	0.24 ***	4.26	0.00
2021	0.53 ***	15.24	0.00	0.71 ***	11.57	0.00	0.10 ***	3.16	0.00	0.23 ***	4.08	0.00

注：**、***分别表示在 5%、1% 的统计水平上显著。

5.6.2　空间溢出效应检验

首先，本节基于空间权重矩阵 W_1 进行 LM 检验及 Robust LM 检验考虑是否存在空间误差模型（SEM）和空间滞后模型（SAR），结果如表 5-10 所示。在 1% 的显著性水平下，两个模型均通过了 LM 检验和 Robust LM 检验，初步认定选用空间杜宾模型（SDM）。

表 5-10　LM 及 Robust LM 检验结果

检验	(1) PM2.5		(2) CO$_2$	
	统计量	p	统计量	p
Moran's I	59.68	0.00	8.80	0.00
LM−Error	3520.51	0.00	74.74	0.00
Robust LM−Error	38.71	0.00	109.93	0.00
LM−Lag	4339.68	0.00	13.92	0.00
Robust LM−Lag	857.89	0.00	49.11	0.00

其次，使用 LR 检验和 Wald 检验判断 SDM 模型能否退化为 SAR 模型或 SEM 模型，同时采用 Hausman 检验选择固定效应或随机效应。由表 5-11 可知，在 1% 的显著性水平下，CO$_2$ 通过了 LR 检验、Wald 检验和 Hausman 检验，故选择固定效应模型下的 SDM 模型进行分析；而 PM2.5 没有通过 LR_spatial_lag 和 Wald_spatial_lag 检验，故选择固定效应模型下的 SAR 模型进行分析。

表 5-11　LR 检验、Wald 检验及 Hausman 检验

检验	(1) PM2.5		(2) CO$_2$	
	统计量	p	统计量	p
LR_spatial_lag	8.27	0.14	32.93	0.00
LR_spatial_error	15.77	0.01	19.34	0.00
Wald_spatial_lag	8.29	0.14	33.18	0.00
Wald_spatial_error	16.07	0.01	18.10	0.00
Hausman test	123.16	0.00	45.88	0.00

综合上述检验，本节分别使用 SAR-DID 模型和 SDM-DID 模型探究城市群一体化政策的空间溢出效应。表 5-12 和表 5-13 分别报告了两个模型的回归结果，由于空间计量模型中自变量的回归系数不能直接解释对因变量的影响（景国文和陶圆，2022），因此将其分解为直接效应、间接效应、总效应进行探讨。由表 5-12 的第（3）列可以看出，$treat_i \times post_t$ 的系数在 5% 的统计水平下显著为负，表明城市群一体化可以显著促进邻近城市的 PM2.5 浓度下降 32.03 微克/立方米，"减污" 效应具有空间联动性。由表 5-13 的第（3）列可得，$treat_i \times post_t$ 的系数在 5% 的统计水平下也显著为负，表明城市群一体化可以显著促进邻近城市的 CO$_2$ 排放量减少 18.53 百万吨，"降碳" 效应也具有空间联动性。此外，表 5-12

和表 5-13 的 $treat_i \times post_t$ 系数绝对值远大于表 5-4 中的 2.88 和 5.64，说明城市群一体化政策不仅可以促进本区域减污降碳，同时也具有空间溢出效应，且溢出效应更大。这在一定程度上验证了城市群一体化政策可以通过消除阻碍生产要素自由流动的行政壁垒和体制机制障碍，联防联控推动跨区域的大气污染和温室气体联合减排。

表 5-12   SAR-DID 回归结果（PM2.5）

变量	(1) Main	(2) LR_Direct	(3) LR_Lndirect	(4) LR_Total
$treat_i \times post_t$	-1.53^{***}	-2.04^{***}	-32.03^{**}	-34.08^{**}
	(0.47)	(0.64)	(13.78)	(14.24)
ytem	-0.80^{***}	-1.09^{***}	-16.96^{***}	-18.06^{***}
	(0.19)	(0.24)	(5.67)	(5.78)
yrai	-0.28^{***}	-0.38^{***}	-5.94^{**}	-6.32^{**}
	(0.09)	(0.11)	(2.78)	(2.86)
lnpgdp	1.55	2.04	31.22	33.25
	(1.52)	(2.07)	(35.19)	(37.11)
lnnum	-0.04	-0.05	-0.96	-1.01
	(0.14)	(0.18)	(3.34)	(3.51)
lnpdes	-0.27	-0.37	-7.48	-7.84
	(1.36)	(1.75)	(30.41)	(32.07)
rho	0.95^{***}	—	—	—
	(0.01)			
sigma2_e	5.62^{***}	—	—	—
	(0.54)			
城市固定效应	控制	控制	控制	控制
年份固定效应	控制	控制	控制	控制
N	2924	2924	2924	2924
R^2	0.37	0.37	0.37	0.37

注：括号内是聚类稳健标准误；***、**分别表示 1%、5%的统计水平上显著。

表 5-13   SDM-DID 回归结果（CO_2）

变量	(1) Main	(2) LR_Direct	(3) LR_Lndirect	(4) LR_Total
$treat_i \times post_t$	0.16	-0.33	-18.53^{**}	-18.86^{**}
	(3.71)	(3.61)	(9.33)	(7.89)

变量	(1) Main	(2) LR_Direct	(3) LR_Lndirect	(4) LR_Total
$ytem$	1.32 (0.91)	1.32 (0.90)	1.01 (0.83)	2.33 (1.68)
$yrai$	0.46 (0.63)	0.52** (0.62)	0.34 (0.45)	0.86 (1.05)
$lnpgdp$	30.15** (14.80)	30.20** (14.29)	24.02 (16.40)	54.22* (29.83)
$lnnum$	0.32 (2.61)	0.26 (2.53)	0.23 (1.97)	0.49 (4.44)
$lnpdes$	44.52*** (15.89)	46.04*** (15.83)	35.90* (21.00)	81.95** (35.54)
$w \times (treat_i \times post_t)$	−10.72* (5.98)	—	—	—
rho	0.43*** (0.08)	—	—	—
$sigma2\_e$	347.79** (154.23)	—	—	—
城市固定效应	控制	控制	控制	控制
年份固定效应	控制	控制	控制	控制
N	2924	2924	2924	2924
R^2	0.06	0.06	0.06	0.06

注：括号内是聚类稳健标准误；***、**和*分别表示在1%、5%和10%的统计水平上显著。

5.7 结论与建议

推动城市群一体化是实现区域高质量发展的重要空间载体，但随着人口聚集、能源资源投入的增加、区域间环境治理机制的不协调，城市群内部大气污染和碳排放的跨区域化特征明显，城市群一体化对环境污染的影响程度和作用机制如何成为一个亟待解决的现实问题。本章基于2005~2021年中国19个城市群172个地级市的面板数据，首先利用DID模型检验了城市群一体化政策对PM2.5和CO_2排放的联合效应，接着进行了平行趋势检验、修正样本选择性偏误、排除其他政策影响和安慰剂检验等一系列模型稳健性检验；其次利用DDD模型分析了城市群一体化政策的影响机制和影响效应的异质性；最后采用 Spatial DID 模型检验了城市群一体化政策的空间溢出效应。

经过实证分析，主要得到了以下结论：①城市群一体化政策具有"减污降碳"效应，可以促使试点城市的 PM2.5 浓度下降 2.88 微克/立方米，CO_2 排放量下降 5.67 百万吨，经过一系列的稳健性检验后，该结论依然显著。②城市群一体化政策的"减污降碳"效应具有时空异质性。一体化实施时间越长，"减污"效应越明显；"降碳"效应在政策实施后第 4 年达到最大，在第 5 年消失，未表现出持续的降碳作用。中心城市的"减污降碳"带动效应在周边 350~400 千米，距其 50~100 千米的"减污"效应和 50~350 千米的"降碳"效应并不显著，符合聚集经济理论。③城市群一体化政策可以通过增加环境从业人员和提高能源利用效率来促进 PM2.5 浓度降低，主要通过推动产业结构转型促进 CO_2 排放减少，但该政策无法通过"减污"机制进行降碳，也无法通过"降碳"机制促进减污，"减污"和"降碳"机制未能展现出 PM2.5 与 CO_2 的协同减排效应。④一体化政策对不同城市群 PM2.5 和 CO_2 排放的影响强度和方向不同，北部湾和关中平原城市群未受到该政策影响，京津冀、成渝、中原和珠三角城市群表现出显著的"减污降碳"效应，呼包鄂榆城市群表现出显著的"增污增碳"效应，哈长城市群呈现出显著的"增污"效应。⑤城市群一体化政策具有空间溢出效应，可以同时促进本地区与邻近地区"减污降碳"，且溢出效应更大。

基于上述研究结果，提出以下政策建议：

第一，引导地方政府建立城市群一体化政策下"减污""降碳"双目标驱动长效机制。虽然通过一体化战略的深入实施和区域合作，大气污染和温室气体联防联控取得了一定成效，但研究发现城市群一体化政策的"减污"和"降碳"机制不能协同减排，且未表现出长期的"降碳"效应。政府应积极配套"降碳"政策，完善能源结构调整纲领，建立能源产业链减排标准和可再生能源提升标准。继续推动城市群一体化和减污降碳协同增效相结合，坚持"减污"和"降碳"双目标驱动，大力增加环境保护投入和能效技术投入以有效抑制 PM2.5 污染，渐次推进区域间产业转移，鼓励工业企业由发达地区向欠发达地区投资生产。

第二，加快各城市群的一体化制度建设。当前中国仍有 8 个城市群未被正式批复发展规划，且实施一体化的城市群存在政策实施效果的异质性，只有京津冀、成渝、中原和珠三角城市群表现出显著的"减污降碳"效应。因此，可借鉴已有的城市群一体化经验，充分考虑"双碳""减污降碳"和大气污染联防联控等政策的联合效应，建立具有城市群特色的发展规划。此外，空间结构也会影响到大气污染和碳排放，合理的城市群空间格局和规模将促进实现城市均衡发展，根据本章的研究，建议以中心城市为圆心，以 350～400 千米为半径规划城市群发展范围。

第三，确定"减污降碳"协同治理责任主体，完善区域合作机制。大气污染物和温室气体具有同根同源同过程性和一致的治理及减排路径，城市群内各区域、各行业均是协同减排治理责任主体，政府应推行邻近行政区和属地模式相结合的环境责任界定方式，避免"搭便车"等行为和权责错配导致的环境政策失灵。此外，城市群一体化政策具有"减污降碳"的溢出效应，各城市群应在政策、科技、财政、人才等维度方面协同发力，推行并完善区域合作机制，共同推动城市群环境与经济高质量发展。

第6章 碳排放权交易对中国减污降碳协同效应的影响研究

本章利用 2006~2021 年中国 283 个地级市面板数据，通过双重差分法评估碳排放权交易制度实施对减污降碳的实际效应。分析碳排放权交易制度是否抑制了 CO_2 和空气污染物的排放，以及是否能够通过能源消费强度、产业结构和绿色技术创新能力等路径来实现减污降碳的作用。在区域层面上，分为东部地区、中部地区和西部地区进行分析，揭示污染物与碳排放的空间特征；在城市层面上，利用双重差分变量和各试点城市的交互项，分析各个碳市场试点地区的减污降碳的效应。最后结合实际发展需求提出相关建议。

6.1 引 言

减污降碳的协同理论来自于国际绿色低碳发展的丰富实践。1995 年、2001 年联合国政府间气候变化专门委员会（IPCC）第二次和第三次评估报告首次提出"次生效益"（Secondary Benefits）和"协同效应"（Co-benefits）的概念。中国减污降碳协同机制在探索中正在逐步完善。党的十八大报告指出，生态文明建设被明确纳入"五位一体"总体布局，其战略地位显著提升。在 2020 年中央经济工作会议上，习近平总书记部署"双碳"工作时提出，要继续打好污染防治攻坚战，实现减污降碳协同效应。党的二十大报告提出，绿色发展理念被进一步深化，创新性地提出了减污、降碳、扩绿、增长四位一体的综合战略路径。《减污降碳协同增效实施方案》的出台，标志着中国减污降碳协同治理工作迈入了新征程。当前，中国生态文明建设已步入以降碳为引领的新发展阶段，核心任务聚焦于促进减污与降碳的协同增效，以此驱动经济社会全面向绿色模式转变，力求进一步改善生态环境质量，面对这一挑战，探索并实施高效、精准的减污降碳协同策略成为关键议题，旨在确保转型过程既有力又可持续，为中国乃至全球的可持续发展贡献力量。

大气污染物和温室气体同根同源，减污和降碳在控制思路和管理措施上高度一致。随着全球对气候变化问题的日益关注，各国政府纷纷出台了一系列旨在减少温室气体排放的政策措施，构建碳市场正是关键措施之一。这些政策的出台不仅明确了减排的目标和路径，还向市场传递了明确的信号，即未来碳排放将受到更加严格的限制和监管。这种政策导向和市场预期，使高能耗、高排放行业不得不提前布局和调整发展战略以应对可能的政策风险和市场变化，从而间接地提升了这些产业的环境合规成本。

碳排放权交易作为一种市场机制，通过设定碳排放总量上限和配额分配，引导企业减少温室气体排放，同时也有助于减少大气污染物排放。碳排放权交易是指将碳排放权作为商品进行买卖，通过市场机制实现温室气体减排目标的一种制度。自1997年《京都议定书》提出碳排放权交易以来，全球碳排放权交易市场不断发展壮大。为应对气候变化和推动绿色发展，中国政府根据"十二五"规划纲要的指导，于2011年在北京、上海、天津、重庆、湖北、广东和深圳七省市开展碳交易试点工作。2013年试点市场开始交易，有效推动了企业减排并积累了经验。2016年，福建省加入试点。2017年，《全国碳排放权交易市场建设方案（电力行业）》的发布标志着中国碳排放交易体系的总体设计完成。经过一系列准备，中国碳市场在2021年7月16日正式上线交易，发电行业成为首个纳入的行业。生态环境部发布的《全国碳市场发展报告2024》显示，截至2024年2月，已覆盖的 CO_2 年排放量达51亿吨，累计成交量与成交额均显著增长，中国成为全球最大的碳市场。

本书通过分析碳排放权市场交易的实施效果、市场运行机制以及对中国减污降碳协同效应的影响等方面，旨在揭示碳排放权交易在推动减污降碳方面的作用机制和效果，为中国碳排放权交易市场的进一步发展提供理论支持和实践指导。同时，这有助于推动中国实现"双碳"目标，促进经济社会全面绿色转型，推动中国实现绿色低碳发展，为全球应对气候变化做出积极贡献。

6.2 文献综述

随着经济的发展，市场型和命令型工具是否能有效促进节能减排技术创新，碳交易政策作为市场交易型，已成为学术界广泛热议的话题。碳市场作为应对气候变化的重要市场机制，其积极作用不仅限于低碳减排，还涵盖了提升生产率、优化经济结构、推动技术创新以及实现环境与经济协同发展等多个方面。

碳市场作为应对全球气候变化挑战的关键市场机制，其能够促进低碳排放和节能减排目标的实现（王班班等，2016）。碳市场不仅是一个环境政策工具，更是推动社会全面进步和变革的重要力量。它不仅能够有效降低碳排放量（Gao et al.，2020），还深刻影响着生产率的提升（任晓松等，2021）、经济结构的优化调整、技术创新的加速推进，以及环境保护与经济发展之间的和谐共生（顾阿伦等，2016）。具体而言，碳市场通过价格信号引导资源配置，激励企业采用更环保、高效的生产方式，从而在减少温室气体排放的同时，提升整体的生产效率和竞争力，为经济的绿色转型和可持续发展奠定坚实基础。李治国等（2022）基于拓展的 IPAT-LMDI 模型理论剖析碳排放与空气污染物排放的关联特征，发现中国碳交易政策的协同减排效应主要表现为 CO_2 与 SO_2 的协同减排。有些学者在研究碳市场的减污降碳效应时，并没有说明碳市场对"减污"与"降碳"方面具体的效应值，只得出对温室气体和污染物拟合值的效应。如罗良文（2024）只以 CO_2 和 SO_2 构建耦合协调度模型，分析碳交易政策的减污降碳效果及其作用机制，无法清楚地知道该交易政策对减污效应更大还是对降碳效应更大。因此，本书具体研究碳排放权交易政策是否能够降低试点地区的 CO_2 排放？碳排放权交易政策是否能够降低试点地区的大气污染物排放？从而分析碳排放权交易政策对温室气体和污染物的具体效应。

在当前复杂的政策环境中，企业正面临着来自多方面的挑战，其中不仅包括碳交易政策的严格限制，还交织着排污权交易制度的实施、能耗双控政策的双重约束，以及中央环保督察制度的严密监督。这一系列外部环境规制政策的叠加效应，对企业的日常生产经营活动构成了显著压力，使企业的运营空间日益狭窄。尤为值得注意的是，由于这些政策在设计和执行过程中可能存在协调性不足的问题，有时非但未能形成协同效应以促进企业绿色转型，反而可能引发"政策冲突"的困境。在这种情况下，企业可能面临突如其来的高成本负担或运营障碍，导致它们采取短期内的"应急"措施，以求在困境中求生存，结果可能出现环保措施放松或反弹现象，即所谓的"报复性反弹"，从而背离了政策制定的初衷，加剧了环境风险。因此，为确保政策效果的最大化，避免企业陷入"报复性反弹"的怪圈，政府应加强政策间的统筹规划与协同推进，形成系统集成的环保治理体系。同时，需增强政策制定的透明度和可预测性，为企业提供清晰的转型路径和合理的缓冲期，鼓励和支持企业主动适应环境规制，实现绿色、低碳、可持续发展（任胜钢等，2019；张娇等，2022）。

协同推进减污与降碳以实现增效，是推动经济社会全面绿色转型的关键策略。当前，"减污降碳"领域的学术研究主要聚焦两大维度：一是探讨环境规制政策如何影响碳与污染物排放的成效，包括评估方法的构建、政策执行效果的量化等。例如，涂正革等（2023）学者通过构建 SBM 效率模型，具体量化了高能耗企业在减少硫与碳排放方面的效率表现，崔连标等（2024）借助数据包络分析方法，从全要素角度测算了长三角地区 PM2.5 和 CO_2 的边际减排成本，模拟不同发展情形下协同效应变化，得到长三角整体、省际层面和城市层面的减污降碳协同潜力。二是深入分析减污降碳的内在作用路径。陈晓红等（2022）团队的研究便揭示了大气污染物排放量如何通过能源消费结构调整、能效提升、产业结构优化及投资规模控制四大路径与碳排放削减相互关联。

在探讨减污与降碳的协同增效效应时，各领域及产业因其独特性而展现出差异化的影响因素与作用机制。工业领域作为大气污染物及 CO_2 排放的主要贡献者，同时也是国家推动减污降碳协同战略实施的核心力量（陈晓红等，2022）。在碳市场的运作框架下，纳入排放控制的企业在追求利润最大化的同时，也需应对低碳减排的硬性约束。为规避政府处罚，这些企业在确保正常运营的同时，需积极采取措施减少碳排放。短期来看，企业可能通过调整生产计划、减少能源消耗来直接降低碳排放；而长远来看，则需依赖于绿色创新技术的研发与应用，以降低成本、增加碳配额的盈余，从根本上调和生产与减排之间的张力。然而，此策略不仅伴随着高昂的研发投资，还蕴含着技术成功的不确定性风险。因此，碳市场机制能否通过影响能源效率、产业结构及绿色技术创新，最终实现减污降碳的协同效应？

相较于现有文献，本书的边际贡献体现在：聚焦于地级市层面，提供了更细致、更具体的实证研究，有助于弥补以往研究在地域尺度上的不足。本书扩展了以往对单一环境要素的检验，为碳交易的减污降碳作用提供了实证证据，有助于决策者统筹规划温室气体与大气污染的减排路径，实现降本增效。考虑了政策实施的普遍性与特殊性，对碳排放权交易的政策效应进行异质性分析，除了地理区域划分外，本书构建各个碳市场所在城市与 DID 变量的交互项，以检验碳市场的碳减排效应是否具有地区间的交互性，能清楚地了解各地区间详细的减污降碳效应，有助于政策制定者根据地区实际情况制定更具针对性的政策。

6.3　研究设计

6.3.1　模型构建

本书以碳排放权交易制度作为一项准自然实验，采用双重差分法来评估碳排放权交易制度实施对污染物和碳排放的影响。碳排放群交易市场在 2013 年陆续启动，因此将 2013 年作为政策执行年份。构建基准双重差分模型如下：

$$Y_{it} = \beta_0 + \beta_1 DID_{it} + \beta_2 X_{it} + \mu_i + \delta_t + \varepsilon_{it} \qquad (6\text{-}1)$$

模型（6-1）中，Y_{it} 表示本书的被解释变量，表示 CO_2 排放量或者污染物

排放量，具体可以表示为第 i 个城市在第 t 年的 CO_2 排放量、SO_2 排放量、PM
2.5 年均浓度；双重差分变量 $DID_{it} = treat_i \times post_t$，$treat_i$ 表示城市虚拟变量，若为
碳排放交易试点地区则取 1，否则取值为 0，$post_t$ 表示年份虚拟变量，在政策发
生前取 0，在政策执行后取 1；交互项 $treat_i \times post_t$ 表示城市 i 在第 t 年是否实施了
碳市场政策；X_{it} 为一组控制变量；μ_i 表示地区固定效应；δ_t 表示时间固定效应；
ε_{it} 表示随机误差项。

6.3.2　变量选取与数据来源

6.3.2.1　被解释变量

本书的被解释变量为 CO_2 排放量、SO_2 排放量和 PM2.5 年均浓度，SO_2 排放
量和 PM2.5 年均浓度均取对数形式。

6.3.2.2　核心解释变量

$DID_{it} = treat_i \times post_t$ 为模型（6-1）的核心解释变量，用于探究实行碳市场政
策和未实施碳市场政策城市的 CO_2 排放、SO_2 排放和 PM2.5 浓度变化的差异。
属于处理组内的城市在政策实施后的 $treat_i \times post_t$ 均为 1，否则为 0。

6.3.2.3　控制变量

鉴于碳排放与经济发展间存在的深刻内在联系，为确保处理组与控制组在碳
排放对比分析中的高度可靠性，本书将细致调控这两组样本在经济发展层面上的
异质性特征。此举旨在精确剥离由经济发展水平差异所可能引入的评估偏差，从
而更纯粹地衡量政策对碳排放的实际影响。在构建分析框架时，本书选择了一系
列反映地区经济发展异质性的控制变量。其中，人均地区生产总值（lnpgdp），
以 2006 年为基期进行不变价计算，作为衡量经济发展水平的基础指标。同时，
考虑到产业结构对碳排放的显著影响，我们引入了第二产业占比（secind）与第
三产业占比（serind）两个变量，以细化分析不同产业结构下的碳排放情况。在
经济结构层面，本书采用了社会商品零售额与生产总值的比率（strls）作为经济
活跃度与消费结构的代理变量，并引入了人口密度（popden）和年末总人口
（lnpop）来反映经济活动的空间聚集程度和人口规模，这些均是理解碳排放背后
社会经济驱动力的关键要素。此外，为捕捉市场发展程度对碳排放的潜在影响，
纳入了工业企业数量的对数值（lnqys）作为控制变量，该指标能够间接反映市
场活跃度、工业规模扩张及其与碳排放之间的关系。

6.3.2.4　其他变量

为了能够更细致地验证政策影响准确性，使用一些其他的指标变量加入模
型进行辅助验证。比如地区实际生产总值的对数值（lngdp）、能源消费强度

（*energdp*）、CO_2 排放强度（*cogdp*）、工业 SO_2 排放强度（ln*sogdp*）、绿色发明占地区年度获得的专利总数百分比（*strzl*）。

6.3.2.5　数据来源

本书借助 2006~2021 年中国 283 个地级市的面板数据，深入分析中国碳市场在推动减污降碳协同效应方面所发挥的作用和影响，从而为中国在应对气候变化和实现绿色转型方面提供了有力的数据支持和政策参考。其中，城市 PM2.5 数据来自中国空气质量在线监测分析平台，CO_2 排放量来源于中国碳排放核算数据库，仅计算能源燃烧产生的 CO_2 排放量，计算缺失值采用插值法和趋势外推法填充。其他数据来源于历年的《中国城市统计年鉴》《中国区域统计年鉴》《中国能源统计年鉴》《中国工业统计年鉴》。

6.4　实证分析

6.4.1　基准回归

为验证碳排放权交易政策对减污降碳的效应，对模型（6-1）进行了回归分析。所得估计结果详细列示在表 6-1 中。在整个回归过程中，始终考虑时间和地区的固定效应。表 6-1 中的第（1）列、第（3）列、第（5）列呈现的是未纳入控制变量的初步结果，而第（2）列、第（4）列、第（6）列则提供了在全面纳入控制变量后的完整回归结果，这样的处理方式有效地减少了因遗漏变量而可能引发的估计偏误。根据分析结果，无论是否添加控制变量，双重差分的核心解释变量系数均显著为负，政策的实施均对减少三种大气污染物的排放起到了显著的积极作用。

具体来看，针对 CO_2，其对应的回归系数为 -2.434，在 1% 的水平下显著，这一结果不仅体现了政策在量化减排目标上的具体成就，也彰显了市场机制在促进低碳经济发展中的关键作用。通过为碳排放设定价值并允许交易，企业被激励采取更环保的生产方式，从而有效降低了 CO_2 的排放。对 SO_2 的回归系数为 -0.190，说明碳排放权交易政策在减少 SO_2 排放方面也取得了显著成果，具体表现为排放量减少了 19%。这一比例表明，政策不仅针对温室气体有效，还能同时促进其他大气污染物的减排，体现了其综合环境治理能力。PM2.5 双重差分变量的回归系数为 -0.0765，且在 1% 的统计水平上显著，意味着碳排放权交易政策对改善空气质量、降低 PM2.5 浓度具有显著作用，具体表现为 PM2.5 浓度下降了 7.65%。PM2.5 作为空气污染的重要指标，其浓度的降低对于保护公众健康、提升环境质量至关重要。

表6-1 基准回归结果

变量	(1)	(2)	(3)	(4)	(5)	(6)
	CO_2	CO_2	SO_2	SO_2	PM2.5	PM2.5
DID	-2.136***	-2.434***	-0.193***	-0.190***	-0.0864***	-0.0765***
	(0.507)	(0.520)	(0.0381)	(0.0375)	(0.00762)	(0.00802)
ln$pgdp$		1.762**		0.152**		-0.0691***
		(0.822)		(0.0733)		(0.0178)
lnqys		0.458		0.158***		-0.0154
		(0.418)		(0.0402)		(0.00990)
$secind$		0.00172		-0.00535		-0.00797***
		(0.0393)		(0.00474)		(0.00104)
lnpop		8.855***		-0.376**		-0.272***
		(1.923)		(0.153)		(0.0363)
ln$popden$		-0.140		-0.0110		0.0224
		(0.635)		(0.0605)		(0.0168)
$strls$		-3.529**		0.305*		0.127***
		(1.523)		(0.162)		(0.0373)
$serind$		0.115**		-0.0124**		-0.0127***
		(0.0458)		(0.00544)		(0.00114)
$Constant$	28.72***	-47.42***	10.04***	10.31***	3.771***	6.907***
	(0.0840)	(11.69)	(0.00800)	(1.079)	(0.00202)	(0.276)
控制变量	无	有	无	有	无	有
时间固定效应	YES	YES	YES	YES	YES	YES
地区固定效应	YES	YES	YES	YES	YES	YES
Observations	4528	4528	4528	4528	4528	4528
R^2	0.966	0.967	0.872	0.874	0.896	0.904

注：括号内是聚类稳健标准误；***、**和*分别表示在1%、5%和10%的统计水平上显著。

6.4.2 平行趋势检验

平行趋势检验的核心思想是，在进行因果推断之前，需要验证处理组和对照组在没有干预之前的变化趋势是一致的，即它们具有"平行趋势"。使用DID的前提是，处理组与控制组的目标变量在政策发生前（事前）需要满足平行趋势假设。这一假设保证了DID方法能够准确地估计政策的净效应。本书采用事件研究法进行平行趋势检验，不仅能检验处理组和控制组政策实施前的增减趋势，也能反映政策实施后处理组与对照组的动态效应。检验模型如下：

$$Y_{it} = \beta_0 + \sum_{t=2006}^{2021} \beta_t d_{it} + \beta_2 X_{it} + \mu_i + \delta_t + \varepsilon_{it} \tag{6-2}$$

式中，d_{it} 表示区域 i 所属 t 年的虚拟变量，i 城市在 2013 年后取值为 1，在 2013 年前取值为 0，其余变量含义与模型（6-1）相同。鉴于研究样本的时间跨度以及各城市群的实施政策时点，设定了一个 10 年的观察窗口，横跨政策实施前后的 5 年，即 2009~2018 年。若在这 10 年的窗口期中，碳排放权交易政策实施前的 5 年估计系数的置信区间均涵盖 0，即可以推断出处理组与控制组在数据趋势上保持平行，满足平行趋势假设。为防范多重共线性对分析结果的潜在影响，在分析时剔除了政策实施前一年的数据。

当 Y_{it} 表示 CO_2 的排放量时，β_t 的估计值如图 6-1 所示。在碳排放权交易政策实施之前，β_1 的置信区间始终包括 0，这表明处理组与控制组在一体化政策实施前并未显示出显著的差异，从而验证了平行趋势假设的有效性。然而，在政策正式实施后，β_1 的估计值迅速偏移至 0 之外，其置信区间亦不再包含 0，且呈现出清晰的下降趋势。这一显著变化表明，随着政策实施时间的推移，政策在降低所在城市 CO_2 排放量方面发挥了显著作用，凸显了其"降碳"效应。

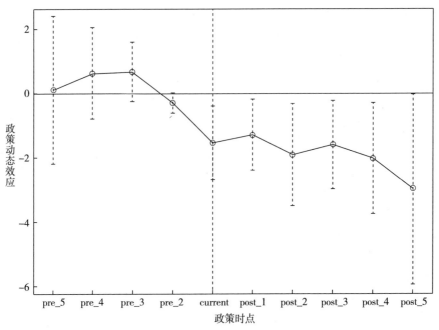

图 6-1 CO_2 平行趋势检验

当 Y_{it} 表示 SO_2 的排放量时，β_t 的估计值如图 6-2 所示。在碳排放权交易政策实施之前，其置信区间均包含 0，处理组和控制组在政策实施前无显著差异，满足了平行趋势假设。在政策实施的初期，尽管政策本身旨在推动环境改善，但当年对应的系数并未显现出统计上的显著性。随着政策的继续推进，相关估计值开始逐渐偏离 0 点，并且其 95% 置信区间也明确不再包含 0，展现出一个清晰且显著的下降趋势。这一现象可能归因于碳市场建立初期所面临的诸多挑战，如交易管理机制的不成熟、政策重点主要聚焦于 CO_2 排放的减少，而对 SO_2 排放的具体管控措施可能尚处于完善阶段或实际效果尚未充分展现出来。

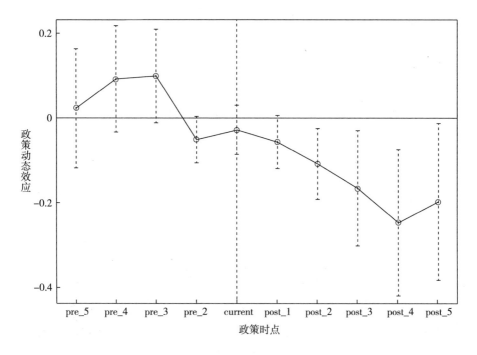

图 6-2 SO_2 平行趋势检验

政策效应往往具有一定的滞后性。在政策实施初期，企业处于碳排放权交易政策的理解和适应阶段，忙于调整其生产工艺和流程、优化资源配置。同时，由于"十一五"时期以来污染物减排工作的持续推进，二氧化硫排放量处于相对较低水平，减排难度有明显提升，所以碳排放权交易政策的二氧化硫减排效应不显著。随着政策的持续推进和工作力度的加强，二氧化硫的减排效应即"减污"效应逐步显现出来。

当 Y_{it} 表示 PM2.5 的年均浓度时，β_t 的估计值如图 6-3 所示。在碳排放权交易政策实施前的两期，相关监测数据表现符合平行趋势假设，这暗示了在政策正式生效前的这段时间内，如果没有其他重大外部因素的干扰，PM2.5 的浓度变化并未因即将实施的碳排放权交易政策而发生显著偏离其原有趋势的情况。这暗示了碳排放权交易政策在初期阶段可能尚未直接或显著地促进 PM2.5 的减排，碳排放权交易制度先减少全社会的 CO_2 排放量，从而带动工农业烟粉尘排放量的减少，最终导致 PM2.5 浓度的下降。随着政策持续推进到第二年即 2015 年，PM2.5 年均浓度才显著下降。这并非孤立现象，而是与当时国内外环境政策环境紧密相关。这一变化可能与 2015 年二次修订并实施的《中华人民共和国大气污染防治法》及其他针对空气污染物的专项治理法律法规的出台有关，该法律在加强大气污染防治、改善空气质量方面提出了更为严格的要求和措施。同时，针对空气污染物的专项治理行动也相继展开，这些政策与法规的密集出台和严格执行共同为大气环境的改善提供了有力支持。这种协同效应体现在多个方面：一方面，碳排放权交易通过市场机制促进了企业减排的积极性，降低了温室气体排放；另一方面，《大气污染防治法》等法规则通过行政手段强化了污染源的监管和治理，直接减少了污染物的排放。两者相互补充、相互促进，共同推动了大气质量的改善。

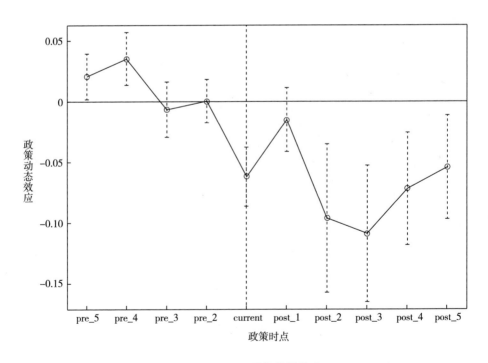

图 6-3　PM2.5 平行趋势检验

6.4.3 安慰剂检验

双重差分法中的安慰剂检验主要用于检验被解释变量是否真正由解释变量引起，而非其他随机因素引起。本书采用随机抽样方法作用于处理组变量，随后通过可视化手段——核密度图来审视经随机化处理的 DID 项系数分布情况。具体而言，观察这些系数是否紧密围绕 0 值聚集，以及是否存在显著的偏移，偏离其潜在的真实水平。这一过程旨在检验随机化操作的效果，以及确保后续分析中的 DID 系数能够可靠地反映政策或处理效应，而非受到其他非随机因素的干扰。如果随机化后的 DID 项系数不显著，或者观测值的核密度图集中分布于 0 附近，说明处理效应并非由真实的处理措施引起，而是由其他随机因素导致。

图 6-4 分别展示了 CO_2、SO_2 和 PM2.5 的安慰剂检验结果，图中呈现的是随机化后 DID 项系数的核密度图，这些图都近似于正态分布。结合表 6-1 中提供的各 DID 的估计系数，可以清晰地看到这些系数均位于安慰剂检验中系数分布的拖尾位置。这意味着在随机化的安慰剂检验中，关注的 CO_2、SO_2 和 PM2.5 的 DID 系数并未呈现出显著的随机效应，从而增强了基准回归中这些变量效应的可信度。因此，相关结果显示基准回归通过了安慰剂检验，进一步证实了研究结果的稳健性和可信度。

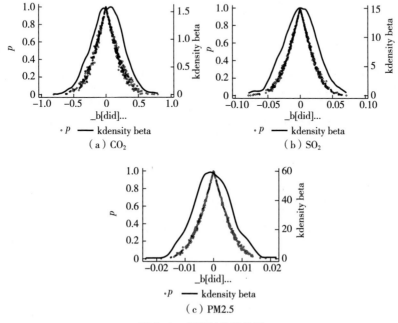

图 6-4 安慰剂检验结果

6.4.4　稳健性检验

在进行稳健性检验时，选择一个与 CO_2 排放量密切相关但不同于原始因变量的新指标——碳排放强度。党的二十大报告指出，推动能耗"双控"向碳排放总量和强度"双控"转变。国务院办公厅印发《加快构建碳排放双控制度体系工作方案》指出，"十五五"时期，实施以强度控制为主、总量控制为辅的碳排放双控制度。为了验证模型的稳健性，将原始因变量替换为新选择的碳排放强度，并重新估计模型。

表6-2　稳健性检验结果

变量	lncogdp
DID	0.192 ** (0.0831)
控制变量	有
时间固定效应	YES
地区固定效应	YES

注：括号内是聚类稳健标准误；＊＊＊、＊＊和＊分别表示在1%、5%和10%的统计水平上显著。

比较模型的估计结果发现，替换因变量后，DID 系数在5%的水平下，模型估计的显著性依然保持。这一步骤旨在确认研究结论是否对新选择的因变量同样适用，从而增强了研究的可靠性和普适性。此外，由于本书的数据来源广泛，涵盖了多个变量，为了避免离群值对回归结果造成潜在的干扰和偏误，将对所有变量进行了预处理。具体而言，对所有变量数值在1%分位数以下和99%分位数以上的样本进行了适当的缩减或处理，以确保数据集的稳健性和回归结果的准确性。

6.4.5　机制分析

碳排放权交易制度在推动减污降碳方面所展现的积极作用，可能主要源于碳市场的构建。这一市场机制的建立不仅显著激励了企业增加对绿色技术创新项目的投资，有效缩减了能源消费规模，更在推动产业结构的优化升级方面发挥了积极作用。因此，本书深入探讨能源效率、产业结构以及绿色创新能力在碳排放权交易制度实现减污降碳协同治理中的具体作用机制，并构建相应模型以验证其在促进减污降碳的有效程度。具体模型如下：

$$Y_{it}=\beta_0+\beta_1 DID_{it}+\beta_2 X^1_{it}+\mu_i+\delta_t+\varepsilon_{it} \tag{6-3}$$

$$M_{it} = \beta_0 + \beta_3 DID_{it} + \beta_4 X_{it}^1 + \mu_i + \delta_t + \varepsilon_{it} \tag{6-4}$$

$$Y_{it} = \beta_0 + \beta_5 DID_{it} + \alpha M_{it} + \beta_6 X_{it}^1 + \mu_i + \delta_t + \varepsilon_{it} \tag{6-5}$$

由于本书检验的部分变量包含于模型（6-1）的控制变量 X_{it} 中，为确保检验一致性，模型（6-3）~（6-5）中的 X_{it}^1 相比 X_{it} 去除了第二产业比值、第三产业比值，M_{it} 表示机制变量，包括能源效率、产业结构和绿色发明占地区年度获得的专利总数百分比。

首先，对模型（6-3）进行回归分析，若该模型的回归系数显著，这直接表明政策对特定污染物的排放具有显著影响。其次，对模型（6-4）进行回归分析，该模型的回归系数显著则说明政策能够显著作用于机制变量，即政策的影响并非直接作用于污染物排放，而是通过某些中间因素传递。最后，对模型（6-5）进行回归分析，则可以确认政策确实是否通过这一中间路径对污染物的排放产生了影响。这一系列回归分析不仅揭示了政策影响的路径，还验证了该模型的有效性。

6.4.5.1　能源消耗强度

碳排放权交易市场的建立使企业面临购买排放权的经济压力。由于排放权的价格存在，企业会进行成本效益分析，寻求降低碳排放量的方法和技术。这种经济压力促使企业更加关注能源消耗效率，降低能源消耗强度，以减少对排放权的需求。面临排放权成本的企业会寻求技术创新和转型，以降低能源消耗和碳排放，包括改进生产工艺、采用更高效的能源利用技术和设备，以及开发清洁能源替代方案。能源消耗强度的降低直接导致碳排放量的减少，因为碳排放与能源消耗密切相关。能源消耗减少，碳排放量也相应地减少。碳排放权交易政策对化石能源的消耗量影响较大，尤其是煤炭和石油。

在深入探讨表 6-3 所呈现的数据分析结果时，可以更全面地理解能源消耗强度在 CO_2 和 SO_2 排放中的中介作用。第（1）列的回归结果显示，政策实施对 CO_2 排放量产生了显著的抑制作用。这一发现表明，所实施的政策措施在减少温室气体排放、应对气候变化方面取得了积极成效。政策可能包括了一系列旨在提高能源效率、促进清洁能源使用的措施，如提高排放标准、提供清洁能源补贴、推广节能减排技术等。这些政策的实施直接或间接地降低了企业和居民在生产生活中的 CO_2 排放，从而实现了对 CO_2 排放量的有效控制。第（2）列中，能源消耗强度的系数显著为负，意味着在政策实施后，试点地区的能源利用效率提升。这可能是由于政策中包含了严格的能源消耗管理制度、能效提升计划或是对高耗能产业的限制与转型措施。随着这些政策的深入执行，企业被迫或自愿地采用了更加节能的生产方式，降低了单位产出的能源消耗量，进而导致了总体能源消费量的减少。第（3）列和第（4）列分别展示了能源消费量对 CO_2 和 SO_2 排放的正向作用，且均在 0.01 的显著性水平下显著。这表明，能源消费量的增加会直接导致 CO_2 和 SO_2 排放量的上升。通过上述分析可以看出，政策实施通过降低能源消耗强度，有效抑制了能源消费量的增长，进而减少了 CO_2 和 SO_2 的排放量。在这一过程中，能源消耗强度作为中介变量，发挥了关键作用。它不仅反映了政策对能源使用效率的直接影响，还间接影响了环境污染物的排放量。因此，未来在制定和实施环保政策时，应继续关注能源消耗强度的变化，并通过技术创新、产业结构调整等手段，进一步降低能源消耗强度，实现经济社会的可持续发展。

表 6-3　能源消耗强度作用机制检验

变量	(1)	(2)	(3)	(4)
	CO_2	*energdp*	CO_2	SO_2
DID	-2.691***	-1.053***	-2.655***	-0.166***
	(0.501)	(0.366)	(0.499)	(0.0369)
energdp			0.0336**	0.00829***
			(0.0135)	(0.00122)
Constant	-38.35***	86.34***	-41.25***	9.058***
	(11.82)	(19.14)	(11.80)	(1.077)
控制变量	有	有	有	有
时间固定效应	YES	YES	YES	YES
地区固定效应	YES	YES	YES	YES
Observations	4528	4528	4528	4528
R^2	0.967	0.786	0.967	0.875

注：括号内是聚类稳健标准误；***、**和*分别表示在1%、5%和10%的统计水平上显著。

6.4.5.2　产业结构

随着碳排放权交易市场的运行，低碳技术和行业因具有更低的碳排放成本而更具竞争力。这促使资本流向低碳技术的研发和应用，推动低碳行业的成长。对于碳排放量较大的企业来说，购买碳排放权的成本可能高于低碳技术改造成本或低碳行业的投资。因此，这些企业可能面临更大的压力，其生存空间将被大大压缩。碳排放权交易政策促进电力行业加速火电技术的革新，推动其由高碳排放向低碳发电模式的转变。这一转变不仅涵盖了对可再生电力供给的显著增强，更鼓励了对低碳技术和清洁能源的广泛投资，以实现更环保、更可持续的能源发展。同时，石油石化、建材行业产能受到限制、成本增加。为了优化产能规模和布局，企业可能加大落后产能的淘汰力度，引导企业转变用能方式，鼓励以电力、天然气等替代煤炭，推动水泥错峰生产常态化，并鼓励使用可再生能源和低碳建材产品。

碳市场是一种基于市场机制来实现温室气体减排的政策工具，它通过对碳排放设定总量控制，并在控排企业中分配可交易的碳排放配额，来激励企业以最低成本实现节能减排。在这种机制下，高能耗、高排放行业作为主要的碳排放源，其排放行为受到了严格的限制和监管。企业如果超出分配的碳排放配额，就需要在市场上购买额外的配额，这直接增加了企业的环境合规成本。碳市场的存在使碳排放权成为一种有价资产，其价格受到市场供需关系的影响而波动。当碳排放配额供不应求时，碳价就会上涨，进而推高了企业的减排成本。这些成本最终会通过各种方式传递到产品价格中，由消费者承担。为了降低碳排放并满足碳市场的监管要求，高能耗、高排放产业不得不加大技术升级和改造的力度。这包括引进更高效的生产设备、采用更环保的生产工艺以及加强节能减排技术的应用等。这些措施的实施需要大量的资金投入和时间成本，对于资金实力和技术储备不足的企业来说是一大挑战。随着环保意识的普及和消费者偏好的变化，越来越多的消费者开始关注产品的环保性能和企业的环保责任。这使高能耗、高排放行业在市场竞争中处于不利地位。为了赢得消费者的青睐和市场份额，这些行业不得不加大在环保方面的投入和宣传力度。这也增加了其环境合规成本的一部分。为了减轻这一经济压力，此类行业倾向于迁往环境监管相对宽松的区域，以此作为规避高额环境治理费用的策略。相比之下，清洁型行业因其环保特性，受到政策调整的直接影响较小。这一机制下，有效的环境监管措施不仅能够有效遏制污染密集型行业的过度扩张，还能为服务业及新兴技术行业等低碳、环保领域的发展创造有利条件，从而加速产业结构的优化升级进程。随着这一转型的深入，污染物的排放量和碳排放量预计将得到显著减少，为实现绿色、可持续的发展目标奠定坚实基础。

基于此，本书考察产业结构这一作用机制的有效性，结果如表6-4所示。DID 估计系数为-2.477，表明政策实施有利于降低工业企业的相对规模，促进产业向第三产业发展。政策实施的效果通过其估计系数得到了明确的量化表达，即-2.477 的系数值。这一数值不仅揭示了政策对工业企业规模产生的具体影响方向，还通过其在1%的显著性水平下通过了统计检验，确保了该结论的稳健性和可靠性。具体而言，-2.477 的负向系数意味着政策实施后，相较于未受政策影响的对照组或政策前期，受政策直接作用的工业企业相对规模出现了显著的缩减。这一变化并非偶然或微不足道，而是政策干预下的直接且有力的经济反应，表明了政策在优化产业结构、引导资源重新配置方面发挥了积极作用。

表6-4 产业结构作用机制检验

变量	(1)	(2)	(3)	(4)
	CO_2	*secind*	CO_2	SO_2
DID	-2.691***	2.423***	-2.477***	-0.185***
	(0.501)	(0.261)	(0.517)	(0.0373)
secind	—	—	-0.0880***	0.00430*
			(0.0232)	(0.00241)
Constant	-38.35***	-84.97***	-45.83***	10.14***
	(11.82)	(8.491)	(11.82)	(1.076)
控制变量	有	有	有	有
时间固定效应	YES	YES	YES	YES
地区固定效应	YES	YES	YES	YES
Observations	4528	4528	4528	4528
R^2	0.967	0.910	0.967	0.874

注：括号内是聚类稳健标准误；***、**和*分别表示在1%、5%和10%的统计水平上显著。

进一步地，它暗示了政策实施旨在促进产业结构升级与转型的明确导向，即通过减少对传统工业企业的依赖，鼓励和支持第三产业，如服务业、高新技术产业等的发展。这种转变不仅有助于提升经济整体的质量和效益，还能增强经济的可持续发展能力，减少对环境资源的过度消耗，实现经济、社会与环境的和谐共生。所以该结果清晰地展示了政策在推动工业企业规模缩减、促进第三产业蓬勃发展方面的积极作用，为未来的政策制定与实施提供了宝贵的参考与借鉴。

6.4.5.3 绿色创新

绿色创新水平是衡量某个地区或行业在应对环境挑战、实现可持续发展方面的重要指标。它反映了该地区或行业通过技术创新和产品设计等方式，在降低能源消耗、减轻环境污染以及提升资源利用效率方面的综合实力。

创新补偿假说提出，适宜的环境规制能够激励企业进行技术创新，改进传统生产工艺，甚至研发出能耗低、污染小的绿色低碳生产工艺品。碳排放权交易制度作为一项关键的市场型环境规制政策通过技术革新和产业转型，有效降低能源消耗强度。

碳市场通过为碳排放权定价，为企业提供了直接的经济激励。这种激励促使企业寻求降低碳排放的方法，其中绿色创新是一个重要途径。企业为了降低成本、提高竞争力，会加大在绿色技术、绿色产品等方面的研发投入。企业会倾向于采用更环保、更节能的生产方式和技术。这进一步推动了绿色创新的发展，提高了绿色发明占专利的申请比率。政策的实施也促进了企业间的合作与共享。企业可以通过购买或出售碳排放权，与其他企业形成合作关系，共同研发绿色技术、分享减排经验。这种合作有助于提升整个行业的绿色创新水平。

表 6-5 中第（1）~（4）列分别检验绿色创新水平对 CO_2 和 SO_2 的中介作用。第（3）列中绿色创新水平的系数在 1% 水平下显著为正，而对于 SO_2 来说并不显著，因为绿色创新主要聚焦于减少能源消耗、降低环境污染和提高资源利用效率，而 SO_2 的排放可能受到多种因素的影响，包括但不限于燃料类型、燃烧效率、工业过程等。如果绿色创新的技术或方法并不直接针对 SO_2 的排放源或生成机制，那么其系数对 SO_2 的影响可能就不显著。

表 6-5 绿色创新水平的作用机制检验

变量	（1）	（2）	（3）	（4）
	CO_2	*strzl*	CO_2	SO_2
DID	−2.691***	−142.9***	−2.601***	−0.175***
	（0.501）	（29.29）	（0.503）	（0.0377）
strzl	—	—	0.000625***	−4.77e-06
			（0.000172）	（2.27e-05）
Constant	−38.35***	504.8	−38.66***	9.777***
	（11.82）	（786.7）	（11.81）	（1.069）
控制变量	有	有	有	有
时间固定效应	YES	YES	YES	YES
地区固定效应	YES	YES	YES	YES
样本数	4528	4528	4528	4528
R^2	0.967	0.281	0.967	0.874

注：括号内是聚类稳健标准误；***、**和*分别表示在 1%、5% 和 10% 的统计水平上显著。

6.4.6 异质性检验

6.4.6.1 区域层面

参照国家统计局有关中国地理区域的划分标准，将研究样本划分为东部、中部、西部和东北地区，以分析不同区域在碳排放权交易机制下的表现。由于东北地区没有碳排放权试点城市，所以不进行分组回归。在基准回归基础上，分别对东部、中部、西部地区的样本进行估计，在此基础上分析碳排放权交易在不同区域的减污降碳效应的异质性特征。

表 6-6　异质性检验

地区	污染物	DID	控制变量	时间固定效应	地区固定效应	样本数	R^2
东部	CO_2	-3.1201^{***} （0.6617）	有	YES	YES	1376	0.9727
	SO_2	-0.0760 （0.0579）	有	YES	YES	1376	0.8786
	PM2.5	-0.0266^{***} （0.0097）	有	YES	YES	1376	0.9547
中部	CO_2	-2.5847^{***} （0.4770）	有	YES	YES	1280	0.9615
	SO_2	-0.2187^{***} （0.0602）	有	YES	YES	1280	0.8783
	PM2.5	-0.0205 （0.0139）	有	YES	YES	1280	0.8922
西部	CO_2	21.4349^{***} （6.3595）	有	YES	YES	1328	0.9572
	SO_2	-0.3182^{***} （0.0904）	有	YES	YES	1328	0.8540
	PM2.5	-0.0716^{**} （0.0322）	有	YES	YES	1328	0.8223

注：括号内是聚类稳健标准误；***、**和*分别表示在1%、5%和10%的统计水平上显著。

通过表 6-6 可以看出，东部地区和中部地区的 CO_2 量在政策实施后显著减少，虽然东部地区的 SO_2 系数不显著，但系数为负，政策对 SO_2 的排放起了一定的抑制效果。东部的协同减排效果最好，东部包含了北京、上海、广东等城市，经济发达且政策执行更为彻底和扎实，试点地区较多且开始的时间较早，所以总的减污降碳效果最好。而西部地区地区的经济发展方式粗放，产业结构偏重，对化石能源依赖较高，能源禀赋对经济的促进作用还未完全展现出来。这可能意味着，尽管西部地区拥有丰富的能源资源，但由于经济发展水平和能源利用效率的限制，能源禀赋并没有有效地转化为经济发展的动力，从而未能显著减少碳排放。并且西部地区经济发展相对滞后，"两高一重"行业在区域经济中所占比重较高，技术水平落后。这种产业结构使西部地区的能源消耗量大、碳排放强度高。西部地区近年来重点布局了一批煤化工等高耗能产业，这些产业的投产导致 CO_2 排放量逐年上升。例如，宁夏作为西部省份，承接了部分高耗能产业转移项目以及外送火电等项目，导致单位地区生产总值能耗和碳排放控制目标出现不降反升的情况。工业企业的技术水平相对较低，导致能源利用效率不高，碳排放量大。

6.4.6.2　城市层面

在此基础上，建立引入各个碳市场所在地区于 DID 变量的交互项，以检验碳市场的碳减排效应是否具有地区间的交互性。例如，在计算北京市的减污降碳效应时，构建北京市的模型如下：

$$Y_{it}=\alpha_0+\alpha_1 DID_{it}\times bj+\alpha_2 X_{it}+\mu_i+\delta_t+\varepsilon_{it} \tag{6-6}$$

分别对北京、上海、天津、重庆、深圳、广东、湖北这几个试点城市建立模型并进行回归，各个试点城市的相关回归结果如表 6-7 所示。

表 6-7　试点地区异质性检验

变量	（1）	（2）	（3）
	CO_2	SO_2	PM2.5
didbj	-32.8477*** (5.0410)	-1.2612*** (0.2705)	0.0883* (0.0511)
didsh	-27.6932*** (5.7597)	-1.1960*** (0.2721)	-0.1428*** (0.0388)
didsz	-11.5805*** (2.3062)	-0.9473*** (0.3261)	-0.1026** (0.0494)
didtj	35.2396*** (7.6143)	-0.2571** (0.1153)	-0.0197 (0.0359)
didcq	22.5684*** (6.6338)	-0.2278*** (0.0797)	-0.0754** (0.0312)
didgd	-3.6064*** (0.3912)	-0.0149 (0.0519)	-0.1224*** (0.0103)
didhb	-2.1263*** (0.4512)	-0.3252*** (0.0552)	-0.0416*** (0.0132)
控制变量	有	有	有
时间固定效应	YES	YES	YES
地区固定效应	YES	YES	YES
样本量	4528	4528	4528

注：括号内是聚类稳健标准误；***、**和*分别表示在1%、5%和10%的统计水平上显著。

由表 6-7 可知，北京在碳减排方面展现出了最为显著的效应，紧随其后的是上海和深圳，这两座城市在碳减排方面也取得了不俗的成绩。北京作为首都，对于环保和碳减排的政策引导更为重视。政府可能投入更多的资源和资金用于清洁能源、清洁生产技术的研发和应用。京津冀城市群协同减排效应中，北京作为经济领先的城市，近年来积极推动经济转型和产业升级，减少了对高能耗、高排放产业的依赖，同时加大了对低碳、环保产业的支持力度，积极发挥辐射带动作用，为其他城市提供资金和技术支持，推动整个区域的碳减排工作。同时，北京作为科技创新中心，拥有众多高校和科研机构，在绿色低碳技术创新方面具有较强的研发能力，推动了碳减排技术的进步和应用。

上海和深圳作为经济发达的城市，虽然产业结构相对优化，但仍然存在一定的高能耗、高排放产业。在能源结构方面，虽然清洁能源占比不断提高，但煤炭等传统能源仍占一定比重。上海和深圳在碳减排政策执行和市场机制建设方面取得了积极进展，但相对于北京可能还存在一定的差距。例如，在碳市场的活跃度和参与度、企业减排积极性等方面可能还有提升空间。

6.5　结论与政策启示

6.5.1　结论

碳排放权交易政策对减污降碳的影响程度和作用机制成为一个亟待解决的现实问题。本书基于 2006～2021 年中国 283 个地级市的面板数据，首先利用 DID 模型检验了碳排放权交易政策对 PM2.5 和 CO_2 排放的协同效应，其次进行了平行趋势检验、安慰剂检验等一系列模型稳健性检验。

整体来看，通过碳排放权交易试点政策，中国城市实现了显著的减污降碳效应。碳排放权交易试点政策对 CO_2 和 SO_2 的排放量产生了明显的下降效果，其中 CO_2 排放量下降了 2.434 百万吨，SO_2 排放量下降了 19.3%，PM2.5 年均浓度下降了 7.65% 且均显著，经过一系列稳健性检验后仍然显著。这一结论显示，碳排放权交易作为一种市场手段，在促进城市减污降碳方面发挥了积极作用：①从减污降碳协同方面来看，开始实施政策时，SO_2 和 PM2.5 的系数都不显著，可能是因为政策效应对 SO_2 具有一定的累积效果，由于 PM2.5 为二次污染物，其污染源组成较为复杂，而燃煤在所有排放来源中较低，所以 PM2.5 的预期政策效果没有那么好，但随着时间的推移，碳市场各项机制逐渐成熟，"减污"的效应也越明显。②从作用机制方面来看，碳交易政策能通过降低能源消费强度，改善产业结构和提高绿色创新水平来降低 CO_2 排放及大气污染物排放，但对于 SO_2 来说，改善产业结构与绿色创新水平对降低 SO_2 并不显著。对于 SO_2，绿色创新的直接效应可能较为显著，但由于空间溢出效应或其他因素的作用，整体效果可能并不突出。不同地区、不同经济发展水平的工业结构存在差异，这也会影响改善工业结构对 SO_2 排放的改善效果。因此对于 SO_2 来说，这一作用机制还需进一步讨论。③从地区异质性方面来看，中国首批国家级减污降碳试点名单涵盖了多种类型的城市，包括资源型、工业型、综合型、生态良好型城市等。东部地区和中部地区的 CO_2 量在政策实施后显著减少，虽然东部地区的 SO_2 系数不显著，但系数为负，政策对 SO_2 的排放起了一定的抑制效果。西部地区协同减排效果较差，可能与其经济发展，产业结构类型等方面相关。从城市层面来看，北京在碳减排方面展现出了最为显著的效应，紧随其后的是上海和深圳。

6.5.2 启示

中国城市减污降碳的潜力巨大。通过能源结构、产业结构的根本性变革以及实施绿色低碳发展战略，可以释放巨大的减污降碳空间。碳排放权交易作为一种市场机制，可以进一步激发城市在结构调整、技术革新、可再生能源发展等方面的潜力，推动城市向绿色低碳方向转型。

加强中国强制碳市场与自愿碳市场的互联互通，扩大碳排放权交易的市场范围，加快构建全国统一的碳市场。在有效防范风险的前提下，优化配额分配方式，逐步扩大行业覆盖范围，将更多行业和地区纳入交易体系，不断丰富交易品种、交易主体、交易方式，激发市场活力，充分发挥市场机制在碳减排资源配置中的决定性作用。自愿减排交易市场可以动员更广泛的行业企业，自主自愿开展温室气体减排行动，并创造巨大的绿色市场机遇，带动全社会共同参与绿色低碳发展，加强两个碳市场的互联互通。

完善交易规则和监管机制，确保市场的公平、公正和透明，防止市场操纵和价格扭曲。制定碳排放配额总量和分配方案，平衡市场供需，防止碳价格失控等市场风险，建立健全碳排放权交易的法律法规体系，为市场提供坚实的法律保障。定期对地级市的减污降碳成效进行评估和考核，确保政策的有效实施和目标的达成。对未能达到减污降碳目标的地级市进行问责和惩罚，推动其加强管理和改进工作。构建"国家—省—市"三级数据质量监管体系，以市级为核心，强化企业数据质控计划，实施月度数据存证，并运用大数据与信息化技术优化全国碳市场管理平台。金融部门对碳市场的参与度尚待提高，还没有充分发挥碳市场引导跨期投资，推动扩大交易范围和交易额，调动市场活跃度的能力。

充分考虑各地级市的经济发展、产业结构、能源消费等因素，制定科学合理的碳排放权初始分配方案。建立碳排放权交易激励机制，对积极参与交易、实现减污降碳目标的地级市给予政策支持和奖励。坚持系统观念，在多重目标中寻求动态平衡，将降碳、减污、扩绿、增长纳入生态文明建设整体布局和经济社会发展全局。通过一体化协同推进，推动经济社会的系统性变革和形成稳态的绿色低碳转型路径。建议各地根据实际情况制定相应的政策措施。例如，东部沿海地区可以通过提高碳排放权交易的门槛、增加碳排放权的供应量等措施来进一步推动企业参与碳排放权交易；而西部地区则可以结合当地的产业结构和发展需求，灵活调整配额分配和交易规则，确保政策的针对性和有效性。

鼓励和支持企业、高校、科研机构等开展减污降碳技术研发和创新，推动低碳技术的广泛应用。加强人才培养和引进，培养一批具有专业知识和实践经验的碳排放权交易和减污降碳人才。建立产学研合作机制，促进技术创新与产业发展的深度融合。首先需要明确减污降碳技术研发的方向与目标。这包括针对工业生产、能源利用、交通运输、建筑等领域的关键环节，识别出主要的污染源和碳排放源，并据此设定具体的技术研发目标。同时，还应关注国际前沿技术动态，确保研发方向具有前瞻性和引领性。政府在研发体系中发挥引导和协调作用。通过制定相关政策和规划，以及提供资金支持、税收优惠、技术评估等服务，为企业、高校和科研机构营造良好的研发环境，通过组织技术交流会、研讨会等活动，促进各方之间的信息交流和合作。

加强中央和地方政府的政策协同，确保各项政策在减污降碳方面的目标一致、措施协同。鼓励地级市之间开展区域合作，共同应对气候变化和环境污染问题。建立区域碳排放权交易市场，推动区域间碳排放权的优化配置和交易。建立以环境保护税、资源税、耕地占用税等绿色税种的"多税共治"，以及以企业所得税、增值税、消费税、车辆购置税等系统性税收优惠政策"多策组合"的绿色税收体系。通过税收政策的激励和约束作用，引导企业减少污染排放和降低碳排放。

第7章 长三角地区减污降碳协同效应研究

本章借助数据包络分析方法，从全要素角度测算了长三角地区 PM2.5 和 CO_2 的边际减排成本，通过比较单独减排与协同减排下的成本变动，估算长三角地区整体、省际层面和城市层面的减污降碳协同潜力，模拟不同发展情形下协同效应变化。通过估算长三角地区边际减污成本和边际降碳成本，揭示长三角地区减污降碳协同潜力的时间变化规律和空间分布特征，对长三角地区科学推动减污降碳协同增效具有参考价值。

7.1 研究背景

减污降碳协同增效是新时期中国环境治理的重要内容之一。中国政府高度重视减污降碳协同增效工作，并为之进行了一系列政策安排。2021 年 5 月，生态环境部发布了《关于统筹和加强应对气候变化与生态环境保护相关工作的指导意见》，提出要"推动实现减污降碳协同效应"。2022 年 6 月，生态环境部等七部门联合发布的《减污降碳协同增效实施方案》指出要"加快探索减污降碳协同增效的有效方式"。党的二十大报告也提出要"统筹产业结构调整、污染治理、生态保护、应对气候变化，协同推进降碳、减污、扩绿、增长"。长三角地区是中国经济发展最活跃、开放程度最高、创新能力最强的区域之一，肩负着率先实现经济高质量发展和生态环境根本好转的重要使命。长三角地区减污降碳协同增效受到决策者的广泛关注。2021 年 11 月，《中共中央 国务院关于深入打好污染防治攻坚战的意见》印发，提出要"深化长三角地区生态环境共保联治"。2022年 6 月，生态环境部提出要"健全长三角区域生态环境保护协作机制，建设长三角生态绿色一体化发展示范区"。2023 年 11 月，国务院印发《空气质量持续改善行动计划》，强调要"继续发挥长三角地区协作机制"，"完善区域大气污染防治协作机制"。在此背景下，对长三角地区减污降碳协同效应进行评估，不仅是长三角经济绿色转型的内在需要，也能为全国其他地区的环境保护提供路径探索和模式借鉴，具有重要的理论意义和应用价值。

7.2　文献综述

减污降碳协同增效一经提出就受到学术界的广泛关注，诸多学者对中国减污降碳协同潜力展开评估，从方法层面来看大体包含三类。首先，部分学者采用工程技术模型对温室气体和大气污染物的协同潜力进行测算，通过梳理各种减排技术的成本参数、节能效果和污染物排放系数，估算每种技术所能实现的环境效益。例如，马丁等（2015）以钢铁行业22项节能减排措施为研究对象，评估和比较了各项措施的减排潜力、减排成本和协同效益，发现有10项技术措施具有经济可行性；Zeng 等（2017）对中国高耗能行业的近50种技术措施进行梳理，估算了不同技术的减污潜力及其经济成本，并以乌鲁木齐为例进行实证分析，发现如果上述减排技术得以充分使用，乌鲁木齐大气污染治理成本可以大幅减少71%；Jiang（2023）采用 GAINS-ASIA 和 LMDI 模型相结合的方法，测算了中国电力部门脱碳的协同效益，发现在快速脱碳情景下，由于空气污染物减少所带来的协同效益比慢速脱碳情景下高 10~87 倍；Shi 等（2022）总结了中国"清洁空气行动"的六项措施，评估了不同技术措施对能源使用量和碳排放的影响，发现中国清洁空气治理举措的协同效益远超过末端控制导致的碳排放增加。工程技术模型的优势体现在对各种减排技术的精细刻画，是一种"自下而上"的建模方法，但工程技术模型对经济系统和能源系统考虑不足，不能分析经济和能源政策调整对协同效应带来的影响。

其次，减污降碳是一项复杂的系统性工程，涉及能源、经济、环境的多系统耦合、多主体交互和多目标协同，部分学者尝试对能源、经济、环境复杂系统进行数量建模，通过构建可计算一般均衡模型（Computable General Equilibrium, CGE），对温室气体与大气污染物间协同潜力展开评估。例如，Lanzi 等（2018）构建全球多区域动态 CGE 模型，评估了空气污染的经济损失，发现到 2060 年空气污染造成的经济损失将增长至全球 GDP 的 1%，其中，中国、里海地区和东欧的 GDP 损失最高；Jiang 等（2023）采用中国多区域 CGE 模型，以多种污染物的边际减排成本量化了各省份大气污染物控制的协同效应，发现东部经济体面临较高的减排成本；Zang 等（2022）构建中国多区域动态 CGE 模型，探讨了区域差异化碳定价政策对空气污染的影响，发现为实现碳达峰和碳中和目标，区域差异化的碳定价政策会显著降低空气污染物的排放；Jiang 等（2022）采用 CGE 模型对碳税、硫税和氮税政策下的温室气体和污染物减排的协同效应进行研究，发现考虑协同作用的治理计划会比单独治理节省近 50% 的社会经济成本。总的来看，尽管 CGE 模型能够考虑能源、经济、环境系统间的复杂性，但此类模型参数较多，模型内部结构复杂且其作用机制难以跟踪，基于 CGE 模型的协同效应评估涉及较多的不确定性，这可能会影响研究结果的稳健性。

最后，还有部分学者聚焦减污降碳的主要影响因素，通过构建指标体系对减污降碳协同效应进行测算。例如，狄乾斌等（2022）从环境污染、生态保护和资源利用等多个维度出发，建立减污降碳协同度的指标评价体系，并利用相关矩阵系数法、复合系统协同度法等对城市群减污降碳协同治理情况进行了研究；马伟波等（2022）借助碳排放水平和污染物排放数据构建减污降碳强度指标，进而表征城市减污降碳的整体效能；陈小龙等（2023）构建减污降碳协同增效综合评价指标体系，对中国沿海城市群减污降碳协同效应进行研究；孙丽文等（2020）从环境污染、环境治理、生态保护、资源利用、经济发展五个方面，建立碳排放协同治理的评价指标体系，探究了京津冀区域碳排放协同治理及影响因素；Hou 等（2023）根据六个环境影响指标对协同度指数进行定义，测算了中国碳排放与污染物减排的协同效应。总的来看，基于指标体系的研究方法具有概念清晰和操作简单的优点，但该方法对指标权重的设置存在主观性，且不能较好地考虑指标间的互动关系，影响了结果对政策制定的指示作用。

综上所述，已有文献通过不同方法探究了减污降碳协同效应，不同方法优缺点各有不同。现有成果主要侧重于终端污染物的减少，而随着中国空气质量的不断改善和碳排放配额的逐渐减少，终端减排的空间越来越有限，故应该从整个生产过程密切相关的能源结构和资源利用等方面来挖掘协同潜力。目前，少数学者尝试采用数据包络分析方法（Data Envelopment Analysis，DEA），通过考察投入产出约束关系来探究温室气体与大气污染物的协同潜力，但大多聚焦在国家层面（刘华军等，2023）。而作为中国经济高质量发展代表性区域之一的长三角地区，其经济发展水平、能源利用结构和环境治理技术均有别于其他区域，故其减污降碳协同潜力和实现路径均会存在明显不同。为科学谋划长三角减污降碳协同增效，本书将大气污染与碳排放纳入"能源—环境—经济"统一分析框架，借助 DEA 方法估算 PM2.5 和 CO_2 的边际减排成本，对长三角地区的减污降碳协同效应进行量化评估，以期揭示该地区减污降碳协同效应的时间变化趋势和空间演化特征，并结合不同发展情景下探索与之相匹配的协同政策体系，为长三角地区科学推动温室气体和大气污染物的协同控制提供潜在的策略方案。

本章可能的边际贡献体现在：第一，从边际减排成本视角出发，对长三角减污降碳协同潜力展开评估，揭示了减污降碳协同效应的时间变化规律和空间演化特征，这将为长三角地区科学推动减污降碳协同增效提供方法论和决策支持；第二，借助数据及分析框架，模拟了经济发展优先、能源效率优先、低碳发展优先、清洁空气优先等不同情形下减污降碳协同效应的潜在变化特征，这有助于长三角地区因地制宜地制定减污降碳协同增效方案，为不同地区精准施策提供可能。

7.3 减污降碳协同效应内涵与评估方法

7.3.1 减污降碳协同增效的基本内涵

减污降碳协同理念起源于全球绿色低碳实践。众多研究显示，温室气体与大气污染物有同根同源性，减污降碳协同策略既能实现多种污染物协同控制的"双赢"，也能降低整体减排成本（乌彩霞，2021；易兰，2022；张瑜，2022）。当前，中国正推动减污降碳协同增效，以整合目标与共享资源，满足国情需求并优化长远绿色发展战略。

为科学谋划减污降碳协同增效，需要构建合适的量化评估模型。本书拟借鉴刘华军等（2023）的研究思路：第一，从边际减排成本视角出发，对单独减排和协同减排的边际成本进行比较分析，这有助于推动污染物控制由末端治理向源头预防转变，体现了新时期生态环保的核心理念（熊华文，2022）。结合本书，从生产源头角度对单独减排与协同减排的边际成本进行对比分析，探究区域环境保护与经济增长之间的关系，进而深度解析长三角地区不同城市减污降碳协同增效的政策选择，有助于促进长三角地区绿色产业发展并实现可持续的社会经济目标。第二，模拟不同情境下减污降碳协同效应的变化规律。为探寻长三角地区各城市合理高效的减污降碳协同增效方案，在 DEA 模型框架下，通过调整评价模型中的指标权重，综合考虑经济成本和环境效益，构建不同的协同增效评估模型，为不同城市减污降碳协同增效提供有针对性的策略方案，这将为长三角地区不同城市的可持续发展提供策略选择，并最终服务于长三角整个地区的全面绿色转型和经济高质量发展。

7.3.2 减污降碳协同效应评估方法

对于减污降碳协同效应的评估方法，王涵等（2022）提出要综合考虑城市经济的发展水平、空气污染程度及各行业污染控制措施的不同，因地制宜地制定差异化的减污降碳政策。而在 DEA 框架下，综合考察各地区环境经济系统中多样化的投入产出关系，对长三角地区减污降碳协同效应进行评估，旨在从整体层面上对长三角地区单独减排与联合减排下的边际成本与减污降碳协同效应进行量化分析。

传统的 DEA 模型只允许生产单位的投入和产出成比例增长，非方向性距离函数的优势在于扩大期望产出的同时，它可以降低投入和非期望产出，还可以允许投入变量拥有不同比例的变动（刘明磊等，2011）。本书采用 Färe 等（2007）的分析框架，将长三角地区内各个城市作为决策单元（Decision Making Units，DMU），选取资本（K）、劳动（L）、能源（E）为投入变量（X），即 $X = (X_K, X_L, X_E)$，以地区生产总值（G）作为期望产出（Y），区域 CO_2 排放量（C）和 PM2.5 浓度（P）作为非期望产出（b），即 $b = (b_C, b_P)$。Oh（2010）提出全局基准技术可解决跨期潜在的线性无解问题，借鉴该方法，在规模报酬不变的假设下，本书生产技术定义为：

$$P(X) = \{Y, b: Y \text{生产会产生} b\} \tag{7-1}$$

基于上述假设，长三角地区各城市生产可能性集 P^G 可表示为：

$$P^G = X, Y, b: \sum_{m=1}^{M}\sum_{n=1}^{N}\mu_n^m X_n^m \leq X, \ \sum_{m=1}^{M}\sum_{n=1}^{N}\mu_n^m Y_n^m \geq Y, \ \sum_{m=1}^{M}\sum_{n=1}^{N}\mu_n^m b_n^m = b \tag{7-2}$$

其中，μ 表示线性组合系数，是每个 DMU 观察值的权重，当 $\mu_n^m \geq 0$ 时，表示该生产技术是规模报酬不变的。P^G 表示有界集合，不仅要满足凸性、紧凑性和投入自由处置性，还需要满足如下条件：第一，期望产出与非期望产出具有零点相关性。假如 $(Y, b) \in P$ 且 $b = 0$，则意味着 $Y = 0$。非期望产出与期望产出是并存的，只有当生产活动停止才不存在非期望产出，否则有期望产出必定伴随着非期望产出。第二，非期望产出满足联合弱处置性，非期望产出的降低需要付出一定代价，即若 $(Y, b) \in P$ 且 $0 \leq \rho \leq 1$，则 $(\rho Y, \rho b) \in P$。第三，期望产出具有强处置性，即降低期望产出并不等于减少非期望产出。在全局基准技术下，可建立非径向方向距离函数模型：

$$\vec{D}X, Y, b; \ d = \max \ \{w_X\beta_X + w_Y\beta_Y + w_b\beta_b\} \tag{7-3}$$

约束条件包括：

$$\sum_{m=1}^{M}\sum_{n=1}^{N}\mu_n^m X_n^m \leq X + \beta_X d_X, \ \sum_{m=1}^{M}\sum_{n=1}^{N}\mu_n^m Y_n^m \geq Y + \beta_Y d_Y, \ \sum_{m=1}^{M}\sum_{n=1}^{N}\mu_n^m b_n^m = b + \beta_b d_b \tag{7-4}$$

其中，$B = (\beta_X, \beta_Y, \beta_b)^T$ 表示松弛向量，是各变量的方向距离函数值，即非效率值，表示各个指标变量缩减或扩张的比例，满足 $\beta_X, \beta_Y, \beta_b \geq 0$。$W^M = (w_X, w_Y, w_b)$ 为权重向量，表示各指标变量的重要程度，后续可以通过改变指标权重设定不同发展情景。$d=(d_X,\ d_Y,\ d_b)$为方向向量,即沿着方向向量,能够使期望产出最大,同时减少非期望产出,从而达到产出最前沿,实现生产效率最优化。通过对指标权重W^M进行不同情形下的设定,可构建单独减污、单独降碳以及减污降碳情形下的指标权重矩阵。本书遵循 Zhang 等研究方法,在生产系统各指标同等重要的前提下构造基准模型,将生产系统中投入与产出的权重均设置为1/2,其中,投入系统包含资本(K)、劳动(L)、能源(E)三个指标,假设三者能够提供均等贡献,则每个指标权重为1/6(即$1/2\times1/3$)。单独减排(单独减污、单独降碳)时,产出系统包含一个期望产出(Y)与一个非期望产出(P或C),因此该系统的指标权重为1/4($1/2\times1/2$);而在进行协同减排(减污降碳)时,产出系统涵盖一个期望产出(Y)和两个非期望产出(P和C),这时系统的指标权重为$1/6(1/2\times1/3)$。上述情景对应的权重向量可表示为:

$$\begin{cases} d=-K,\ -L,\ -E,\ Y,\ 0,\ -P,\ \boldsymbol{W}^M=\dfrac{1}{6},\ \dfrac{1}{6},\ \dfrac{1}{6},\ \dfrac{1}{4},\ 0,\ \dfrac{1}{4},\ 单独减污 \\[3mm] d=-K,\ -L,\ -E,\ Y,\ -C,\ 0,\ \boldsymbol{W}^M=\dfrac{1}{6},\ \dfrac{1}{6},\ \dfrac{1}{6},\ \dfrac{1}{4},\ \dfrac{1}{4},\ 0,\ 单独降碳 \\[3mm] d=-K,\ -L,\ -E,\ Y,\ -C,\ -P,\ \boldsymbol{W}^M=\dfrac{1}{6},\ \dfrac{1}{6},\ \dfrac{1}{6},\ \dfrac{1}{6},\ \dfrac{1}{6},\ \dfrac{1}{6},\ 减污降碳 \end{cases}$$

$$(7-5)$$

7.3.3 边际减污成本与边际降碳成本

与传统可交易的商品不同,非期望产出并不存在市场价格。在联合生产中,非期望产出与期望产出之间存在着相关性,根据方向性距离函数的弱处置性原则,非期望产出的减少往往伴随着期望产出的减少。因此,可将期望产出的下降视为非期望产出的机会成本,即所谓的影子价格。为此,借鉴 Zhang 等(2020)的研究方法,基于非参数形式下非径向方向距离函数和成本函数之间的对偶关系,建立如下对偶模型:

$$\min p_X X_0^m - p_Y Y_0^m + p_b b_0^m \tag{7-6}$$

约束条件:

$$p_X X_0^m - p_Y Y_0^m + p_b b_0^m \geq 0 \tag{7-7}$$

$$p_X \geq \frac{1}{d_X},\ p_Y \geq \frac{1}{d_Y},\ p_b \geq \frac{1}{d_b} \tag{7-8}$$

利用谢泼德引理,得出了非期望产出与期望产出的影子价格之比,即边际转化率:

$$S = -p \frac{\dfrac{\partial \overrightarrow{DX},\ Y,\ b;\ d}{\partial b}}{\dfrac{\partial \overrightarrow{DX},\ Y,\ b;\ d}{\partial Y}} \tag{7-9}$$

其中，S 表示非期望产出的影子价格，p 表示期望产出价格，分式为非期望产出与期望产出的边际转化率之比，据此可得到非期望产出 CO_2 和 PM2.5 的边际减排成本。

根据公式（7-9），借鉴刘明磊等（2011）和刘华军等（2023）的研究可知边际减污成本和边际降碳成本满足：

$$E_{PM2.5} = \frac{AMAC_{PM2.5} - CMAC_{PM2.5}}{AMAC_{PM2.5}} \qquad E_{CO_2} = \frac{AMAC_{CO_2} - CMAC_{CO_2}}{AMAC_{CO_2}} \tag{7-10}$$

其中，$AMAC_{PM2.5}$ 表示单独减排时 PM2.5 的边际减排成本，$CMAC_{PM2.5}$ 表示联合减排时 PM2.5 的边际减排成本。与单独减排相比，联合减排情景下边际减污成本减少的比率称之为减污效应，用 $E_{PM2.5}$ 表示；$AMAC_{CO_2}$ 表示单独减排时 CO_2 的边际减排成本，$CMAC_{CO_2}$ 表示联合减排时 CO_2 的边际减排成本。联合减排时边际降碳成本减少的比率称为降碳效应，用 E_{CO_2} 表示。特别地，在减污与降碳同等重要的假定下，可定义减污降碳效应：$E = \alpha \times E_{PM2.5} + \gamma \times E_{CO_2}$，$\alpha = \gamma = 0.5$。

7.3.4　数据来源与处理

本书利用全局参比的非径向方向距离函数结合对偶理论和影子价格，对长三角地区不同区域层面的单独减排与协同减排下的边际成本进行测算，据此揭示各地区的减污降碳协同潜力。根据长三角一体化的国家战略规划，目前长三角地区共包含三省一市的 41 个城市。由于 2011 年安徽省巢湖市被撤销，各县区划入其他地级市管理，考虑到数据的完整性与一致性，本书将时间跨度设定为 2011~2021 年。

7.3.4.1　投入指标

在宏观层面上，国家或地区的生产需要资本和劳动作为投入，并且需要一定的能源消耗。因此，本书的投入变量设置为资本、劳动与能源三种：①以资本存量来表征资本投入。国内学者主要采用永续盘存法，从不同层面对资本存量进行了研究。具体地，单豪杰（2008）重建了资本存量测算的四个核心指标，并利用永续盘存法估算了全国和省际层面的资本存量；徐淑丹（2017）通过改进永续盘存法，对中国城市的资本存量和折旧率进行了估计。本书借鉴单豪杰（2008）的方法，依据李宾（2011）研究中论证的基年越早，基期资本存量对后续年份影响越小的理论，以 2006 年为基期，利用 2006 年前后经济增长率的平均值作为投资增长率，将 10.96% 作为资本折旧率，进而计算长三角地区历年的资本存量，最终获取 2011~2021 年各城市的资本存量数据。②以三次产业的就业人数总和作为劳动投入指标，资料来源于各省份历年统计年鉴。③采用《中国能源统计年鉴》和《中国城市统计年鉴》中各城市的能源消费总量作为能源投入指标。

7.3.4.2 期望产出指标

以地区生产总值来表征期望产出指标。地区生产总值是衡量国家或地区整体经济活动的指标，在衡量国家或地区的经济繁荣程度和发展水平方面具有重要意义。数据采用全市统计口径，且采用 2011 年不变价处理，资料来源于历年《中国城市统计年鉴》，缺失值由各城市国民经济和社会发展统计公报中的数据补齐。

7.3.4.3 非期望产出指标

非期望产出指标为碳排放与 PM2.5 浓度。城市的碳排放既来源于天然气、液化石油气等直接燃烧，也来自热能、电能这些间接能源使用导致的排放。参照马远等（2021）的计算方法，测算 2011 年以来长三角地区 41 个城市的碳排放数据。对于各城市 PM2.5 浓度，主要来源于中国环境监测总站（http：//www. cnemc. cn/）。

7.4 长三角地区减污降碳协同效应的量化评估

本节利用构建的减污降碳协同效应模型，分别对长三角地区、省际层面以及城市层面的减污降碳协同效应进行量化分析。

7.4.1 长三角地区减污降碳协同效应量化分析

表 7-1 展示了长三角地区减污降碳协同效应的时间变化规律。由此可知，边际减污成本和边际降碳成本均保持上升趋势，表明长三角地区环境治理成本越来越高，减排越来越难。从边际减污成本来看，2011~2021 年，单独减排情况下，长三角地区边际减污成本由 31.10 亿元/（微克/立方米）上升为 72.11 亿元/（微克/立方米），平均边际减污成本为 48.32 亿元/（微克/立方米）。在联合减排的情况下，长三角地区边际减污成本由 18.36 亿元/（微克/立方米）上升为 45.64 亿元/（微克/立方米），平均边际减污成本为 30.68 亿元/（微克/立方米）。据此推算可知，相较于单独减排，联合减排时平均边际减污成本的缩减比例为 35.28%。从边际降碳成本来看，2011~2021 年，单独减排时，长三角地区整体边际降碳成本从 42.43 亿元/百万吨提高到 58.72 亿元/百万吨，平均边际降碳成本为 52.72 亿元/百万吨，而联合减排时则从 27.91 亿元/百万吨提高到 41.44 亿元/百万吨，平均边际降碳成本为 35.39 亿元/百万吨。与单独减排相比，联合减排情

况下平均边际降碳成本的缩减比例为32.41%。总的来看，联合减排的边际成本均低于单独减排的边际成本，表明长三角地区减污降碳协同潜力突出。

表7-1　长三角地区减污降碳协同效应

年份	单独减排		联合减排		减污效应（%）	降碳效应（%）	减污降碳协同效应（%）
	边际减污成本（亿元/（微克/立方米））	边际降碳成本（亿元/百万吨）	边际减污成本（亿元/（微克/立方米））	边际降碳成本（亿元/百万吨）			
2011	30.10	42.43	18.36	27.91	37.31	33.50	35.41
2012	34.59	42.47	22.28	27.48	35.61	33.82	34.71
2013	32.57	45.99	20.21	29.21	38.07	35.89	36.98
2014	31.93	45.03	19.39	29.92	38.73	32.54	35.63
2015	34.62	42.74	21.37	28.01	38.01	27.69	32.85
2016	38.78	41.80	24.11	27.24	36.18	31.80	33.99
2017	57.93	63.22	37.57	41.39	34.61	34.38	34.49
2018	63.26	69.25	40.16	48.84	31.09	32.73	31.91
2019	66.50	65.92	43.42	46.85	33.23	31.94	32.59
2020	69.07	62.36	44.98	40.98	32.09	35.01	33.55
2021	72.11	58.72	45.64	41.44	33.17	27.20	30.18
均值	48.32	52.72	30.68	35.39	35.28	32.41	33.85

2011~2021年长三角地区整体减污降碳协同效应的平均值为33.85%。从时间层面来看，减污降碳协同效应在2013年达到峰值为36.98%，之后出现些许下滑但仍维持在一个较高水平。本书认为，该结果与国家生态环境发展战略的调整密切相关，特别是2013年出台的《大气污染防治行动计划》强化了全国层面的大气污染治理力度，长三角地区为完成国家下达的考核目标采取了更为严格的环境治理力度，带来了较为显著的减污降碳协同效应。2013年之后长三角减污降碳协同效应出现下滑，但在2017年出现了一定程度的反弹。这是因为，2017年是《大气污染防治行动计划》主要目标实现的关键年份，为完成相关环境治理目标，长三角各地区可能采取更为严格的环境治理措施，故表现为减污降碳协同效应的一定反弹。尽管如此，长三角减污降碳协同效应仍维持在30%以上，表明该地区科学推动减污降碳协同增效工作的必要性和迫切性。

与国内外同类文献比较，本书测算结果有一定的合理性。以边际降碳成本为例，刘明磊等（2011）采用DEA模型测算发现2005~2007年全国各省份平均边际降碳成本为 1739 元/吨；赵巧芝等（2019）测算发现，2015 年中国各省份边际减排成本为 272～4312 元/吨；陈德湖等（2016）测算发现 2000～2012 年中国各省份平均边际降碳成本为 1519 元/吨；刘华军等（2023）估算得到 2006～2018 年中国各省份单独减排和协同减排的平均边际降碳成本分别为 3335.11 元/吨和 2045.30 元/吨。而在本书中，2011～2021 年，长三角地区单独减排和协同减排的平均边际降碳成本分别为 33.84 亿元/百万吨和 27.90 亿元/百万吨，亦即 3384 元/吨和 2790 元/吨，与上述文献结果相差不大。

7.4.2 省际层面减污降碳协同效应量化分析

在对长三角整体减污降碳协同效应量化分析的基础上，进一步细化研究对象，聚焦三省一市，对不同省份减污降碳协同潜力进行对比分析，结果如图 7-1 所示。不同省份边际减排成本存在明显差异性。从边际减污成本看，上海市边际减排成本最高，江苏省和安徽省相对较小；从边际降碳成本看，上海市和江苏省边际降碳成本较高，安徽省边际降碳成本最低。该结果主要源于不同省份拥有不同的经济发展水平、产业结构和能源消费结构。上海市作为主要的国际金融中心，其产业结构以服务业和高新技术制造业为主，这些产业往往具有相对较低的排放强度，故其减污和降碳的边际成本相对较高。安徽省在长三角地区三省一市中经济发展水平最低，产业结构偏重，传统的高耗能高排放行业仍占据较大比重，故其减污和降碳的边际成本相对偏低。浙江省和江苏省的产业结构相对多元化，其经济发展水平和化石能源消费占比介于上海和安徽之间，故其减污和降碳的边际成本也位于两者之间。

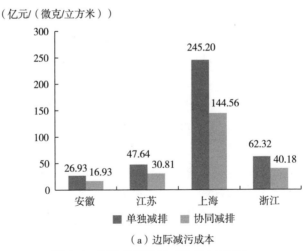

（a）边际减污成本

图 7-1　部分省份边际减排成本及对比

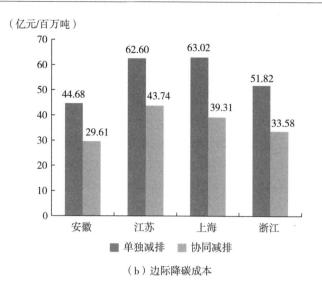

（ｂ）边际降碳成本

图 7-1 部分省份边际减排成本及对比（续）

如图 7-1 所示，对比单独减排与协同减排下的边际减排成本变动，可知协同减排下上海市的平均边际减污成本由 245.2 亿元/（微克/立方米）降低到 144.56 亿元/（微克/立方米），减污效应为 36.99%；安徽省的平均边际减污成本由 26.93 亿元/（微克/立方米）降低到 16.93 亿元/（微克/立方米），减污效应为 37.64%；浙江省和江苏省的减污效应则为 32.98% 和 34.19%。而从降碳效应来看，协同减排下三省一市的边际降碳成本也均有不同程度的缩减，其中，安徽省的平均边际降碳成本由 44.68 亿元/百万吨降低至 29.61 亿元/百万吨，降碳效应为 33.20%；江苏省的平均边际降碳成本由 62.60 亿元/百万吨降低到 43.74 亿元/百万吨，降碳效应为 30.13%；上海市和浙江省的降碳效应依次为 27.00% 和 32.90%。总的来看，相比单独减排，协同减排视角下三省一市的边际减污和边际降碳成本均有显著下降，表明三省一市从协同视角推动减污和降碳均能显著降低环境治理成本。

图 7-2 展示了长三角地区三省一市减污降碳协同效应水平及其时间变化趋势。可知，2011~2021 年，安徽省减污降碳协同效应的均值为 35.42%，在三省一市中处于最高值，紧随其后的是上海市的 35.05%，江苏省和浙江省减污降碳协同效应平均水平大体相当，在 32.90% 附近小幅波动。从时间变化趋势上看，上海市减污降碳协同效应在 2019 年后出现了急剧下滑，这可能与国际政治态势干扰和疫情冲击有关。受中美贸易冲突和疫情的共同影响，上海市经济增长面临较大下行压力，为了维持经济增长，上海市可能放松环境规制力度，由此带来能

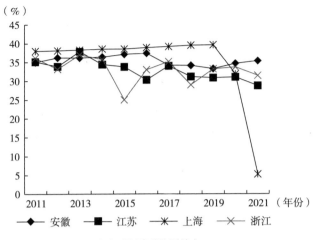

（a）减污降碳协同效应

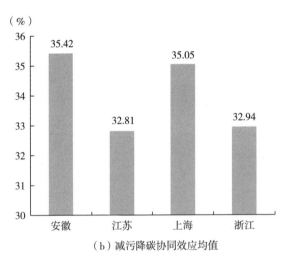

（b）减污降碳协同效应均值

图 7-2 部分省份减污降碳协同效应

源消费和资源使用量的上升，限制了减污和降碳的协同潜力。该发现与刘茂辉等
（2022）的结果相类似，其研究认为受贸易冲突和疫情的共同影响，部分沿海港
口城市（如天津）减污降碳协同效应会有较大波动。与上海不同，安徽、浙江
和江苏减污降碳协同效应虽在各年份间有所波动，但大多维持在一个较高的水
平，表明这些地区减污降碳协同潜力突出。

7.4.3　城市层面减污降碳协同效应量化分析

图 7-3 列举了长三角地区 41 个城市的减污降碳协同效应，这些地区减污降

碳协同效应的均值为 33.85%（图中三角形位置），意味着长三角市级层面的减污降碳协同潜力均较为明显。分城市来看，台州市、温州市、嘉兴市、连云港市和常州市的减污降碳协同效应相对较高，均在 39% 以上。这些城市大力推进节能减排协同增效，将绿色发展理念融入城市建设规划中，实现了经济与环境保护的有效统一。与之相比，苏州市、金华市、杭州市和南京市的减污降碳协同效应相对较低，这可能源于这些城市在规模扩张和经济增长方面发展较快，带动了能源资源需求增加和环境负担的加剧，故在短时间内实现减污降碳协同发展面临较大挑战。

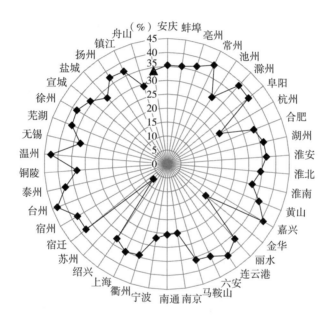

图 7-3 长三角地区 41 个城市减污降碳协同效应

7.5 长三角地区减污降碳协同效应影响因素分析

在前面的章节中，本书通过量化评估深入研究了长三角地区的减污降碳协同效应，分别从长三角地区整体、省际层面和城市层面进行了分析。这些研究揭示了长三角地区普遍存在明显的减污降碳协同潜力，但也显示出不同地区和城市之间存在差异。为了更深入地了解减污降碳协同效应的形成机制，本章将聚焦于分析影响这一效应的关键因素，这将有助于揭示减污降碳协同效应的内在动因，为制定更有效的政策和战略提供重要依据。

7.5.1　指标选取与数据来源

7.5.1.1　指标选取

在长三角地区，各城市之间的减污和降碳协同效应表现出显著的差异。这种协同效应不只取决于地区内减污降碳相关的投入和产出，还受到外部的经济、技术、环境和政策等因素的影响（张雪纯等，2023）。因此，本书参考张雪纯等（2023）和陈晓红等（2022）探究以下指标对减污降碳协同效应影响的因素。

经济发展：当前，经济、能源与环境系统的和谐发展成为高质量经济增长的新目标。地区的环境管理能力与经济发展紧密相关。实证研究显示，经济增长能显著提升环境治理的效率（张军涛和汤睿，2019）。这表明，经济更加繁荣的区域往往拥有更高的环境管理效率，以及更有效的污染和CO_2减排能力。因此，以2011年为基期的实际生产总值表征城市的经济发展，单位为万元，模型中以对数形式表示。

人口规模：人口规模与城市减污降碳协同效应之间存在复杂的关系：随着人口规模增加，城市面临更高的能源需求和碳排放压力，同时也增加了基础设施和公共服务的负担。但是，较大的人口规模却意味着更多的经济活动和财政资源，为技术创新和环保政策的实施提供支持，从而有潜力提高减污降碳的协同效应。本书以城市年末总人口代表人口规模，单位为万人，在模型中以对数形式表示。

产业结构：减少污染和降低碳排放与产业结构的演变有着紧密的联系（吴永娇等，2022；叶翀等，2021）。产业结构的优化及升级，即产业从低端向高端发展的过程中，服务业的比例逐渐增加。调整产业结构促使各行业协调发展，进而促进资源和要素的有效流动；同时，产业升级也有助于优化特定产业链，减少对矿产能源的依赖，降低生产活动的环境成本，有效推动大气污染物与CO_2联合减排。本书以第二产业和第三产业的增加值占城市地区生产总值的比重代表产业结构。

外商投资企业数和金融机构贷款余额：外商投资企业通常带来先进的技术和管理经验，这有助于提高产业的能效和减少污染排放，从而促进城市的减污降碳协同效应。同时，金融机构的贷款余额反映了城市可用于投资环保和能效项目的资金规模，越多的资金意味着有更大的能力支持清洁能源项目、能效提升措施和其他减碳技术的应用，进一步加强城市的减污降碳协同效应。因此，本书以外商投资企业数和金融机构贷款余额来代表城市资金流动和技术引进两个方面的因素。

教育支出和人力资本：高水平的教育支出通常反映在提高人口的教育水平和人力资本质量上，这对于推动城市减污降碳协同效应具有重要作用。一方面，较高的教育水平有助于提高公众对环保问题的认识和理解，进而促进个人和企业采取更多节能减排的行为。另一方面，人力资本的提升能够促进创新和技术进步，包括开发和应用新的环保技术和清洁能源技术，这对于降低城市的碳排放和污染物排放至关重要。因此，本书以教育支出和人力资本来表征社会经济中的人文发展因素。

　　环保词频、城市道路面积和公共汽车营运车辆：本书以环保词频、城市道路面积和公共汽车营运车辆来表征政策以及环境方面的因素。环保词频、城市道路面积和公共汽车营运车辆与城市减污降碳协同效应之间存在密切联系。环保词频的高低反映了公众和政府对环保问题的关注度，较高的环保意识能促进更有效的减污降碳政策的制定与执行。城市道路面积的扩展虽然为交通流动提供便利，但也可能增加私人车辆使用，从而提高碳排放；相对地，增加公共汽车营运车辆可以提高公共交通的可用性和吸引力，减少私人车辆依赖，促进城市减污降碳协同效应。因此，提高环保意识、合理规划城市交通基础设施，以及增强公共交通系统的效率，是实现城市可持续发展和协同减排的关键策略。

　　各指标的基本描述如表 7-2 所示。

表 7-2 主要变量的描述性统计

变量名称	符号	样本量	均值	标准差	最小值	最大值
减污降碳协同效应	SER	451	0.3385	0.1232	−0.9673	0.5477
经济发展	lnGDP	451	17.1464	0.9622	15.1306	19.8844
人口规模	PS	451	6.0869	0.5995	4.3014	7.3011
产业结构	IS	451	0.4929	0.2054	0.1598	1.1643
外商投资企业数	FIE	451	3.7317	1.8190	0.0000	8.0889
金融机构贷款余额	LFI	451	16.7559	1.2923	14.3533	20.5984
教育支出	ES	451	12.6859	1.0316	9.2170	16.1568
人力资本	HC	451	8.0068	1.0973	5.6525	10.8692
环保词频	EW	451	1.1295	0.4216	0.8771	0.2142
人均城市道路面积	URA	451	15.6231	6.9018	4.0000	51.0000
公共汽车营运车辆	BOV	451	7.0472	1.0422	4.6052	9.7925

7.5.1.2 数据来源

　　本书的对象是 2011~2021 年长三角地区 41 座城市，具体说明指标数据来自

《中国城市统计年鉴》《中国城乡建设统计年鉴》。其中,环保词频这一指标本书借鉴邓慧慧和杨露鑫(2019)的研究,采用地方政府工作报告中与"环保"一词相关的词频占总报告中所有词的比例。

7.5.2 模型的设定与构建

7.5.2.1 面板回归模型的介绍

面板数据回归模型(Panel Data Regression Model),也称为横截面时间序列模型(Cross-sectional Time-series Model),是一种分析工具,用于处理跨越特定时间段内的多个实体(如企业、国家或个体)的数据。该模型融合了时间序列与横截面数据的分析维度,允许同时考量时间与个体效应的变化。基本上,该模型可以被划分为三个不用的类型:固定效应、随机效应和混合效应模型。模型的选择取决于研究的具体需求和数据的属性,可以采用 Hausman 检验等方法来鉴定最适宜的模型种类。在面板数据分析中,还需注意处理序列相关性和异方差性问题,以确保分析结果的准确性。

对于固定效应模型(Fixed Effects Model),这是一种特定的面板数据线性回归模型,适用于只有截距项在不同实体(例如,企业、国家或个人)或时间点上有所变化,而模型其他参数保持不变的情形。固定效应模型可以分为三种类型:个体固定效应、时间固定效应以及双向固定效应(即同时考虑个体和时间效应)。该模型的标准形式可表示为:

$$Y_{it} = \alpha_i + \beta X_{it} + \varepsilon_{it} \tag{7-11}$$

其中,Y_{it} 表示因变量,表示第 i 个个体在时间 t 的观测值;α_i 表示截距项;β 表示斜率系数;X_{it} 表示解释变量;ε_{it} 表示误差项,是指在第 i 个截面单位在时间 t 的随机扰动。

随机效应模型(Random Effects Model):在面板分析中,随机效应模型可用于估计多个截面单位(如公司、国家、个人等)随时间变化的数据。与固定效应模型不同,该模型假设个体特定效应是随机的,与模型中的解释变量不相关。该模型的基本表达式为:

$$Y_{it} = \alpha_i + \beta X_{it} + \mu_i + \varepsilon_{it} \tag{7-12}$$

其中,Y_{it} 表示因变量,即第 i 个个体在时间 t 的观测值;α_i 表示截距项;β 表示解释变量 X_{it} 的系数,是指解释变量 X_{it} 对 Y_{it} 的影响;μ_i 表示第 i 个截面单位的随机效应;ε_{it} 表示误差项。

7.5.2.2 面板回归模型的构建

本书通过分析 2011~2021 年长三角 41 个城市的面板数据,进行了深入的实证探讨。面板数据同时捕捉个体差异和时间差异,根据前文的模型理论,本书初步选定面板回归方法进行分析，通过使用 Hausman 检验被用来确定是基于固定效应模型还是随机效应模型，研究结果表明 P 值为 0.000，拒绝原假设，因此选择固定效应模型。随后，本书进一步对时间虚拟变量进行了联合显著性检验，结果显示 P 值为 0.0017，这表明至少有一个年份虚拟变量对被解释变量有显著影响。综上所述，本书采用双向固定效应模型作为基准回归分析模型。

本书的基准回归模型设定如下：

$$E_{it}=\alpha_0+\beta_1 \ln GDP_{it}+\beta_2 \ln PS_{it}+\gamma Control_{it}+\mu_i+\varphi_t+\varepsilon_{it} \qquad (7\text{-}13)$$

其中，E_{it} 表示第 t 年 i 市的减污降碳协同效应；$\ln GDP_{it}$ 表示第 t 年 i 市的经济发展水平；$\ln PS_{it}$ 表示第 t 年 i 市的人口规模；α_0 表示截距项；$Control_{it}$ 表示其他的解释变量，包括产业结构、外商投资企业、金融机构贷款余额、教育支出、人力资本、环保词频、人均城市道路交通面积和公共汽车营运车辆。其中除人均城市道路交通面积和产业结构和环保词频未取对数以外，其他变量均进行了对数变换。μ_i 表示 i 市的个体效应，φ_t 表示第 t 年的时间效应，ε_{it} 表示随机误差项。

7.5.3　基准回归结果与分析

从表 7-3 中可以看出，第（1）列是随机效应的回归分析，第（2）列是控制时间固定效应的回归分析，而第（3）列则是控制个体固定效应和时间固定效应的回归分析。

表 7-3　基准回归结果

变量	(1) 减污降碳协同效应	(2) 减污降碳协同效应	(3) 减污降碳协同效应
经济发展	-0.001	-0.003	-0.005
	-0.034	-0.037	-0.042
人口规模	0.072***	0.074***	0.093***
	-0.019	-0.021	-0.023
环保词频	0.027*	0.031**	0.025
	-0.014	-0.014	-0.015
教育支出	-0.031	-0.032	-0.046*
	-0.022	-0.023	-0.025
金融机构贷款余额	-0.036	-0.038	-0.060*
	-0.024	-0.025	-0.032
外商投资企业数	0.001	0.002	0.002
	-0.008	-0.01	-0.01

续表

变量	（1）	（2）	（3）
	减污降碳协同效应	减污降碳协同效应	减污降碳协同效应
人力资本	−0.049 *** −0.013	−0.050 *** −0.013	−0.040 *** −0.014
产业结构	0.208 *** −0.068	0.210 *** −0.07	0.269 *** −0.081
人均城市道路面积	0.001 −0.001	0.001 −0.001	0.002 * −0.001
公共汽车营运车辆	0.042 ** −0.02	0.045 ** −0.021	0.049 ** −0.021
_cons	0.922 *** −0.254	0.969 *** −0.341	1.275 *** −0.376
N	451	451	451
R^2	0.112	0.122	0.134
时间固定效应	否	是	是
省域固定效应	否	否	是

注：括号内为相应的 t 统计量；*、** 和 *** 分别表示在 10%、5% 和 1% 水平下显著。

结果显示，所有的回归结果中人口规模、产业结构、人力资本和公共汽车营运车辆这四个因素对城市减污降碳协同效应均具有显著性影响，其中，人口规模、产业结构和公共汽车营运车辆对于减少污染和碳排放的协同效应，都显示出了积极的推动作用，而人力资本的系数为负值。具体地，本书认为各指标与城市减污降碳之间存在以上关系的原因可能为：

人口规模：在回归结果中，发现人口规模对减污降碳协同效应具有正向影响，意味着长三角地区人口较多的城市更有可能实现更高水平的减污降碳协同效应。这或许是因为大城市具备更多资源、市场规模和协同机会，有利于环境保护和碳减排举措的推进。然而，也需要谨慎处理人口规模带来的环境压力，并确保相应政策和管理措施以实现更可持续的绿色发展。这一发现强调了城市规模对减污降碳协同效应的潜在影响，为进一步研究和政策制定提供了有价值的线索。

产业结构：回归分析结果表明，长三角地区各城市的减污降碳协同效应受到产业结构的显著影响。这意味着城市的产业构成对于协同减排和降碳效应具有重要影响，尤其是第二产业和第三产业的比重。产业结构的升级和调整在推动减污降碳协同效应方面发挥了积极作用，促使城市向更加清洁和绿色的产业方向发展，降低了污染物排放，同时推动了新兴环保和可再生能源领域的发展。然而，这也需要在产业结构调整中平衡就业和经济增长，确保失业率的控制和新兴产业的发展。总之，产业结构优化对于长三角地区各城市减污降碳协同效应的促进具有重要意义，为未来可持续发展战略提供了有力支持，强调了产业结构调整在实现环境和经济双赢中的关键作用。

人力资本：回归分析表明，在长三角地区的各个城市中，人力资本对减污降碳的协同效应起到了负面影响。这意味着城市中较高水平的人力资本并不一定导致更好的协同减排和降碳效应。这一现象可能反映出人力资本的过度投入可能导致资源的错配和浪费，降低了环境效益。此外，过高的人力资本水平可能导致城市更加依赖高能耗产业和高污染产业，从而增加了污染物排放的风险。因此，长三角地区各城市在追求减污降碳协同效应时需要更加谨慎地配置人力资本资源，确保其与产业结构和环境保护政策相协调。这也强调了在人力资本培养和利用方面需要更加精细化的政策和策略，以充分发挥人力资本的潜力，促进可持续的环境和经济发展。需要综合考虑人力资本的质量和结构，以确保其对减污降碳协同效应的积极贡献，同时防止不适当的人力资本投入对环境造成负面影响。这一发现为长三角地区的可持续发展战略提供了有益的启示，强调了在人力资本发展和利用中需要更加注重生态环境的平衡和协调。

公共汽车运营车辆：在回归分析中，增加公共汽车运营车辆与长三角地区各城市的减污降碳协同效应之间存在正相关关系。这意味着公共汽车的增加可以促进各城市在减少污染和降低碳排放方面取得更好的协同效应。这一发现可以通过多个角度来解释。首先，增加公共汽车可以鼓励更多的市民选择公共交通，从而降低了交通领域的污染和碳排放。其次，公共汽车通常采用较新的技术和低排放燃料，有助于减少每辆车的污染和碳排放水平。此外，优化和扩展公共汽车系统还可以减少城市内部的交通拥堵，降低了排放。因此，增加公共汽车运营车辆不仅提供了更环保和低碳的交通方式，还有助于改善城市环境和降低碳排放。这一发现突出了城市交通系统在实现减污降碳目标方面的重要性，强调了采取可持续的交通政策的必要性。政府和城市规划者可以考虑进一步扩大公共汽车运营车辆数量，并改善公共交通服务，以推动更多城市迈向绿色低碳发展，实现环保和经济增长的"双赢"局面。

对比表 7-3 三列回归结果，环保词频在随机效应和控制时间固定效应的回归结果中城市的减污降碳协同效应是显著正向的，而在控制时间的固定效应以及控制个体的固定效应时不显著。在控制时间固定效应和控制个体固定效应的前提下，教育支出、金融机构的贷款余额以及人均城市道路面积这三个因素都表现出显著的影响。本书认为可能存在以下原因：

环保词频：在随机效应和控制时间固定效应的回归结果中城市的减污降碳协

同效应是显著正向的,这可能是因为城市在不同时间段内对环保意识的关注程度存在波动,而随机效应模型可以捕捉到这种波动的变化,从而呈现出正向效应。然而,在控制时间固定效应和控制个体固定效应的情况下,这种波动被更多地纳入时间和城市的固定效应中,导致环保词频不再显著,因为固定效应已经考虑了时间和城市的固定特征。

教育支出、金融机构贷款余额和人均城市道路面积:在控制时间固定效应和控制个体固定效应的情况下显著,这可能是因为这些变量的变化主要受到城市内部的差异和固定特征的影响,而不受时间的波动影响。例如,教育支出可能在不同城市之间存在显著差异,城市内部的金融机构贷款余额和道路面积也可能因城市规划和经济状况而异。因此,在控制了时间和城市的固定特征后,这些变量对减污降碳协同效应的影响更为显著,因为它们更能反映城市内部的结构和特征差异。

7.5.4 机制分析

本书基于前文的基准回归结果,深入研究了政府关注对减污降碳协同效应的作用机制。具体而言,本书对环保词频进行了调节效应分析,以探究其对城市减污降碳协同效应的潜在影响(见表7-4)。研究结果表明,环保词频并不直接对减污降碳协同效应产生显著影响,而是通过促进产业结构的调整,从而间接影响了城市的减污降碳协同效应。

表 7-4　调节效应回归结果

变量	(1) 减污降碳协同效应	(2) 减污降碳协同效应	(3) 减污降碳协同效应
环保词频×产业结构	0.116 -0.071	0.109 -0.072	0.123* -0.072
经济发展	-0.001 -0.034	-0.002 -0.037	-0.006 -0.042
人口规模	0.064*** -0.02	0.067*** -0.021	0.087*** -0.023
环保词频	-0.027 -0.036	-0.019 -0.036	-0.033 -0.037
教育支出	-0.029 -0.022	-0.031 -0.023	-0.045* -0.024

续表

变量	（1）	（2）	（3）
	减污降碳协同效应	减污降碳协同效应	减污降碳协同效应
金融机构贷款余额	−0.034	−0.036	−0.058*
	−0.024	−0.025	−0.032
外商投资企业数	0	0.001	0
	−0.008	−0.01	−0.01
人力资本	−0.046***	−0.047***	−0.037***
	−0.013	−0.013	−0.014
产业结构	0.191***	0.195***	0.255***
	−0.069	−0.07	−0.081
人均城市道路面积	0.001	0.001	0.002*
	−0.001	−0.001	−0.001
公共汽车营运车辆	0.042**	0.044**	0.048**
	−0.02	−0.021	−0.021
_cons	0.852***	0.896***	1.220***
	−0.257	−0.344	−0.377
N	451	451	451
R^2	0.117	0.126	0.14
时间固定效应	否	是	是
省域固定效应	否	否	是

注：括号内为相应的 t 统计量；*、**和***分别表示在10%、5%和1%水平下显著。

本书认为，以上结果的出现可能有以下三点原因：首先，环保词频引导了政府出台更加支持环保产业发展的政策，鼓励清洁技术和绿色产业的兴起，从而降低了高污染产业的比重，减少了污染物排放。其次，企业和社会对环保问题的关注度上升，推动了企业采用更环保的生产技术和工艺，以降低排放，同时也更注重生态环境的保护。最后，政府的支持政策包括财政激励措施，鼓励了更多企业投资于环保产业，创造了就业机会，提高了居民的生活水平，减轻了环境污染对社会的不利影响。这一系列机制使环保词频间接促进了产业结构的调整，增强了长三角地区城市的减污降碳协同效应，为可持续发展目标做出了积极贡献。

7.5.5 稳健性检验

剔除省会城市和直辖市城市：由于省会城市和直辖市城市通常具有特殊的政治、经济和社会地位，其政策环境、资源分配以及产业结构可能与其他普通城市存在较大差异。因此，为了确保回归结果的普适性和可靠性，本书选择剔除这些特殊城市，以便更全面地验证模型的稳健性。这样可以减少特殊城市对整体回归结果的影响，使分析更具有普遍性和可比性。回归结果如表 7-5 所示。

表 7-5　稳健性检验

变量	(1)	(2)	(3)
	减污降碳协同效应	减污降碳协同效应	减污降碳协同效应
经济发展	0.006	−0.001	0.002
	−0.035	−0.037	−0.042
人口规模	0.072***	0.075***	0.111***
	−0.02	−0.021	−0.023
环保词频	0.021	0.025*	0.018
	−0.014	−0.014	−0.015
教育支出	−0.033	−0.034	−0.044*
	−0.022	−0.023	−0.024
金融机构贷款余额	−0.025	−0.033	−0.077**
	−0.026	−0.027	−0.034
外商投资企业数	−0.002	0.002	0.006
	−0.008	−0.01	−0.01
人力资本	−0.046***	−0.047***	−0.037***
	−0.014	−0.014	−0.014
产业结构	0.235***	0.234***	0.365***
	−0.07	−0.071	−0.082
人均城市道路面积	0.001	0.001	0.002
	−0.001	−0.001	−0.001
公共汽车营运车辆	0.029	0.037*	0.037*
	−0.02	−0.021	−0.021
_cons	0.695***	0.888***	1.303***
	−0.256	−0.34	−0.371
N	407	407	407
R²	0.089	0.104	0.132
时间固定效应	否	是	是
省域固定效应	否	否	是

注：括号内为相应的 t 统计量；*、** 和 *** 分别表示在 10%、5% 和 1% 水平下显著。

剔除省会城市和直辖市城市后的回归结果显示，环保词频仅在时间固定效应的情况下显著，出现这种情况的原因可能为省会城市和直辖市通常具有更高的政府支持和资源分配，包括在环保领域的政策和资金投入。当剔除这些特殊城市时，其他普通城市在环保方面可能存在较大差异，导致了环保词频只在时间固定效应模型中显著。此外，由于省会城市和直辖市城市拥有更发达的道路网络以及公共交通系统，剔除特殊城市之后，其他普通城市的道路面积水平可能差异较大，导致了人均城市道路面积在各种情况下均不显著以及公共汽车营运车辆在随机效应下的不显著。

　　缩尾处理：为了确保回归分析的结果不会受到极端数值的影响，本书在1%的范围内对所有的变量执行了缩尾处理，具体的回归数据如表7-6所示。

表 7-6　稳健性检验

变量	（1）	（2）	（3）
	减污降碳协同效应	减污降碳协同效应	减污降碳协同效应
经济发展	0.012	0.018	0.021
	-0.028	-0.03	-0.034
人口规模	0.066 ***	0.065 ***	0.089 ***
	-0.016	-0.017	-0.019
环保词频	0.024 **	0.027 **	0.02
	-0.012	-0.012	-0.013
教育支出	-0.033	-0.034	-0.059 ***
	-0.02	-0.021	-0.023
金融机构贷款余额	-0.03	-0.031	-0.056 **
	-0.02	-0.02	-0.027
外商投资企业数	0	-0.002	-0.004
	-0.006	-0.008	-0.008
人力资本	-0.043 ***	-0.045 ***	-0.034 ***
	-0.011	-0.011	-0.011
产业结构	0.198 ***	0.204 ***	0.279 ***
	-0.057	-0.058	-0.066
人均城市道路面积	0.001	0.001	0.002 **
	-0.001	-0.001	-0.001
公共汽车营运车辆	0.027	0.027	0.033 *
	-0.017	-0.018	-0.017
_cons	0.745 ***	0.681 **	1.029 ***
	-0.21	-0.281	-0.306

续表

变量	（1）	（2）	（3）
	减污降碳协同效应	减污降碳协同效应	减污降碳协同效应
N	451	451	451
R^2	0.136	0.145	0.178
时间固定效应	否	是	是
省域固定效应	否	否	是

注：括号内为相应的 t 统计量；*、**和***分别表示在10%、5%和1%水平下显著。

经过缩尾处理后，回归分析的结果显示出了良好的稳定性，没有出现显著的变化。这表明，即便在排除了数据的极端值后，所得出的结论依然保持一致，强化了分析结果的信度，确保了研究结论的稳健性。

缩短时间范围：为了确保回归分析的稳定性，本书减少了所需的时间范围，将分析期限限定在2013~2021年。缩短时间范围对于更清晰地观察大气污染防治政策的影响起到了关键作用。在缩短的时间范围内，大部分显著性指标的系数值都有所增加，这表明自2013年中国提出《大气污染防治计划》以来，各指标对减污降碳协同效应的作用得到了强化。

表7-7 稳健性检验

变量	（1）	（2）	（3）
	减污降碳协同效应	减污降碳协同效应	减污降碳协同效应
经济发展	0.008	0.007	0.011
	-0.041	-0.045	-0.051
人口规模	0.072***	0.074***	0.099***
	-0.023	-0.024	-0.027
环保词频	0.023	0.029*	0.023
	-0.016	-0.017	-0.018
教育支出	-0.037	-0.037	-0.050*
	-0.026	-0.027	-0.028
金融机构贷款余额	-0.049	-0.052*	-0.084**
	-0.03	-0.031	-0.04
外商投资企业数	0.001	0.001	0.003
	-0.009	-0.012	-0.012
人力资本	-0.052***	-0.053***	-0.043***
	-0.015	-0.015	-0.016

续表

变量	(1)	(2)	(3)
	减污降碳协同效应	减污降碳协同效应	减污降碳协同效应
产业结构	0.230***	0.235***	0.318***
	-0.082	-0.083	-0.099
人均城市道路面积	0.001	0.001	0.002*
	-0.001	-0.001	-0.001
公共汽车营运车辆	0.050**	0.054**	0.057**
	-0.025	-0.026	-0.026
_cons	1.002***	1.045**	1.366***
	-0.323	-0.418	-0.463
N	369	369	369
R²	0.12	0.13	0.143
时间固定效应	否	是	是
省域固定效应	否	否	是

注：括号内为相应的 t 统计量；*、**和***分别表示在 10%、5%和 1%水平下显著。

表 7-7 的结果进一步加强了本书对减污降碳协同效应的分析和理解。整体来看，尽管经过不同的处理，但各指标的显著性没有发生太大改变，这表明模型在剔除特殊城市、缩尾处理以及缩短时间范围后仍然保持了稳健性。这进一步验证了模型的可靠性和适用性，使我们对减污降碳协同效应的影响因素有了更加全面和可信的认识。

7.6　长三角地区减污降碳协同增效的路径选择

前述分析表明，长三角不同省份、不同城市之间的减污降碳协同效应存在一定差异，这表明各地区需要因地制宜地制定减污降碳协同方案。基于此，本书设置绿色发展优先、经济增长优先、能源效率优先、低碳发展优先、清洁空气优先五种情形，根据各城市在不同情景下的边际减排成本与减污降碳协同效应，为各城市推动减污降碳协同增效提供有针对性的路径选择。

7.6.1　发展情形设置

上述研究假定投入系统与产出系统具备同等重要性。因此，投入和产出的权重均设为1/2。这种情形意味着经济和环境之间的平衡是城市的核心目标，本书将这种情形定义为绿色发展优先情形。但在这种权重设置下，由于产出系统分为非期望产出与期望产出，可能忽略对生态环境保护的重视，为突出环境治理的重要性，本书针对长三角地区各城市的减污降碳协同效应构建以下四种不同情形，具体权重如公式（7-14）所示。

首先，考虑经济增长优先情形。实现经济的高质量发展是当前首要任务之一，要实现高质量发展，就要突出经济增长的质量和效益。本书通过设定相应权重以反映该情形，确保在经济增长的同时，环境因素同样得到关注。在这种情境下，假设投入和产出系统具有同等的重要性，因此投入系统中的三个变量的权重分别为1/6（1/2×1/3）。但在产出系统中，强调期望产出的重要性，因此赋予期望产出更高的权重，假设期望产出在产出系统中的重要性是非期望产出的2倍，故期望产出的权重为1/4（1/2×1/2），在这种情景下环境保护并不是首要考虑因素，而是为了突出经济增长的质量和效益的重要性。与其他情景相比，联合减排时非期望产出的权重有所降低，大气污染与碳排放的权重均为1/8（1/2×1/4）。

其次，考虑能源效率优先情形。党的二十大报告强调推进能源低碳转型是实现减污降碳协同增效的关键步骤，在此背景下，强调能源效率优先与国家在能源领域推动绿色转型的政策相一致。因此，本书将能源权重定为1/3，以强调在不考虑投入系统中劳动和资本的情况下，重点研究能源投入、期望产出和非期望产出对边际减排成本的影响。期望产出仍然是用同样权重（1/3）的地区生产总值表示，在联合减排下，将大气污染和碳排放视为同等重要，因此每个要素的权重都为1/6（1/3×1/2）。该设置体现了对能源效率的重视，并保持了大气污染和碳排放相同的权重。

再次，考虑低碳发展优先情景。"十四五"时期中国减污降碳协同增效战略中更加强调以降碳为重点的战略方向，长三角地区也正在积极打造统一的"碳普惠"平台以推进区域生态环境治理。基于此，本书构建了低碳发展优先的减污降碳模式，假定减少碳排放所需要的努力是控制大气污染所需努力的3倍，以体现降碳的重要性。为更好地发挥生态环境优势，假设投入、期望产出与非期望产出具有相等的重要性，因此，各部分权重都设为1/3。在投入系统中，将资本、劳动和能源三者的权重均设为1/9（1/3×1/3）。期望产出中仅包含一个变量，故权重为1/3。但在非期望产出中，联合减排时碳排放的权重为1/4（1/3×3/4），而大气污染的权重为1/12（1/3×1/4）。该情形强调了"低碳优先"的发展战略。

最后，考虑清洁空气优先情景。这一情形强调大气污染治理的重要性，与长三角地区提出的区域高质量发展举措一脉相承，特别是在重污染天气联动应对方面，是当前政策的着力点之一。本书在权重设置上维持了与低碳发展优先情形相同的投入系统权重和期望产出权重。在非期望产出中，假设大气污染防治所需的努力是碳排放所需努力的 3 倍，以强调非期望产出中大气污染治理的重要性。因此，联合减排时大气污染的权重为 1/4（1/3×3/4），而碳排放的权重为 1/12（1/3×1/4）。该情形强调了"蓝天优先"的发展战略。

$$\begin{cases} d=(-K, -L, -E, Y, -C, -P), \quad \boldsymbol{W}^M=\left(\dfrac{1}{6}, \dfrac{1}{6}, \dfrac{1}{6}, \dfrac{1}{4}, \dfrac{1}{8}, \dfrac{1}{8}\right), \text{经济增长优先} \\[4mm] d=(0, 0, -E, Y, -C, -P), \quad \boldsymbol{W}^M=\left(0, 0, \dfrac{1}{3}, \dfrac{1}{3}, \dfrac{1}{6}, \dfrac{1}{6}\right), \text{能源效率优先} \\[4mm] d=(-K, -L, -E, Y, -C, -P), \quad \boldsymbol{W}^M=\left(\dfrac{1}{9}, \dfrac{1}{9}, \dfrac{1}{9}, \dfrac{1}{3}, \dfrac{1}{4}, \dfrac{1}{12}\right), \text{低碳发展优先} \\[4mm] d=(-K, -L, -E, Y, -C, -P), \quad \boldsymbol{W}^M=\left(\dfrac{1}{9}, \dfrac{1}{9}, \dfrac{1}{9}, \dfrac{1}{3}, \dfrac{1}{12}, \dfrac{1}{4}\right), \text{清洁空气优先} \end{cases}$$

$$(7-14)$$

7.6.2　不同情形下的边际减排成本

根据不同情形下长三角地区 41 个城市边际减排成本的量化评估结果，分别绘制边际减污成本和边际降碳成本的核密度图，进而对不同情景下的边际成本进行比较，结果如图 7-4 所示。由此可知，虽然设定了不同权重矩阵，但研究结果较为稳健。从边际减污成本核密度图来看，在五种情形下核密度图中峰值所对应的模态值近似相等，即五种情形下的概率密度函数在近似相等点取得了最大值。但峰值的高度有所差异，由高到低依次为低碳发展优先、经济增长优先、绿色发展优先、能源效率优先和清洁空气优先，说明长三角地区各城市在低碳发展优先情形下边际减污成本的分布更集中。这意味着，在低碳发展优先情形下，政府的环境政策对各城市减污效果具有较好的引导作用，使城市的减污成本更为一致。

此外，可以看出波峰值越高的情形核密度图的宽度越小，即城市间的减污成本差距越小。而在清洁空气优先的情形下各城市减污成本的差距较大，说明清洁空气优先的政策可能导致一些城市需要更大的环保投入，进而达到相对更高的空气清洁标准，而其他城市可能由于天然条件、产业结构等差异，需要的环保投入相对较小，这种不均衡的环保投入可能导致边际减污成本分布更为广泛。

从边际降碳成本核密度图来看，五种情形下各城市边际降碳成本核密度图中峰值所对应的模态值和高度均具有明显差异，且峰值越高的情形模态值越小。峰值由高到低依次为清洁空气优先、经济增长优先、绿色发展优先、能源效率优先和低碳发展优先，模态值反之。与边际减污成本情况相似，低碳发展优先情形下

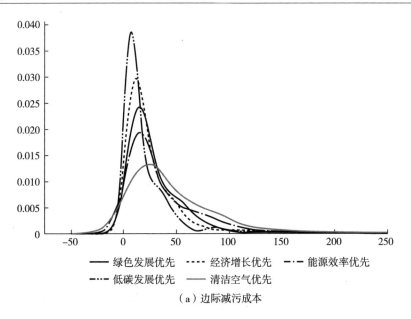

（a）边际减污成本

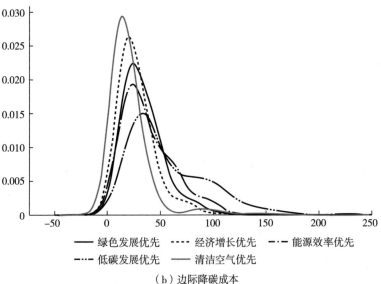

（b）边际降碳成本

图7-4 长三角地区不同情形下的边际减排成本

各城市降碳成本的差距较大，说明低碳发展优先的政策会导致一些城市在降碳方面加大投入，从而达到更高的低碳发展标准，且由于不同城市间天然条件、产业结构等因素的差异，使城市边际降碳成本分布较为广泛。

整体来看，五种情形下边际减污成本和边际降碳成本的核密度曲线均出现了右偏现象，这意味着大多数城市的边际减污和降碳成本相对较低。同时，这也反映出大部分城市已在生态环境保护方面取得了一定成就。而对于成本较高的少部分城市，则需要更多的环保投入和减排努力来实现环境治理目标。

7.6.3 各城市减污降碳协同增效的路径选择

从边际减排成本和减污降碳协同效应两个视角出发，可对长三角不同区域开展协同潜力评估，进而提出有针对性的减污降碳协同增效方案。为此，本节依据边际减排成本最小化和协同效应最大化两个维度展开路径探究。

7.6.3.1 依边际减排成本最小化

通过比较绿色发展优先、经济增长优先、能源消费优先、低碳发展优先和清洁空气优先五种情形下的边际减排成本，并基于减排成本最小化的原则，探究各城市的减污降碳协同增效路径。

如图7-5所示，在边际减污成本方面，长三角地区41个城市均在低碳发展优先情形下可实现平均边际减污成本最小，可能因为在重点推进降碳战略的过程中，对大气污染治理的约束有所放松，从而间接降低了减污成本。这表明，低碳政策可同时促进碳减排和污染物控制，但碳减排不能忽视大气污染的有效控制，各地区需要探索制定协同环境策略，以经济有效的方式实现大气污染与碳排放的协同控制。

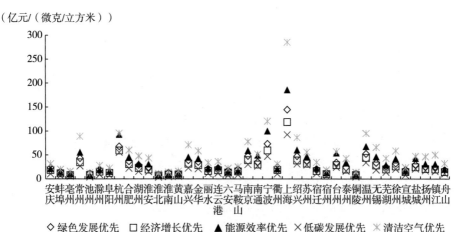

图 7-5 依边际减污成本最小化的路径选择

如图7-6所示，在边际降碳成本方面，长三角地区41个城市均在清洁空气优先情形下实现平均边际降碳成本最小，可能因为将减污作为主要战略时，相对放宽碳排放的治理导致了平均边际降碳成本的降低。这表明实施清洁空气相关政策可促进碳减排和污染物控制，验证了清洁空气与降低碳排放之间较强的协同关系，说明了协同控制策略制定的必要性。

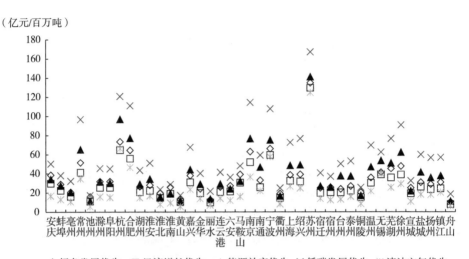

图 7-6　依边际降碳成本最小化的路径选择

7.6.3.2　依协同效应最大化

从协同效应最大化的视角探究各城市减污降碳协同增效路径，旨在针对不同城市的经济社会发展状况提出更适宜的减污降碳协同增效方案。如图 7-7 所示，绿色发展优先情形下，长三角地区各城市的协同效应均值仅为 33.92%，而在经济增长优先、能源效率优先、低碳发展优先、清洁空气优先情形下分别为46.77%、45.76%、46.26%、46.17%，这四种情形较绿色发展优先均有较大幅度提升。并且，与绿色发展优先情形相比，其他四种情形下各城市减污降碳协同效应年均值分布更为集中。分城市看，杭州市、合肥市、湖州市、淮安市、淮南市、嘉兴市、南京市、宁波市、衢州市、宿迁市、泰州市、温州市和滁州市在能源效率优先情形下实现减污降碳协同效应最大化；池州市、金华市、马鞍山市、台州市、盐城市、扬州市、舟山市通过清洁空气优先模式可实现减污降碳协同增效最大化；其余城市均在经济增长优先的情形下可实现协同效应最大化。

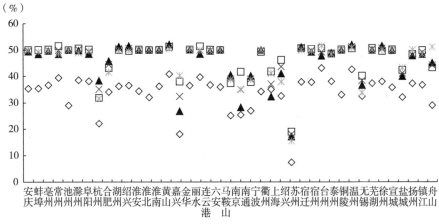

（%）

◇绿色发展优先　□经济增长优先　▲能源效率优先　×低碳发展优先　＊清洁空气优先

图 7-7　依协同效应最大化的路径选择

基于上述结果，本书认为，不同城市可通过不同路径实现减污降碳协同效应的最大化。具体地，杭州市、合肥市等城市应注重能源效率提升，通过控制能源消费量、优化能源消费结构等推动能源结构的低碳化转型，确保在减少污染的同时，实现碳排放的有效降低，从源头视角挖掘减污降碳协同增效潜力；池州市、金华市等应继续强化清洁空气优先战略，加强空气污染治理力度，推广清洁能源和低排放技术，强化排放标准的监测与执法，综合源头预防和末端治理等多种措施，以成本有效的方式实现大气污染物有效治理并带动碳排放的显著下降；上海等城市在将经济增长作为优先路径时，需要充分考虑生态环境保护的要求，通过合理的政策引导和环境规制，实现经济增长与环境保护的"双赢"。

7.7　结论与政策建议

减污降碳协同增效是新时期中国环境治理的重要内容之一，长三角地区肩负着率先实现经济高质量发展和生态环境根本好转的重要使命。长三角地区如何科学谋划减污降碳协同增效不仅关乎本地区绿色转型的成败，而且其协同治理成效具有良好的典型示范效应。本书采用 DEA 模型从全要素视角对长三角地区大气污染和 CO_2 的边际减排成本进行测度，通过比较单独减排与协同减排下的成本变动，探究了长三角地区整体、省际和城市的减污降碳协同潜力，模拟了绿色发展优先、经济增长优先、能源效率优先、低碳发展优先、清洁空气优先五种情形下的协同效应，为长三角不同地区减污降碳协同增效提供有针对性的对策建议。

实证分析得到如下结果：①相比单独减排，协同减排下长三角地区边际减污成本与边际降碳成本都有显著降低，其中边际减污成本缩减了 35.28%，边际降碳成本缩减了 32.41%；②从省际层面看，各省份边际减排成本之间异质性明显，与单独减排相比，协同减排下安徽省边际减排成本的缩减比例最为突出，而从城市层面看，长三角 41 个城市均存在减污降碳协同效应，但不同地区减污降碳协同效应存在明显不同；③在边际成本最小化的目标下，长三角地区各城市的边际减污成本在低碳发展优先情景下最低，边际降碳成本在清洁空气优先情形下最低，而若以协同效应最大化为目标时，不同城市之间存在不同的路径选择结果。

本书发现，长三角减污降碳协同潜力突出，故该地区应该进一步挖掘温室气体和大气污染物协同控制的技术措施和政策举措，加强绿色技术和创新，实现资源高效利用，以成本有效的方式实现温室气体和大气污染物协同控制问题。为克服不同地区环境治理中的信息不对称，长三角需要加强区域间的信息共享，建立健全的数据平台以及跨区域的政策协调机制，并鼓励企业间的跨区域合作，促进技术、资源和经验的共享。同时，长三角不同地区还应因地制宜制定协同增效方案，这是因为不同城市有其特定的经济结构、资源条件和环境压力，故应采取差异性的减污降碳协同增效方案。具体地，以经济增长优先来实现减污降碳协同增效最大化的城市需要合理制定经济环境发展战略，统筹短期经济利益与长期环境风险，密切关注经济增长对社会和环境的潜在影响，避免经济发展对生态环境的过度消耗；针对以能源效率优先为策略的城市，需要提升能源利用效率、控制能源消费总量和优化能源消费结构，只有对现有的能源体系进行深度变革，才能确保在减少污染的同时，实现碳排放的有效降低；以低碳发展优先为策略的城市，需要进一步强化碳减排力度，特别要注重从源头视角控制能源消费总量、提升清洁能源消费占比，同时积极推动低碳技术创新和应用示范，以碳排放的降低带动大气污染物排放的下降；以清洁空气优先为策略的城市，需要加强空气污染治理力度，推广清洁能源和低排放技术，强化排放标准的监测与执法，综合源头预防和末端治理等多种措施，以通过减少大气污染物带动碳排放的显著降低。

第8章 安徽减污降碳协同效应评估

作为中国环境治理的重要内容之一，减污降碳协同增效已上升为一种国家战略。本章以中国能源消费大省之一的安徽作为研究对象，基于边际减排成本的视角定量评估了安徽减污降碳协同效应。同时，本章利用 ArcGIS 软件、Dagum 基尼系数及面板回归模型来探究其时空分布格局及影响因素，并通过考察不同情景下减污降碳协同效应变化情况，以期为促进安徽减污降碳协同增效提供相应的政策参考，为经济社会实现全面绿色转型指明方向。

8.1 研究背景

长期以来，中国一直面临着空气污染治理和 CO_2 减排的双重压力。数据显示，2019 年全球能源消费共产生约 330 亿吨 CO_2 排放，其中，中国碳排放总量高达 98.69 亿吨，约占全球总排放量的 28%，排名世界第一（Zeng & He，2023）。为应对气候变化，履行大国责任，中国于 2020 年 9 月郑重承诺力争在 2030 年和 2060 年之前分别实现碳达峰和碳中和（以下简称"双碳"目标）。2020 年 12 月在中央经济工作会议上，首次明确指出"要继续打好污染防治攻坚战，实现减污降碳协同效应"。进一步地，2021 年 4 月中国政府宣布"十四五"时期中国将把降低碳排放作为生态文明建设的重点战略方向，把碳达峰、碳中和纳入生态文明建设整体布局。

减污降碳协同增效已上升为一种国家战略，是新时期中国环境治理的重要内容之一。中国政府高度重视减污降碳协同增效工作，并为之进行了一系列政策安排。如 2021 年 11 月，《中共中央 国务院关于深入打好污染防治攻坚战的意见》印发，提出要"以实现减污降碳协同增效为总抓手"，"统筹污染治理"（崔连标和陈惠，2023）。此外，党的二十大报告也提出，要坚持降碳、减污、扩绿、增长协同推进。与此同时，各地方政府也陆续发布了省市级减污降碳协同方案，旨在加强温室气体和环境污染物的综合治理。这一系列政策与规划反映出中国在应

对 CO_2 减排和大气污染治理方面的决心与努力。

减污降碳协同增效将在"十四五"规划及未来较长时间内占据关键地位，为中国及各省实现经济发展模式转型带来重要契机。安徽作为中国能源消费大省之一，煤炭依赖程度较高，具有高能耗和高排放特征，导致了大量的空气污染物和温室气体排放。近年来，安徽致力于温室气体减排与大气污染治理，取得了较大进展。截至 2021 年，全省 PM2.5 年均浓度下降至 34.9 微克/立方米，较 2015 年降低 32.7%，碳排放强度减少了 21.3%，二氧化硫、氮氧化物等四项主要污染物的降幅均超过 20%①。尽管如此，由于长期以来产业结构的偏重以及能源配置中对煤炭依赖过深，导致安徽的碳排放量及排放强度仍处于较高水平，阻碍该地区绿色可持续发展。在此背景下，安徽迫切需要在"减污"与"降碳"之间寻找到一种有效的协同机制，实现环境保护与经济效益的"双赢"。安徽在其"十四五"规划中也指出，要将减污降碳认定其为推动源头治理和绿色转型的关键抓手，以期为实现"双碳"目标带来积极成效。因此，合理评估安徽减污降碳协同效应，探究其时空分布格局及影响因素，有利于厘清当前安徽及各地级市大气污染控制与碳减排协同治理效应的分布格局和影响机制，从而为促进减污降碳协同增效提供相应的政策参考，为经济社会实现全面绿色转型指明方向。

8.2 文献回顾

关于减污降碳协同效应的量化评估方面，国内外学者已在不同地区、不同行业开展了大量的研究，并取得了较大的进展，比如工程技术模型、因素分解模型和可计算一般均衡模型等的广泛应用（Dong et al.，2015；Mardones & Ortega，2023；Liu et al.，2022；宋鹏等，2022；王力等，2022）。例如，杨添棋等（2022）使用温室气体—空气污染物协同控制综合评估模型对 CO_2 和常规大气污染物（包括 PM2.5、SO_2、NO_X 和 NH_3）的协同减排效果进行了量化分析。Dong 等（2019）基于扩展的 Kaya 恒等式，考虑到 CO_2 排放对 PM2.5 排放的协同效应，采用对数平均迪氏分解（Logarithmic Mean Divisia Index，LMDI）方法分解 1998~2004 年中国 PM2.5 排放量的变化，并根据 LMDI 结果，进一步使用计量方法量化了 1999~2004 年 CO_2 减排对 PM2.5 减排的协同效应。除了上述通过模型模拟的方法外，还有不少国内外学者采用其他方法对协同效应展开研究（毛显强等，2021；刘茂辉等，2022；邢有凯等，2020；俞珊等，2023）。如李新等（2020）为确定京

---

① 资料来源：https：//zrzyt.ah.gov.cn/public/7021/146953021.html。

津冀地区治污减排的最优路径，采用模型耦合方法探讨了该地区钢铁行业在四种不同协同减排情景下的成本与效益，研究发现依靠规模—末端治理的减排措施是最优选择。罗红成等（2022）利用污染物减排交叉弹性分析，探索了湖北不同情景下 CO_2 减排对 SO_2、NO_x、PM_{10} 等主要大气污染物的协同效应。大多数现有文献主要集中于探讨大气污染物与温室气体排放之间的相关性，而忽视了对经济、社会和环境等多重因素对协同减排的影响。此外，众多学者集中于采用终端减排角度对协同效应展开研究，然而 CO_2 的减排主要通过提高能效、降低高碳能源的使用比例、提升生产效率及降低产出等方式实现，这些方式主要与生产密切相关（张成等，2017）。因此，亟须从生产角度出发，将大气污染物和碳排放整合到同一个分析框架中，同时估算大气污染物和 CO_2 的边际减排成本，以便更加科学地量化减污降碳的协同效应。

在减污降碳影响因素方面，众多研究已经探讨了大气污染物与碳排放的时空演化特征及其影响因素，然而，这些研究往往分别分析其各自影响因素，而关于二者的协同效应及其时空特征的研究则相对缺乏，减污降碳影响因素作用机制尚不明确。在 CO_2 减排影响因素方面，指数分解法和计量经济学模型通常被用来作为确定碳排放主要驱动因素的方法。其中，部分学者基于指数分解法对 CO_2 排放的影响因素进行了定量分析，发现人口、技术、规模和结构是其主要影响因素（崔连标和王佳雪，2023；郭艺等，2023；Xin et al.，2021；冯梅等，2018）。在研究大气污染物排放的影响因素时，学术界也运用了众多模型方法进行探索。例如，灰色关联分析（赵雪等，2021）、对数平均迪氏指数法（陈敏等，2022）、相关性分析（张宸赫等，2020；Hu et al.，2021）、广义相加模型（张莹等，2021）等。而对 CO_2 等温室气体及大气污染物协同减排的驱动因素进行探究的研究还相对欠缺。通过梳理现有文献发现，政策（Zhang et al.，2021；Cao et al.，2012）、技术（Qian et al.，2021；康哲等，2023；Alimujiang & Jiang，2020）和结构（顾阿伦等，2016；Li et al.，2023；唐湘博等，2022）是其主要的影响因素。其中，在政策因素方面，由于大气污染物和 CO_2 的排放主要来源于化石燃料的燃烧，因此，减污降碳协同治理在理论上具有一定说服力，能有效解决环境政策制定时可能存在的不一致性问题，从而提高政策实施的成本效益（张瑜等，2022）。

本章在数据包络分析（Data Envelopment Analysis，DEA）框架下，通过设定生产可能性集，借助距离函数和对偶理论测算污染物的边际减排成本。边际减排成本描述了在已有的减排水平上，为进一步减少污染排放而需承担的成本，反映了在现有技术和条件下减少污染物排放难度的经济度量。测算边际减排成本的方法主要包括两大类：宏观经济模型和效率技术模型。前者主要是基于一定假设，在模型中引入对减排行为的限制性条件，如实施碳税或能源税等措施，以此进行测算。而效率技术模型则更关注对特定技术的减排潜力进行评估，并考察实施不同技术措施下的经济成本与环境效益，其计算核心在于利用数据包络分析或随机前沿分析等数学方法设定一个生产可能性边界。目前该方法已在减排成本测算的学术和实践领域得到了广泛的应用和认可（魏楚，2014；Xian et al.，2019；Wang et al.，2021）。在效率技术模型研究中，利用距离函数是构建环境生产技术的常用方法。其中，关于距离函数的选择经历了从最初的谢泼德距离函数，向更为普适且具有较高灵活性的方向性距离函数及非径向方向性距离函数的演变。在估计距离函数时，主要采用参数和非参数两种方法。参数方法需要研究者根据研究目的事先选择适当的函数形式，进而估计参数来测算污染物的边际减排成本。与参数化方法相比，非参数化方法对函数形式的依赖性很小，也不需要对生产前沿函数的形式进行预先设定和选择，对数据的适应性更强，可以更好地处理各种类型的数据分布。由于不必预先设定特定的生产函数，非参数方法受到诸多学者的普遍应用，该方法通过结合对偶理论计算影子价格，进而用来衡量研究对象的边际减排成本（王文举和陈真玲，2019）。其中，数据包络分析在估计方向性距离函数的非参数方法得到广泛应用。

综上所述，通过梳理减污降碳协同效应及边际减排成本的相关文献发现，在减污降碳协同效应评估方面，大多数现有文献主要集中于探讨大气污染物与温室气体排放之间的相关性，而忽视了对经济、社会和环境等多重因素对协同减排的影响。在减污降碳影响因素方面，大量的研究工作往往关注碳排放或大气污染物的排放问题，而对于这两者的共同影响因素缺乏足够的探讨。国内外关于减污降碳协同减排的研究大多聚焦于国家层面、重点行业及个别城市的分析。对于省域层面的探讨，特别是针对安徽在大气污染物与温室气体协同减排的实证研究，相对而言较为匮乏。在协同治理新阶段，安徽结构性污染问题仍然严重，因此通过对安徽减污降碳协同效应的特征进行研判具有一定的研究价值和意义。

8.3 模型构建与数据来源

8.3.1 减污降碳协同效应评估模型构建

数据包络分析作为一种由数据驱动的非参数方法，它不依赖于预先假设的生产函数形式，而是直接从数据本身出发，以评估生产或服务过程的效率。它能够处理多投入（如原材料、劳动力等）和多产出（如产品、废物排放等）的情境，因此在资源和环境领域的研究中尤为有用，能够考察在有限资源约束下的生产效率及其对环境的影响。

8.3.1.1　非径向距离函数

在数据包络分析框架下，本章选取安徽各个地级市作为决策单元（DMU），其中，决策单元的个数为 N，投入要素包括资本（K）、劳动（L）及能源（E），地区生产总值（Y）作为期望产出，CO_2 排放量（C）与 PM2.5 浓度（P）作为非期望产出。本章参考 Färe 等（2007）和 Oh（2010）的研究，在假设规模收益一定的条件下，构建了基于全局基准技术的生产可能性集 PPF^G，具体如公式（8-1）所示。

$$PPF^G = \left\{ \begin{array}{l} (K,\ L,\ E,\ Y,\ C,\ P): \sum_{t=1}^{T}\sum_{n=1}^{N}\lambda_n^t K_n^t \leqslant K,\ \sum_{t=1}^{T}\sum_{n=1}^{N}\lambda_n^t L_n^t \leqslant L,\ \sum_{t=1}^{T}\sum_{n=1}^{N}\lambda_n^t E_n^t \leqslant E, \\ \sum_{t=1}^{T}\sum_{n=1}^{N}\lambda_n^t Y_n^t \geqslant Y,\ \sum_{t=1}^{T}\sum_{n=1}^{N}\lambda_n^t C_n^t = C,\ \sum_{t=1}^{T}\sum_{n=1}^{N}\lambda_n^t P_n^t = P,\ \lambda_n^t \geqslant 0 \end{array} \right\}$$

$$(8-1)$$

其中，假设 PPF^G 具有闭集和有界集的性质，以及投入与期望产出变量具备强可处置性。在此假设下，强可处置性对于期望产出而言，意味着在投入固定的条件下，进一步减少期望产出是可能的，且无须额外成本；类似地，强可处置性对于投入要素而言，意味着在产出水平固定的条件下，增加额外的任何一种投入都是可行的。这些假设反映了在一定的生产条件下，资源的灵活调配能力及其对生产效率的影响。随着环境污染和气候变化问题逐渐成为全球关注的焦点，各国政府纷纷强化环境监管措施。因此，进一步假设非期望产出存在弱可处置性，即额外减少非期望产出可能会导致期望产出的部分损失，如公式（8-2）所示。这也满足中国当前对于碳减排的目标及未来社会经济的发展期望——对产出增长与环境负担减轻之间平衡的追求。此外，本章还假设非期望产出遵循零结合公理，即在生产过程中，只要有期望产出生成，非期望产出（如污染物）也会随之产生，且无法完全避免，它随着生产活动的进行而存在，除非生产活动本身被完全停止，如公式（8-3）所示。弱可处置性和零结合性假设的引入使环境生产技术能更真实地反映经济活动对环境的影响，更准确地刻画在有限资源和环境容量的约束下，生产系统的运行方式，是区分环境生产技术和传统生产技术的关键。

若 $(Y,\ C,\ P) \in PPF^G(K,\ L,\ E)$，且 $0 \leqslant \theta \leqslant 1$，则 $(\theta Y,\ \theta C,\ \theta P) \in PPF^G(K,\ L,\ E)$

$$(8-2)$$

若 $(Y,\ C,\ P) \in PPF^G(K,\ L,\ E)$，且 $C=0$，$P=0$，则 $Y=0$　　　（8-3）

进一步地，引入全局基准技术，构建非径向方向性距离函数模型，如公式（8-4）所示。

$$\vec{D}(K,\ L,\ E,\ Y,\ C,\ P;\ G) = \max w_k\beta_k + w_L\beta_L + w_E\beta_E + w_Y\beta_Y + w_C\beta_C + w_P\beta_P$$

$$\text{s. t.}\quad
\begin{aligned}
&\sum_{t=1}^{T}\sum_{n=1}^{N}\lambda_n^t K_n^t \leqslant K - \beta_K g_K,\quad \sum_{t=1}^{T}\sum_{n=1}^{N}\lambda_n^t K_n^t \leqslant L - \beta_L g_L,\\
&\sum_{t=1}^{T}\sum_{n=1}^{N}\lambda_n^t E_n^t \leqslant E - \beta_E g_E,\quad \sum_{t=1}^{T}\sum_{n=1}^{N}\lambda_n^t Y_n^t \geqslant Y + \beta_Y g_Y,\\
&\sum_{t=1}^{T}\sum_{n=1}^{N}\lambda_n^t C_n^t = C - \beta_C g_C,\quad \sum_{t=1}^{T}\sum_{n=1}^{N}\lambda_n^t P_n^t = P - \beta_P g_P,\\
&\lambda_n^t \geqslant 0,\ n = 1,\ 2,\ 3\cdots,\ N;\ \beta_K,\ \beta_L,\ \beta_E,\ \beta_Y,\ \beta_C,\ \beta_P \geqslant 0
\end{aligned}
\quad (8\text{-}4)$$

其中，$W^T = (W_K,\ W_L,\ W_E,\ W_Y,\ W_C,\ W_P)$ 为权重向量，表示各变量的相对重要性，可以基于研究的目标和需求预先设定。通过对各投入产出变量赋予不同的权重，满足了不同的政策研究需要，具有较好的灵活性（Lin & Du，2015）。$B = (\beta_K,\ \beta_L,\ \beta_E,\ \beta_Y,\ \beta_C,\ \beta_P)^T$ 为松弛向量，度量每个要素在生产过程中的可调整性范围，即各个要素（无论是投入还是产出）可以增加或减少的比例。它直接关系到生产单元如何通过调整自身生产结构，向更高效率的方向发展。而 $G = (g_K,\ g_L,\ g_E,\ g_Y,\ g_C,\ g_P)$ 表示方向向量，进一步对调整过程进行了细化，在距离函数构建环境生产技术过程中起到了至关重要的作用。它表示为了使决策单元达到有效率，期望各要素是增加还是减少，它反映了投入或产出被映射至环境生产技术前沿上的方向（扩大或减少）。其中，环境生产技术前沿是指在现有的技术和资源条件下，能够实现的最佳生产效率边界。

本章在建立基准模型时，借鉴 Xie 等（2024）、刘华军等（2023）、郭立祥（2022）以及王兵等（2010）的研究，认为投入与产出具有相同的重要性，从而将二者权重平均分配。考虑到投入系统由三个要素组成，因此各要素的权重均为 1/6。在单独减排情景下，此时产出系统仅包括一种期望产出和一种非期望产出，因此每个产出变量权重均为 1/4。类似地，在协同减排的情景下，产出系统则包含了一种期望产出和两种非期望产出，因此每个产出变量的权重均为 1/6。基于此，本章方向向量和权重矩阵的具体数值如公式（8-5）所示。

$$\begin{cases}
G = (-K,\ -L,\ -E,\ Y,\ 0,\ -P)\ \text{且}\ W^T = \left(\dfrac{1}{6},\ \dfrac{1}{6},\ \dfrac{1}{6},\ \dfrac{1}{4},\ 0,\ \dfrac{1}{4}\right),\ \text{单独减污}\\[2ex]
G = (-K,\ -L,\ -E,\ Y,\ -C,\ 0)\ \text{且}\ W^T = \left(\dfrac{1}{6},\ \dfrac{1}{6},\ \dfrac{1}{6},\ \dfrac{1}{4},\ \dfrac{1}{4},\ 0\right),\ \text{单独降碳}\\[2ex]
G = (-K,\ -L,\ -E,\ Y,\ -C,\ -P)\ \text{且}\ W^T = \left(\dfrac{1}{6},\ \dfrac{1}{6},\ \dfrac{1}{6},\ \dfrac{1}{6},\ \dfrac{1}{6},\ \dfrac{1}{6}\right),\ \text{减污降碳}
\end{cases}$$

$$(8\text{-}5)$$

8.3.1.2　边际减排成本

在生产活动中，非期望产出也具备影子价格，即减少一单位非期望产出所必须牺牲的期望产出值，可以通过生产技术前沿上期望产出与非期望产出间的边际转换率进行测度。本章参考 Zhang 等（2020）和刘华军等（2023）的研究，在非参数化形式下，采用非径向方向性距离函数及对偶理论来估计非期望产出的影子价格。公式（8-6）刻画了在既定的投入产出条件下，如何通过优化资源分配来实现成本最小化的过程。

$$\min q_K K_o^t + q_L L_o^t + q_E E_o^t - q_Y Y_o^t + q_C C_o^t + q_P P_o^t$$

$$\min q_K K^t + q_L L^t + q_E E^t - q_Y Y^t + q_C C^t + q_P P^t \geqslant 0 \tag{8-6}$$

$$\text{s.t.} \quad \begin{aligned} & q_K \geqslant \frac{1}{g_K}, \ q_L \geqslant \frac{1}{g_L}, \ q_E \geqslant \frac{1}{g_E}, \\ & q_Y \geqslant \frac{1}{g_Y}, \ q_C \geqslant \frac{1}{g_C}, \ q_P \geqslant \frac{1}{g_P} \end{aligned}$$

其中，通过引入对偶向量 q，可以将生产过程中的投入和生产与其相应价格联系起来，具有参数化的作用，为成本最小化的分析奠定基础。进一步地，利用确定性线性规划方法，可以计算出 PM2.5 与 CO_2 的边际减排成本，分别如公式（8-7）与公式（8-8）所示。

$$q_P = -q_Y \frac{\partial \vec{D}(K, \ L, \ E, \ Y, \ C, \ P; \ G)/\partial P}{\partial \vec{D}(K, \ L, \ E, \ Y, \ C, \ P; \ G)/\partial Y} = COST_{PM2.5} \tag{8-7}$$

$$q_C = -q_Y \frac{\partial \vec{D}(K, \ L, \ E, \ Y, \ C, \ P; \ G)/\partial C}{\partial \vec{D}(K, \ L, \ E, \ Y, \ C, \ P; \ G)/\partial Y} = COST_{CO_2} \tag{8-8}$$

其中，q_Y 表示期望产出的市场价格，为了简化模型，参考陈诗一（2011）和魏楚（2014）的研究，本章假设期望产出的影子价格等于其市场价格。q_C 和 q_P 分别表示 CO_2 和 PM2.5 的市场价格，$COST_{CO_2}$ 与 $COST_{PM2.5}$ 代表其相应的边际减排成本。

8.3.1.3　协同效应评估模型

如前文所述，国内外关于协同效应开展了大量的研究。Ayres 和 Walter（1991）率先引入"伴生效益"这一概念，随后"协同效应"在 IPCC 的第三次评估报告中被正式提出，指的是在实施某项减排措施时不仅能减少该种污染物排放，还带来了其他环境效益（毛显强等，2021）。随着研究的不断深入，学术界开始从"由碳及污"或"由污及碳"单向协同效应，逐渐将关注点转移至评估综合减排措施的双向协同效应。田春秀等（2009）指出，温室气体减排与大气污染防治政策之间相互影响，强调协同效益是二者协同控制所带来的总体效益。这种协同效益是通过将温室气体和大气污染物减排措施的优化组合，最大限度地降低环境成本或实现效益最大化。

2020 年 12 月的中央经济工作会议首次明确指出"要继续打好污染防治攻坚战，实现减污降碳协同效应"，而准确把握减污降碳协同效应的含义是构建其评估模型的关键。首先，在中国能源结构中，高碳化的化石能源占比约为 85%，化石能源燃烧是造成 CO_2 及大气污染物大量排放的主要来源，二者的排放领域高度重合，具有同根同源性，因此，减污降碳协同治理在理论上具有一定说服力。此外，经济增长与能源使用及其排放污染物之间的联系也提供了同根同源性的更深层次理解（易兰等，2020）。经济的迅速发展依赖于密集的能源活动，这些活动不仅推动了经济发展，同时也释放了大量的大气污染物和温室气体，带来了不容忽视的环境负面影响。换言之，任何非零成本的减排措施本质上都涉及经济问题，而经济规律在很大程度上影响着能源的使用及污染物排放规律，因此，经济和能源系统之间的协同也至关重要。其次，实现减污降碳协同治理的目标不仅仅要提高末端减排效率，还需与可持续发展转型目标保持一致，促进生活和生产方式朝着绿色、低碳的方向转变。为此，对减污降碳协同效应的定量评估应从生产端视角入手，而非仅仅局限于末端减排的效果评估。

因此，本章从生产端减排角度对安徽省减污降碳效应进行实证分析，通过借鉴刘华军等（2023）做法，将协同效应定义为边际减排成本在协同减排情景下，相较于单独减排情景下成本比例变化的大小，如公式（8-9）所示。此外，考虑到 PM2.5 与 CO_2 边际减排成本单位的差异，本章在测算前对二者进行了无量纲化处理。

$$\Delta C_{PM2.5} = \frac{COSTA_{PM2.5} - COSTT_{PM2.5}}{COSTA_{PM2.5}}$$

$$\Delta C_{CO_2} = \frac{COSTA_{CO_2} - COSTT_{CO_2}}{COSTA_{CO_2}}$$

$$(8-9)$$

其中，$COSTA_{PM2.5}$ 和 $COSTT_{PM2.5}$ 分别表示单独减污与协同减排下 PM2.5 的边际减排成本，$\Delta C_{PM2.5}$ 表示 PM2.5 边际减排成本缩减的百分比，即减污效应。同理可知，$COSTA_{CO_2}$ 表示单独降碳下 CO_2 的边际减排成本，$COSTT_{CO_2}$ 表示协同减排下 CO_2 的边际减排成本，ΔC_{CO_2} 表示 CO_2 边际减排成本缩减的百分比，即降碳效应。进一步地，减污降碳协同效应可表示为：

$$S = \alpha \cdot \Delta C_{PM2.5} + \beta \cdot \Delta C_{CO_2}$$

$$(8-10)$$

式中，通过借鉴唐湘博等（2022）、Xie 等（2024）和刘华军等（2023）的研究，假设各子系统的具有同等重要性，即减污与降碳两系统取相同的权重值，

因此 $\alpha = \beta = 1/2$。

8.3.2 减污降碳影响因素选择

由于本章从边际减排成本的角度量化协同效应，因此，在探究安徽减污降碳影响因素时，将分别选取 PM2.5 与 CO_2 的边际减排成本作为因变量。如康哲等（2023）选取黄河流域呼包鄂榆、关中平原和中原三大城市群作为研究对象，分析了该区域工业 CO_2 与局地大气污染物排放变化趋势，采用随机森林模型分析各个因素分别与 CO_2 及局地大气污染物排放之间的响应关系，以此最终识别工业 CO_2 和局地大气污染物排放的共同关键影响因素。

解释变量参考魏楚（2014）、Du 等（2012）、李德山等（2021）和杨子晖等（2019）的研究，选取人均 GDP（$PGDP$）、城镇化水平（UR）、人口密度（PD）、产业结构（IS）、城市交通水平（PC）、研发强度（RD）及能源利用效率（$EFFI$）七个指标，具体如表 8-1 所示。

表 8-1 描述性统计分析

变量	变量名	均值	标准差	最小值	最大值	单位
$COSTT_{CO_2}$	CO_2 减排成本	11.12	8.01	0.21	50.97	亿元/百万吨
$COSTT_{PM2.5}$	PM2.5 减排成本	6.60	5.86	0.11	31.51	亿元/（微克/立方米）
$PGDP$	人均 GDP	32253.12	15923.23	8432.74	73181.52	元/人
UR	城镇化水平	53.82	11.57	31.30	84.04	%
PD	人口密度	2727.98	1045.62	703.00	5338.00	人/平方千米
IS	产业结构	48.17	9.15	33.89	74.73	%
PC	城市交通水平	0.09	0.05	0.02	0.23	辆/人
RD	研发强度	2.20	1.35	0.29	5.73	%
$EFFI$	能源利用效率	0.28	0.05	0.17	0.40	——

8.3.3 数据来源

本章选取 2011~2021 年安徽 16 个地级市为样本，对减污降碳协同效应进行全面考察。采用资本、能源和劳动作为投入变量，将实际 GDP 作为期望产出，以 PM2.5 和 CO_2 作为非期望产出。对于资本投入，通过采用单豪杰（2008）提出的永续盘存法来估算安徽省各市的资本存量。能源投入使用能源消费总量数据进行量化。劳动力投入选取按三次产业分的就业人员数作为衡量指标。就期望产出而言，由于资本存量以 2006 年为基期，故本章计算的实际 GDP 也以 2006 年为基期。对于非期望产出，碳排放数据参考丛建辉等（2014）的研究，得出安徽各地级市总的碳排放，PM2.5 数据获取来源于 Liu 等（2023）学者的研究。计算所需要的数据及减污降碳影响因素数据主要来自《安徽省统计年鉴》《中国环境统计年鉴》及各地级市统计年鉴、国民经济与社会发展统计公报等。

8.4　实证分析

8.4.1　安徽减污降碳协同效应分析

8.4.1.1　安徽整体协同效应分析

徐佳和崔静波（2020）认为在适当的规制压力下，企业会受到激励去寻求技术上的突破，这种动力不仅能够促进企业生产效率与能源效率的提高，还能在一定程度上降低生产过程中的污染物排放，以满足规定的排放标准，进而产生环境保护与企业经济效益"双赢"的局面。此外，环境领域的众多研究也提到了污染物的规模效应（涂正革和肖耿，2009；Dasgupta et al.，2001；Murty et al.，2007），这一理论认为，如果污染物的初始排放水平较高，那么在技术和过程优化中减少每单位污染物排放量所需的边际成本就会相对较低。然而，随着环境质量的逐步改善和污染物排放量的持续减少，进一步减排将会变得更加困难，每减少一单位污染物的成本也随之增加。因此，探究安徽大气污染物和 CO_2 边际减排成本的时空分布特征，是本节关注的核心问题。

表 8-2 为安徽减污降碳协同效应测算结果。由表 8-2 可知，安徽的边际减污成本和边际降碳成本都呈现出了波动增长的态势。在边际减污成本方面，如果仅考虑单独减排，安徽边际减污成本由 2011 年的 1.9686 亿元/（微克/立方米）上升至 2021 年的 21.5471 亿元/（微克/立方米），年均增速为 27.03%；而在协同减排情况下，安徽的边际减污成本由 1.3018 亿元/（微克/立方米）上升至 14.0718 亿元/（微克/立方米），年均增速为 26.88%。不难发现，单独减排下边际减污成本增速较快，且协同减排下边际减污成本（6.6047 亿元/（微克/立方米））要低于单独减排下的减污成本（10.3503 亿元/（微克/立方米）），边际减污成本平均缩减 36.1981%。同理可知，在边际降碳成本方面，如果在单独减排情景下，边际降碳成本由 2011 年的 5.9116 亿元/百万吨上升至 2021 年的 27.3169 亿元/百万吨，年均增速为 15.54%；而协同减排下边际降碳成本年均增速为 17.14%，高于单独减排下增速，但在协同减排下，CO_2 的边际减排成本明显下降，

相较于单独减排下平均缩减 38.4029%。总体来说，无论是在减污方面还是在降碳方面，安徽的边际减排成本都呈现出快速增长趋势，且边际减污成本的上升速度明显快于降碳成本，这表明安徽在过去的一段时间里，对大气污染的治理投入了较大的力度，并取得了显著的效果。

表 8-2 安徽减污降碳协同效应

| 年份 | 单独减排 | | 协同减排 | | 减污效应（％） | 降碳效应（％） | 减污降碳协同效应（％） |
	减污成本（亿元/（微克/立方米））	降碳成本（亿元/百万吨）	减污成本（亿元/（微克/立方米））	降碳成本（亿元/百万吨）			
2011	1.9686	5.9116	1.3018	3.3714	36.2114	41.7764	38.9939
2012	3.3199	6.9066	2.3865	4.0382	28.9616	36.4251	32.6934
2013	3.7333	9.5295	2.1824	5.6088	40.1491	41.7565	40.9528
2014	4.2172	11.4803	2.4296	7.4925	34.4704	26.9010	30.6857
2015	5.5307	12.2299	3.4163	7.7552	40.4996	38.7060	39.6028
2016	7.5482	15.9342	5.1349	9.5854	36.8711	42.5160	39.6936
2017	12.7672	27.8437	8.0193	16.9546	37.6234	37.8415	37.7325
2018	14.7543	26.0357	9.1775	15.8909	37.9313	38.5969	38.2641
2019	17.7326	30.0725	11.1041	18.5076	36.6001	39.0022	37.8012
2020	20.7344	28.2766	13.4273	16.7440	35.4399	38.9979	37.2189
2021	21.5472	27.3169	14.0718	16.3984	33.4217	39.9125	36.6671
均值	10.3503	18.3216	6.6047	11.1225	36.1981	38.4029	37.3005

为进一步观察安徽减污降碳协同效应的变化趋势情况，将表 8-2 数据整理得到图 8-1。

由图 8-1 可知，总体来看，安徽减污降碳协同效应呈现出在波动中先上升后下降的趋势，其中，在 2013 年达到最大值 40.95%，2018 年开始逐年缓慢下降，随着环境治理的不断好转，安徽实现减污降碳协同增效工作也越发困难。具体来看，通过观察安徽减污效应与降碳效应之间的大小关系，可将其协同效应划分为三个阶段：第一阶段为 2011~2013 年，这一时段内的降碳效应明显高于减污效应。在此阶段，安徽在经济持续较快增长、工业化和城镇化迅速发展的同时，也伴随着环境质量的恶化，造成了不容忽视的污染问题，尤其是 PM2.5 浓度的迅速上升，大气污染形势严峻。其中，《安徽生态文明建设发展报告——大气污染防治专题报告》的数据表明，在 2005~2014 年，安徽只有黄山市的空气质量优良率达到了 100%。

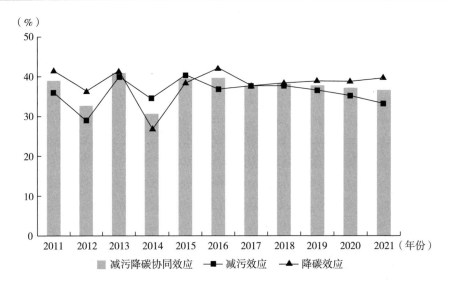

图 8-1 安徽减污降碳协同效应

第二阶段为 2014~2015 年，这一时段内的减污效应出现了反超，远高于降碳效应。2013 年，安徽政府相继颁布了《安徽省大气污染防治行动计划实施方案》以及《安徽省重污染天气应急预案》政策文件，大气污染防治工作全面启动。政府通过制定和实施相关政策和法规，为减排措施提供支持和激励，降低了企业和个人采取减排措施的成本，减污效应显著。

第三阶段为 2016~2021 年，这一时段内降碳效应有所回升，高于减污效应。随着大气污染控制措施的持续推进，大气污染治理难度逐渐增加，进一步减排会变得越来越困难，每减少一单位污染物的成本也随之增加，减污效应逐渐减弱。相反，碳排放交易市场使减排成本变得更加合理和低廉，降碳效应显著提升。碳排放交易市场的建立为边际降碳成本的降低提供了市场机制和经济激励，鼓励企业更加积极地减缓碳排放。此外，市场的灵活性和技术创新也有助于降低减排成本，为企业提供了弹性和自由度，以选择最适合自身情况的减排方式，并促使它们更有动力投资于研发和采用低碳技术或环保设备。这样的碳市场机制可以提高减排效果，同时推动低碳经济的发展。

8.4.1.2 市域层面协同效应分析

安徽的边际减污成本及边际降碳成本均存在区域异质性。具体来看，在边际减污成本方面，皖中地区与部分皖南地区的边际减排成本较高，其中，合肥、芜湖、马鞍山、安庆市的减污成本处于较高水平，协同减排下边际减污成本分别为 11.8072 亿元/（微克/立方米）、10.7991 亿元/（微克/立方米）、9.3029 亿元/

（微克/立方米）、9.3827亿元/（微克/立方米）。而合肥、芜湖、马鞍山和安庆市边际减污成本较高的原因可能涉及工业规模、地理因素、政策要求和市场需求等多方面因素。具体来说，首先，这些城市普遍具有较高的工业密度和经济发展水平，特别是合肥、芜湖和马鞍山都是安徽省的重要工业基地，工业活动的规模较大。由于工业生产过程中可能产生大量污染物，治理和减少这些污染物的排放需要投入大量的资金和技术支持，因此边际减污成本相对较高。其次，这些城市地理位置相对集中，周边资源有限。由于市区内的污染治理已经相对成熟，再进一步减少污染物的排放就面临更高的边际成本，相比较而言，市区外的治理工作可能需要更长的管道运输、处理设施建设等，这些都会增加成本。最后，政府对环境治理的要求也越发严格。出于环保压力，这些城市需要更严格的技术标准和更高的治理要求，这无疑会增加边际减污成本。因此，为了达到环境目标，减少污染物排放，这些城市需要更多的投资和措施来应对挑战，进而导致边际减排成本处于相对较高的水平。

在边际降碳成本方面，合肥市、芜湖市、马鞍山市、安庆市的降碳成本处于较高水平，这也与边际减污成本的结果一致，协同减排下边际降碳成本分别为19.7297亿元/百万吨、17.6060亿元/百万吨、17.2419亿元/百万吨、14.5549亿元/百万吨。其中，马鞍山市作为中国重要的钢铁生产基地之一，工业占经济总量的38.8%，工业中重化占比70%，产业结构重，具有高碳排放水平，降低其碳排放需要较大的投资和技术创新，导致边际降碳成本较高。同时，马鞍山市的能源结构依赖于传统的煤炭能源，转向可再生能源和清洁能源则需要更多的资金投入，并且降低碳排放还需采用先进的低碳技术，在技术创新方面的投入仍会进一步增加边际降碳成本。总体而言，无论是减污还是降碳，皖中和部分皖南地区的边际减排成本最高，协同减排下的边际减排成本低于单独减排，这意味着协同减排具有更高的经济效益和效率，并有助于改善空气质量和减缓气候变化。

进一步考察安徽各城市的减污降碳协同效应可以发现，减污降碳协同效应最高的城市为宣城市和滁州市，协同效应值分别为42.95%和42.27%。其中，滁州市作为安徽省重要城市之一，经济发展态势较好，产业结构以制造业为主，拥有多个产业园区和工业基地，涵盖了汽车制造、机械制造、电子信息、医药制造等领域。但制造业通常涉及许多能源密集型的生产和加工过程，包括燃煤、燃油、天然气的使用以及电力消耗，导致碳排放增加，因此在推进协同减排过程中，边际减排成本变动幅度较大，减污降碳协同效应较高。

总的来看，安徽各个地级市减污降碳协同效应表现出明显的空间异质性。皖中与皖南地区的大部分城市相较于皖北地区，减污降碳协同效应处于较高水平。这主要是由于相较于皖北地区，这些城市的经济发展相对繁荣和发达，与此同时，作为安徽主要的重工业基地，煤炭在能源结构中的比重长期高于皖北地区，能源需求量大，污染情况也相对较为严重，因此，在协同推进减污降碳过程中能充分利用自己的经济优势，投资于环境保护和碳减排技术的研发和应用，从而提高减污降碳协同效应。

8.4.1.3 区域层面协同效应分析

图 8-2 显示了安徽三大地区的减污降碳协同效应的逐年变化情况。经计算可得，皖北、皖中及皖南地区的减污降碳协同效应均值分别为 35.16%、38.46%、38.66%，即减污降碳协同效应：皖南地区>皖中地区>皖北地区。具体来看，在 2011~2016 年，皖南地区协同效应处于较高水平，但在 2017 年协同效应出现了下滑。皖南地区拥有安徽主要的重工业基地，煤炭在能源结构中占比高，可以通过降低能源消耗以此来提升该地区的空气质量，此时减污降碳协同效应也保持在较高水平。然而，随着大气污染治理力度的加强，发现 CO_2 的协同效应有所减弱，进而对减污降碳协同效应产生了不利影响。而皖北地区作为安徽减污降碳协同效应较低的区域，其协同效应在 2014 年达到了最低值，但 2014 年《安徽省2014—2015 年节能减排低碳发展行动方案》发布，各市积极响应政府政策，结合自身实际情况制定实施方案，此后协同效应有所上升。

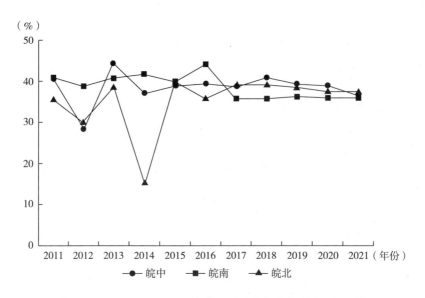

图 8-2　2011~2021 年安徽省减污降碳协同效应时间变化趋势

基于上述分析，不难发现，安徽的减污降碳协同效应存在较为明显的区域异质性，本小节使用 Dagum（1997）提出的基尼系数方法测算出安徽省各地区基尼系数，以此对其进行量化分析，考察安徽省减污降碳协同效应的区域差异来源情况。

传统测量区域差异的方法包括泰尔指数、变异系数、经典基尼系数等，这些指标在一定程度上依赖于数据分布的相关假设。在对区域差异进行测量时，由于分组样本之间没有交叠区域，使这些指标不能被进一步分解为一些具有明确经济学意义的子指标，因此存在一定的局限性。针对这一局限，Dagum（1997）提出的 Dagum 基尼系数，可以将研究区域分解为多个子区域，并计算出总体差异、区域内差异、区域间差异和超变密度的值，解决了与子样本分布和样本重叠相关的问题，确保了结果的准确性。此外，它还能够有效地识别分析样本之间空间差异的来源。通过参考张卓群等（2022）的研究，定义了组间基尼系数，如公式（8-11）所示。

$$G_{uv} = \frac{\sum\limits_{i=1}^{n_u} \sum\limits_{r=1}^{n_v} |y_{ui} - y_{vr}|}{n_u n_v (\bar{y}_u + \bar{y}_v)} \tag{8-11}$$

其中，u 和 v 分别表示两个不同区域，n_u 和 n_v 表示相应区域内的城市个数，y_{ui} 和 y_{vr} 分别表示相应区域内第 i 个和第 r 个城市的减污降碳协同效应，$\bar{y}_u$ 和 $\bar{y}_v$ 表示各自区域内所有城市减污降碳协同效应的均值。当 $u=v$ 时，则计算结果表示 u 区域的组内基尼系数 G_{uu}。进一步地，如果将安徽所有城市视为同一分组，则该分组的组内基尼系数是安徽所有城市减污降碳协同效应的总体 Dagum 基尼系数 G。同时，将 Dagum 基尼系数进行分解，如公式（8-12）和公式（8-13）所示。

$$G = \sum_{u=1}^{k} G_{uu} p_u s_u + \sum_{u=1}^{k} \sum_{v \neq u} G_{uv} p_u s_v D_{uv} + \sum_{u=1}^{k} \sum_{v \neq u} G_{uv} p_u s_v (1 - D_{uv}) \tag{8-12}$$

$$G \equiv G_w + G_{nb} + G_t \tag{8-13}$$

其中，$p_u \equiv n_u/n$ 表示 u 区域内城市个数占安徽省城市总数的比例，$s_v \equiv n_v \bar{y}_v / n\bar{y}$ 表示 v 区域减污降碳协同效应占所有城市减污降碳协同效应的比例。G_w 表示各区域内城市减污降碳协同效应差异对整体差异的总贡献，$G_{gb} \equiv G_{nb} + G_t$ 表示所有区域间差异的总贡献。D_{uv} 反映了区域间净影响力，可通过如下公式计算得出：

$$D_{uv} = \frac{d_{uv} - p_{uv}}{d_{uv} + p_{uv}} \tag{8-14}$$

$$d_{uv} = \int_0^\infty dF_u(y) \int_0^y (y - x) dF_v(x) \tag{8-15}$$

$$p_{uv} = \int_0^\infty dF_u(y) \int_0^y (y - x) dF_u(x) \tag{8-16}$$

其中，d_{uv} 表示为 u 区域和 v 区域间的总影响力，p_{uv} 表示 u 区域和 v 区域间的超变一阶矩。

从直观上理解，如果减少那些平均减污降碳协同效应较高的区域内的协同效应，并增强那些协同效应较低的区域内的协同效应，理论上可以通过减少区域间的差异来降低整体基尼系数。然而，在实际操作中，如果子样本之间出现重叠，即低协同效应区域中存在部分高协同效应城市的减污降碳协同效应大于高协同效应区域中部分低协同效应城市的减污降碳协同效应，则提升低协同效应区域中高协同效应城市的减污降碳协同效应并降低高协同效应区域中低协同效应城市的减污降碳协同效应可能会导致区域内部的差距增加。进一步地，由于低协同效应区域中的提升和高协同效应区域中的降低使两者之间的差距缩小，即区域间差异净值降低。由于原本明确的界限变得模糊，也会导致区域间重叠或交叠的部分不平等程度变得更加明显。这种由于区域之间的交叠所导致的基尼系数增加，即为组间超变密度。

（1）总体空间差异

总体来看，安徽整体减污降碳协同效应基尼系数呈现波动下降趋势（见表8-3）。由 2011 年的 0.0800 波动下降至 2021 年的 0.0239，说明安徽城市减污降碳协同效应之间存在着较为明显的不均衡现象，但不均衡程度有所下降。从分区域来看，皖北地区的基尼系数均值为 0.0599，为三大地区中最小区域；皖中地区与皖南地区的基尼系数均值分别为 0.0816、0.1237，皖南地区内城市减污降碳协同效应水平差异最大，皖北地区最小。从地区差距的演变趋势来看，皖北地区内部的地区差距呈现先上升后下降再上升，最后波动下降的趋势；皖中地区与皖北地区内部差距的变化趋势相似，最后呈现波动下降态势；皖南地区在 2014 年上升至最大值（0.6324），随之波动下降，并在 2019~2021 年趋于稳定。

表 8-3　安徽及各区域基尼系数

年份	安徽	皖北地区	皖中地区	皖南地区
2011	0.0800	0.0391	0.0735	0.0911
2012	0.2301	0.1109	0.2960	0.2589
2013	0.0501	0.0185	0.0594	0.0211
2014	0.2904	0.0547	0.1246	0.6324
2015	0.1167	0.1258	0.0422	0.1650
2016	0.1348	0.1000	0.1380	0.1370
2017	0.0395	0.0453	0.0371	0.0083

年份	安徽	皖北地区	皖中地区	皖南地区
2018	0.0503	0.0755	0.0388	0.0080
2019	0.0377	0.0136	0.0483	0.0147
2020	0.0352	0.0406	0.0358	0.0117
2021	0.0239	0.0355	0.0036	0.0128
均值	0.0990	0.0599	0.0816	0.1237

（2）区域间差异

使用区域间基尼系数测算安徽各区域减污降碳协同效应之间的差异程度，皖北—皖中、皖北—皖南及皖中—皖南区域间差异及差异演变情况如表 8-4 所示。其中，皖北—皖南与皖中—皖南的变动趋势相似，在 2011~2015 年呈"M"型波动，2016~2021 年呈波动下降趋势，其地区间差异系数均值分别为 0.1249、0.1273。皖北与皖南区域间差异大致呈"M"型波动下降趋势，差异变动幅度相对来说较小，其基尼系数均值为 0.0834。

表 8-4　区域间基尼系数

年份	皖北—皖中	皖北—皖南	皖中—皖南
2011	0.0640	0.0815	0.0984
2012	0.2166	0.2300	0.3135
2013	0.0554	0.0650	0.0530
2014	0.1096	0.4673	0.4814
2015	0.1032	0.1575	0.1301
2016	0.1345	0.1416	0.1525
2017	0.0451	0.0472	0.0408
2018	0.0676	0.0679	0.0460
2019	0.0450	0.0435	0.0400
2020	0.0471	0.0409	0.0329
2021	0.0297	0.0318	0.0120
均值	0.0834	0.1249	0.1273

（3）差异贡献

进一步地，可将样本的整体差异拆分为组内贡献、组间净贡献和组间超变密度三个组成部分，三大地区的减污降碳协同效应水平差异贡献及贡献率演变情况如表8-5所示。由表8-5可知，区域间差异的平均贡献率为44.31%，高于区域内差异贡献率均值的27.22%及超变密度贡献率均值的28.47%，是安徽减污降碳协同效应总体差异的主要来源。其中，在2012年与2015年，超变密度的贡献率超过了相对较低的区域间差异，说明三大地区在发挥减污降碳协同效应上存在着大范围的交叉重叠，即高水平地区内部的低水平单元与低水平地区内部的高水平单元之间的交叉重叠。

在地区差距的变化趋势上，区域间差异由2011年的38%上升至2014年的69.22%，在2015年迅速下降后又上升至2018年的57.76%，随后逐年下降，波动趋势大致呈现"M"型。区域内差异贡献率较为稳定，年均贡献率为27.22%。因此，安徽若想实现减污降碳协同增效，缩小各城市减污降碳协同效应水平差异，需要着重解决区域间发展差异问题，加强区域合作与交流机制。

表8-5 安徽区域差异贡献来源

年份	区域内		区域间		超变密度	
	来源	贡献率（%）	来源	贡献率（%）	来源	贡献率（%）
2011	0.0252	31.45	0.0304	38.00	0.0244	30.55
2012	0.0702	30.52	0.0730	31.73	0.0869	37.75
2013	0.0124	24.74	0.0269	53.69	0.0108	21.57
2014	0.0645	22.21	0.2010	69.22	0.0249	8.57
2015	0.0339	29.05	0.0050	4.29	0.0778	66.66
2016	0.0414	30.72	0.0500	37.08	0.0434	32.20
2017	0.0101	25.53	0.0212	53.67	0.0082	20.81
2018	0.0117	23.19	0.0290	57.76	0.0096	19.05
2019	0.0098	25.88	0.0191	50.75	0.0088	23.38
2020	0.0093	26.46	0.0173	49.17	0.0086	24.37
2021	0.0071	29.67	0.0100	42.04	0.0068	28.28
均值	0.0269	27.22	0.0439	44.31	0.0282	28.47

8.4.2 安徽减污降碳影响因素研究

由前文分析结果可知，各城市在边际减排成本与减污降碳协同效应方面表现出显著差异，为了弄清楚这些差异的成因，有必要对潜在的影响因素进行识别。因此，本节考虑构建面板回归模型，以期更为全面地探讨安徽减污降碳影响因素作用机理，为安徽实现减污降碳协同增效提供参考。

8.4.2.1　模型构建

在面板数据分析中，常见的面板回归模型主要分为静态和动态面板回归两类。本章采取的是静态面板回归模型进行实证分析。具体来说，面板回归模型可进一步细分为以下三种类型：一是固定效应模型，即截距项会随着时间和个体的差异而有所改变，但各变量的系数则会保持恒定。固定效应模型可以进一步细分为个体固定效应、时点固定效应及时点个体双固定效应模型三类。二是随机效应模型。该模型是基于固定效应模型，将固定的系数向量视为一个随机变量，故无论是截距还是回归系数，都会随着时间和个体的变化而发生波动。三是混合效应模型，在这种模型中，截距项和回归系数都被视为恒定不变的。

具体来看，关于 CO_2 边际减排成本回归模型选择。首先，通过 F 检验，可得 F（15，153）＝2.25，P 值为 0.0069，故强烈拒绝原假设，在固定效应与混合回归模型间，应选择前者；其次，通过 LM 检验结果可知，LM 统计量值为 2.78，P 值为 0.0477，故强烈拒绝原假设，选择随机效应模型；最后，Hausman 检验估计值为 10.02，P 值为 0.2633，说明接受采用随机效应模型进行回归的原假设。综上所述，应采用具有随机效应的面板回归模型对安徽省的边际降碳成本影响因素进行探究。

同理，关于 PM2.5 的边际减排成本回归模型选择。首先，通过 F 检验，可得 F（15，153）＝4.42，P 值为 0.0000；其次，通过 LM 检验可知，LM 统计量值为 9.94，P 值为 0.0008；最后，Hausman 检验估计值为 27.25，P 值小于 0.0006，选择具有固定效应的面板回归模型对安徽的边际减污成本影响因素进行探究。

为减少异方差的产生，减小变量的波动范围，在进行建模之前对数据进行了对数化处理。因此，以 CO_2 或 PM2.5 的边际减排成本为被解释变量，以上 7 个可能影响因素为解释变量构建面板回归模型，模型的一般形式如下所示：

$$\ln COSTT_{CO_2} = \alpha + \beta_1 \ln PGDP_{it} + \beta_2 \ln UR_{it} + \beta_3 \ln PD_{it} + \beta_4 \ln IS_{it} + \beta_5 \ln PC_{it} + \beta_6 \ln RD_{it} + \beta_7 \ln EFFI_{it} + \varepsilon_{it} \tag{8-17}$$

$$\ln COSTT_{PM2.5} = \gamma + \rho_1 \ln PGDP_{it} + \rho_2 \ln UR_{it} + \rho_3 \ln PD_{it} + \rho_4 \ln IS_{it} + \rho_5 \ln PC_{it} + \rho_6 \ln RD_{it} + \rho_7 \ln EFFI_{it} + \theta_i + \tau_{it} \tag{8-18}$$

其中，α、γ 表示常数项；β_1，β_2，…，β_7，ρ_1，ρ_2，…，ρ_7 表示回归系数；θ_i 表示城市的固定效应；ε_{it}、τ_{it} 表示随机误差。各解释变量含义如表 8-1 所示。取对数后被解释变量和 7 个可能影响因素变量的描述性统计分析结果汇总如表 8-6 所示。

表 8-6　取对数后描述性统计分析

变量	均值	标准差	最小值	最大值
$\ln COSTT_{CO_2}$	2.0842	0.9172	−1.5486	3.9312
$\ln COSTT_{PM2.5}$	1.4306	1.0437	−1.2845	3.1603
$\ln PGDP$	10.2614	0.4980	9.1543	11.1913
$\ln UR$	3.9623	0.2180	3.4965	4.4101
$\ln PD$	7.8198	0.4594	6.5848	8.5200
$\ln IS$	3.8576	0.1838	3.5415	4.2965
$\ln PC$	−2.5885	0.5398	−3.6704	−1.4776
$\ln RD$	0.5737	0.6922	−1.0094	1.7398
$\ln EFFI$	−1.3045	0.1960	−1.7644	−0.9337

8.4.2.2　回归结果分析

基于上述分析，模型回归结果如表 8-7 所示。根据回归结果可知，人均 GDP、研发强度均与边际降碳成本呈正相关关系，且在 1% 的水平上显著；城镇化水平、人口密度及能源利用效率均与边际降碳成本呈负相关关系，且在 1% 的水平上显著。人均 GDP 与研发强度均与边际减污成本呈正相关关系，产业结构与能源利用效率与边际减污成本呈负相关关系。其中，人均 GDP、研发强度及能源利用效率是二者的共同影响因素。具体来说，人均 GDP 与边际减排成本呈正相关关系，虽与预期不符，但与 Ji 和 Zhou（2020）的研究结果相一致。Ji 和 Zhou（2020）通过对中国城市边际减排成本、空气污染与经济增长的探究，基于构建的 MSB-MAC 模型发现 CO_2、SO_2、NO_x 的边际减排成本与人均 GDP 之间存在显著的正相关关系。因此，安徽政府可以通过鼓励高收入城市与低收入城市进行碳排放交易来确定一种具有成本效益的减排战略。此外，边际减排成本还可以作为排放许可证初始分配的基础（Zhou et al.，2015）。从节约成本的角度来看，应该率先将更多的排放许可证分配给收入较高的城市，因为与收入较低的城市相比，这些城市的边际减排成本相对较高。

表 8-7　面板回归模型结果

解释变量	被解释变量							
	$\ln COSTT_{CO_2}$				$\ln COSTT_{PM2.5}$			
	回归系数	标准误	P 值	显著性	回归系数	标准误	P 值	显著性
$\ln PGDP$	1.5526	0.4378	0.0000	***	1.3022	0.7117	0.0690	*

续表

解释变量	被解释变量							
	$\ln COSTT_{CO_2}$				$\ln COSTT_{PM2.5}$			
	回归系数	标准误	P 值	显著性	回归系数	标准误	P 值	显著性
$\ln UR$	−2.8543	0.6595	0.0000	***	−1.2527	1.2173	0.3050	
$\ln PD$	−0.4785	0.1785	0.0070	***	−0.7616	0.5800	0.1910	
$\ln IS$	0.2237	0.6570	0.7330		−1.4657	0.7894	0.0650	*
$\ln PC$	0.0171	0.2231	0.9390		−0.4024	0.3383	0.2360	
$\ln RD$	0.4428	0.0643	0.0000	***	0.3745	0.0724	0.0000	***
$\ln EFFI$	−1.0799	0.3019	0.0000	***	−0.8262	0.4249	0.0540	*
常数项	−1.2773	3.2002	0.6900		2.3068	5.5550	0.6790	
固定效应	No	Yes						
R^2	0.4907	0.483						
观测值	176	176						

注：*、**和***分别表示在10%、5%和1%的水平下显著。

研发强度与边际减排成本呈正相关关系，与预期相符。申萌等（2012）的研究聚焦于技术进步与 CO_2 排放量之间的作用关系，发现技术进步对减少 CO_2 排放量具有明显的促进作用，即技术进步有助于缓解 CO_2 排放的问题。技术创新和改进不仅带动了经济发展，同时在环境保护方面也发挥了重要作用。而污染物的规模效应理论指出，技术进步在初期可以有效地降低 CO_2 排放量，但随着排放水平的降低，要想实现同等比例的减排所需的成本也会逐渐增加，污染物排放水平与边际减排成本之间的关系呈现出一种反向变动的趋势。在假定其他变量一定的情景下，技术革新能降低能源在供应、生产与销售各环节的转化损耗，从而提升能效，这意味着随着技术的不断进步，通过技术创新来进一步降低排放的可能性会逐渐减小（杨子晖等，2019）。同时，能源利用效率与边际减排成本呈负相关关系，与预期相符。

此外，城镇化水平与边际降碳成本呈负相关关系，回归系数为−2.8543，即城镇化水平越高的城市，边际减排成本越低，但与边际减污成本之间并不显著。城镇化水平越高的城市，减排技术以及基础设施的完备性相对来说也越高，为实现低碳式的高质量生活水平提供了可能，如通过应用清洁能源新技术的设备、充分利用基础设施的规模经济效应来降低 CO_2 排放，从而有效降低边际减排成本。人口密度与边际降碳成本呈负相关关系，与边际减污成本之间也不显著。人口密度反映并影响城市居民的生活与行为模式，人口密度越高的地区更容易实施大规模的减排举措，如共享能源设施、公共交通系统等。这些举措的规模经济效应可能降低了单位减排成本。因此，人口密度越大，对于边际降碳成本的减少具有积极的作用。产业结构与边际减污成本呈负相关关系，回归系数为-1.4657，但与边际降碳成本之间并不显著。由于部分行业"高污染、高排放"的生产方式导致第二产业较高的地区碳排放量也较高，因此可大力发展第三产业促进经济，进而对边际减排成本的降低产生积极影响。

8.4.2.3 稳健性检验

为了增强研究结果的可信度，对回归模型的稳健性进行了检验。首先，参考Cui 等（2022）的做法，采用改变样本时间长度的方法进行稳健性检验，即将第1 年（2011 年）的样本数据删除后，继续基于随机效应及固定效应下的模型进行估计，结果如表8-8 中的第（1）列和第（2）列所示，通过与表8-7 的结果进行比较后发现，在改变样本时间长度后，各个解释变量系数的显著性和方向并未出现改变，只是系数具体数值出现了轻微波动。

其次，采用替换解释变量的方法再次进行稳健性检验，由于能源利用效率的测算有多种方法，前文采用超效率 SBM 模型进行测算，而在稳健性检验中通过超效率 CCR 模型进行重新测算，以此作为新的能源利用效率变量重新纳入模型进行估计，结果如表8-8 中的第（3）列和第（4）列所示。可以发现，各个解释变量系数的显著性和方向依然保持不变，只是系数具体数值大小有所变动。综上所述，回归结果具有一定的稳健性。

表8-8 稳健性检验

变量	变换样本时段长度（剔除 2011 年数据）		替换解释变量（能源利用效率）	
	$\ln COSTT_{CO_2}$	$\ln COSTT_{PM2.5}$	$\ln COSTT_{CO_2}$	$\ln COSTT_{PM2.5}$
	（1）	（2）	（3）	（4）
$\ln PGDP$	1.4248***	1.3327*	1.4835***	1.3422*
	（0.3322）	（0.7568）	（0.4276）	（0.7320）
$\ln UR$	-2.5661***	-1.1566	-2.6151***	-1.2639
	（0.5663）	（1.2840）	（0.8788）	（1.2345）
$\ln PD$	-0.4516***	-0.3646	-0.4804***	-0.7783
	（0.1691）	（0.6240）	（0.1801）	（0.5860）
$\ln IS$	0.2497	-1.4899*	0.1471	-1.4919*
	（0.6026）	（0.8209）	（0.6579）	（0.7928）
$\ln PC$	-0.0012	-0.5144	-0.0588	-0.4683
	（0.2261）	（0.3693）	（0.2560）	（0.3432）

续表

变量	变换样本时段长度（剔除 2011 年数据）		替换解释变量（能源利用效率）	
	$\ln COSTT_{CO_2}$	$\ln COSTT_{PM2.5}$	$\ln COSTT_{CO_2}$	$\ln COSTT_{PM2.5}$
	（1）	（2）	（3）	（4）
$\ln RD$	0.4463 ***	0.3599 ***	0.4557 ***	0.3893 ***
	（0.0612）	（0.0750）	（0.0757）	（0.0730）
$\ln EFFI$	−1.1788 ***	−0.8512 *	−1.0295 **	−1.0422 *
	（0.2987）	（0.4452）	（0.5190）	（0.6155）
常数项	−1.5859	−1.6951	−0.7710	2.2917
	（3.2261）	（6.0476）	（2.8723）	（5.5868）
N	160	160	176	176
R^2	0.4958	0.4699	0.4675	0.4628

注：*、**和***分别表示在 10%、5% 和 1% 的水平下显著。

8.4.3　安徽减污降碳协同增效路径选择

通过前文分析可知，安徽减污降碳协同效应显著，并表现出较为明显的区域异质性。因此，本节将通过合理设置减污降碳协同效应评估模型参数权重，构建绿色低碳、污染减排及能源优化三种模拟情景，进一步考察安徽减污降碳协同效应的变化情况，以此来寻求安徽实现减污降碳协同增效的最优路径选择。

8.4.3.1　情景设置

（1）研究情景设定说明

安徽作为长江三角洲的重要组成部分，在融入长三角经济带后，经历了快速的工业化和城市化发展，带来了严重的环境污染问题。在此背景下，如何实现减污降碳协同增效的目标，是安徽面临的一个关键问题。本节通过不同的政策目标，设定如下三种不同的研究情景：

情景一：绿色低碳情景。在国家碳达峰、碳中和的大背景下，安徽省人民政府于 2022 年印发《安徽省碳达峰实施方案》。在"十四五"规划期间，中国的减污降碳协同效应战略更加强调以降碳为重点的战略方向。在此背景下，将降低碳排放作为主要战略方向，意味着强调降碳措施在促进大气污染防治与碳减排协同效应方面的关键引导作用。因此，本节构建了一个绿色低碳情景，在该情景设定中，假定实现碳减排所需的努力是大气污染防治工作的两倍。

情景二：污染减排情景。自党的十八大以来，伴随着《大气污染防治行动计划》和《打赢蓝天保卫战三年行动计划》等多项政策的推行，空气质量有了显著提升，具体体现为 PM2.5 的浓度降低和污染严重的天数减少。此外，在执行了长三角区域秋冬季大气污染综合治理攻坚行动后，安徽这一季节的空气状况也得到了显著优化。尽管如此，这一改善的效果还未能达到稳定的状态。对此，党中央和国务院于 2023 年发布了《空气质量持续改善行动计划》（以下简称《行动计划》），旨在进一步巩固和提升大气污染治理成效。《行动计划》在维持大气污染防治原重点区域的基础上，将 PM2.5 浓度基本稳定达标的安徽南部的部分城市调出，但安徽仍有合肥、芜湖、蚌埠、淮南等 11 个城市在调整后的重点区域内。基于此，构建污染减排情景，在该情景设定中，假定大气污染防治工作所需的努力是碳减排工作的两倍。

情景三：能源优化情景。2021 年中央经济工作会议和中央政治局第三十六次集体学习时强调，中国必须以能源资源禀赋为基础，确保在传统能源逐步淘汰的过程中，能够有新能源作为安全可靠的替代。这指出了中国能源转型的双重任务，不仅要逐步减少对传统能源的依赖，还要确保新能源的发展能够满足国家的能源需求，保障能源的安全和可靠性。这一策略意味着在推动能源结构优化和转型升级的同时，要紧密结合中国的实际情况，确保能源供应的稳定性和经济社会的持续健康发展。随后，《关于促进新时代新能源高质量发展实施方案》《"十四五"现代能源体系规划》等重要政策陆续发布，更加明确了能源安全保障和绿色低碳转型并重、推动煤炭和新能源优化组合的主线。安徽根据中央"意见"，也陆续出台了相应的省级文件，如《安徽省"十四五"可再生能源发展规划》等，进一步推进安徽"十四五"时期能源结构优化及能源效率的提升。党的二十大报告也明确提出，必须深入推动能源革命，提升煤炭清洁高效利用效率。贺克斌和张强（2019）也指出，促进能源结构向低碳模式的转变，对于增强减污降碳协同效应具有重要意义。基于此，构建能源优化情景，探讨该情景下边际减排成本的变化情况。

（2）情景分析参数设置

根据 Lin 和 Du（2015）的研究，在非径向方向性距离函数模型中，方向向量和权重向量可以不同的方式设置服务于不同的政策目标，具有一定的灵活性，因此，基于研究情景的设定说明，本节具体的研究情景参数设定如下：

情景一：（绿色低碳情景）参数设置。首先，参考邵帅等（2022）、李江龙和徐斌（2018）的研究，假定各项投入、期望产出以及非期望产出均具有同等的重要性，并为此分配了相等的权重，即每项均为 1/3。林伯强和刘泓汛（2015）也认为在缺乏额外具体信息的情况下，对各种投入产出要素进行等权重处理是一种相对合理的选择。其次，考虑到该情景中碳减排的努力是大气污染防治的两倍，因此在非期望产出系统中，碳减排的权重被设定为 2/9，而大气污染防治的权重则为 1/9。投入系统包含资本、劳动和能源三个变量，权重值由各变量数按照平均决定（张宁，2022；Zhou et al.，2012；Zhang et al.，2014），则各要素权重均为 1/9，期望产出系统仅有实际 GDP，故权重为 1/3。最后，与权重向量对应，方向向量定义为 $G=(-K,\ -L,\ -E,\ Y,\ -C,\ -P)$。

情景二：（污染减排情景）参数设置。与情景一参数设置类似，首先，假定各项投入、期望产出以及非期望产出均具有同等的重要性，每项均为 1/3。其次，在非期望产出系统中，与情景一不同的是，假设大气污染防治所需的努力是碳减排的两倍。据此，碳减排的权重被设定为 2/9，而大气污染防治的权重为 1/9。在投入系统中，与情景一设定一致，每个变量都被赋予相同权重，即均为 1/9。而在期望产出系统中的实际 GDP 的权重为 1/3。最后，与这些权重向量相对应，定义了方向向量 $G=(-K,\ -L,\ -E,\ Y,\ -C,\ -P)$。

情景三：（能源优化情景）参数设置。在该情景中，专注于分析能源投入、期望产出和非期望产出对边际减排成本的影响。因此，遵循刘华军等（2023）的做法，在投入系统中将劳动和资本的权重设置为 0，而将能源的权重分配为 1/3。这也与林伯强和杜克锐（2013）、李江龙和徐斌（2018）的做法一致。林伯强和刘泓汛（2015）指出，当重点关注能源和环境系统时，资本和劳动投入的可缩减程度不应被过度强调，应将资本和劳动力排除在外。这一选择源于投入要素之间的可替代性，若不剔除资本和劳动力的低效率部分，就无法真实反映实际经济活动中的能源损耗情况及污染物减排的潜力（林伯强和杜克锐，2013）。因此，将二者排除在考虑范围之外，其权重设 0。同时，期望产出系统被赋予权重 1/3。在考虑大气污染与碳排放的联合减排的背景下，假定二者具备同等重要性，因此，在非期望产出系统中，其权重均被设定为 1/6。此外，与权重向量对应，方向向量定义为 $G=(0,\ 0,\ -E,\ Y,\ -C,\ -P)$。

故最终三种情景下方向向量与权重向量矩阵设置为：

$$\begin{cases} G=(-K,\ -L,\ -E,\ Y,\ -C,\ -P) 且\ W^T=\left(\dfrac{1}{9},\ \dfrac{1}{9},\ \dfrac{1}{9},\ \dfrac{1}{3},\ \dfrac{2}{9},\ \dfrac{1}{9}\right)，绿色低碳情景 \\[2mm] G=(-K,\ -L,\ -E,\ Y,\ -C,\ -P) 且\ W^T=\left(\dfrac{1}{9},\ \dfrac{1}{9},\ \dfrac{1}{9},\ \dfrac{1}{3},\ \dfrac{1}{9},\ \dfrac{2}{9}\right)，污染减排情景 \\[2mm] G=(0,\ 0,\ -E,\ Y,\ -C,\ -P) 且\ W^T=\left(0,\ 0,\ \dfrac{1}{3},\ \dfrac{1}{3},\ \dfrac{1}{9},\ \dfrac{1}{9}\right)，能源优化情景 \end{cases}$$

$$(8-19)$$

8.4.3.2 不同情景下减污降碳协同效应

（1）绿色低碳情景

如图 8-3 所示，在绿色低碳情景下，CO_2 的边际减排成本有所上升，而

PM2.5 的边际减排成本则出现了下降。在边际减污成本方面，绿色低碳情景与基准情景下的 PM2.5 边际减排成本分别为 5.2121 亿元/（微克/立方米）和 6.6047 亿元/（微克/立方米），绿色低碳情景相较于基准情景下的边际减排成本的降幅达到 21.08%。在边际降碳成本方面，绿色低碳情景下的 CO_2 边际减排成本为 17.2953 亿元/百万吨，与基准情景相比上升了 55.50%。这一现象可能是由于随着环境政策对碳排放的限制日益严格，为了达到更高的减排目标，必须采取更加强有力的减排措施，进而导致了边际减排成本的增加，与此同时，PM2.5 的边际减排成本则相对有所降低。

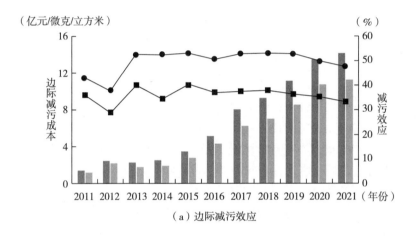

（a）边际减污效应

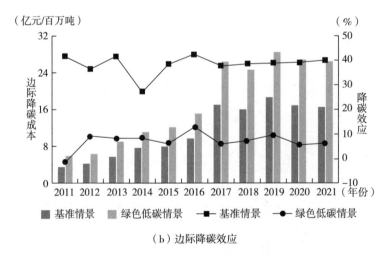

■ 基准情景　　■ 绿色低碳情景　　—■— 基准情景　　—●— 绿色低碳情景

（b）边际降碳效应

图 8-3　基准情景与绿色低碳情景下的减污降碳协同效应

安徽各个城市绿色低碳情景下的边际减排成本情况如图 8-4 所示。通过对安徽各个城市的边际减排成本的进一步考察发现，在绿色低碳情景下，安徽 16 个城市的边际减污成本有所下降，而边际降碳成本出现了上升。在边际减污成本方面，马鞍山市和宣城市的下降幅度最大，边际减污成本下降了 2.0871 亿元/（微克/立方米）和 2.4104 亿元/（微克/立方米），因此，马鞍山市和宣城市可以通过以降碳为重点战略方向，实现减污降碳协同增效。在边际降碳成本方面，芜湖市 CO_2 的边际减排成本增幅最大，其边际降碳成本上升了 13.1739 亿元/百万吨。这是由于芜湖市作为安徽重要的工业城市之一，在钢铁、化工和能源行业的碳排放较为显著，伴随着城市大规模范围内环境治理任务的圆满完成，针对减排措施的可操作空间逐渐收窄，实现环境质量标准的难度日益增加，进而导致所需投入的边际降碳成本也逐步上升。

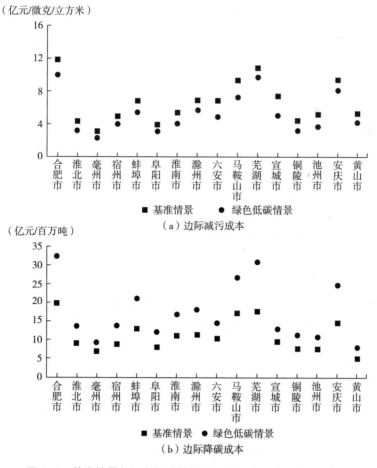

图 8-4　基准情景与绿色低碳情景下城市间边际减排成本比较

（2）污染减排情景

《安徽省"十四五"生态环境保护规划》指出，"十三五"末，安徽在大气污染防治方面取得了显著进展，与 2015 年相比，安徽 PM2.5 年均浓度下降了 25%，空气质量优良天数提升了 5%。然而，在安徽能源消费结构中，煤炭仍然占据主导地位，对高碳排放产业的依赖程度较高。此外，苏皖鲁豫交界地区近两年的大气污染问题尤为突出，已成为全国大气污染最严重的地区之一，这给安徽持续改善空气质量带来了巨大的挑战。在"十四五"规划期间，安徽相关政策也指出将继续关注并致力于改善空气质量，坚决打好蓝天保卫战。

根据测算结果（见图 8-5），以大气污染防治、空气质量改善为核心时，PM2.5 的边际减排成本会有所提高，但 CO_2 的边际减排成本会出现明显下降。在边际减污成本方面，污染减排情景下的 PM2.5 边际减排成本为 10.0249 亿元/（微克/立方米），而基准情景下 PM2.5 的边际减排成本为 6.6047 亿元/（微克/立方米），边际减排成本提高了 51.79%。而在边际降碳成本方面，污染减排情景下的 CO_2 边际减排成本为 8.5237 亿元/百万吨，相较于基准情景下的边际减排成本下降了 23.37%。这可能是由于随着污染治理工作的不断推进，污染物减排空间逐渐缩小，末端治理措施面临的挑战逐步加剧，导致 PM2.5 的边际减排成本逐渐上升。与此同时，相较于 PM2.5，CO_2 的边际减排成本则会有所下降。

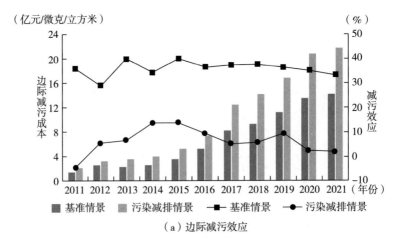

（a）边际减污效应

图 8-5　基准情景与污染减排情景下的减污降碳协同效应

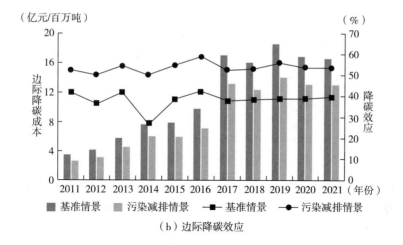

（b）边际降碳效应

图 8-5　基准情景与污染减排情景下的减污降碳协同效应（续）

安徽各个城市污染减排情景下的边际减排成本情况如图 8-6 所示。通过对安徽各个城市的边际减排成本的进一步考察发现，在污染减排情景下，安徽 16 个城市的边际减污成本均有所上升，而边际降碳成本出现了降低。其中，芜湖市的边际减污成本上涨幅度最大，合肥市的边际降碳成本下降幅度最大。这可能由于合肥市受益于大气污染防治方面采取的政策措施，促进了清洁能源的发展和应用，使 CO_2 的边际减排成本出现了下降，因此，合肥市可将减污作为重要手段促进降碳目标实现。

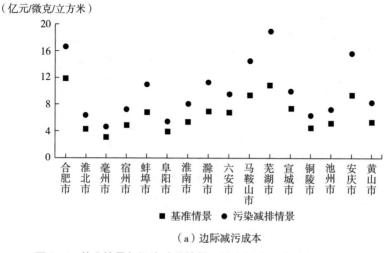

（a）边际减污成本

图 8-6　基准情景与污染减排情景下城市间边际减排成本比较

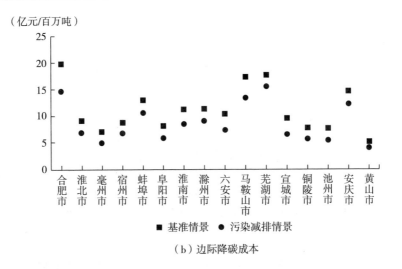

（b）边际降碳成本

图 8-6　基准情景与污染减排情景下城市间边际减排成本比较（续）

（3）能源优化情景

在能源优化情景中，重点关注了能源投入、实际 GDP 和非期望产出对边际减排成本的影响。图 8-7 为能源优化情景下安徽边际减污成本与边际降碳成本的变化情况。由图 8-7 可知，在能源优化情景下，无论是 PM2.5 还是 CO_2 的边际减排成本均有所下降。

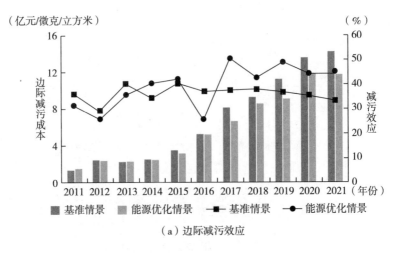

（a）边际减污效应

图 8-7　基准情景与能源优化情景下的减污降碳协同效应

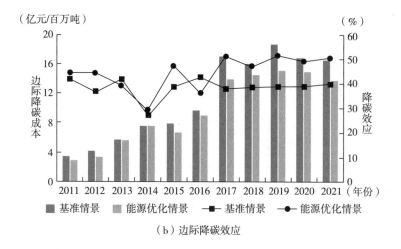

（b）边际降碳效应

图 8-7　基准情景与能源优化情景下的减污降碳协同效应（续）

进一步考察安徽各地级市能源优化情景下的边际减排成本（见图 8-8），可以发现，亳州、阜阳和黄山的边际减污成本和边际降碳成本变化幅度不大，这表明在假定的环境技术前沿框架下，资本和劳动投入对这些城市的环境减排成本影响不大（刘华军等，2023）。在很多环境生产活动中，能源、资本和劳动构成投入系统三个基本要素，它们之间的替代关系可以影响生产成本和产出效率。亳州市和阜阳市在一定程度上依赖能源投入，而如果在生产过程中对能源高度依赖，会使资本和劳动二者与能源投入的替代性相对较弱，即资本和劳动的缩减对减排成本的影响并不明显。另外，黄山市凭借其丰富的自然资源和良好的自然环境，为城市提供了较好的生态支撑，使环境质量较为优越。在这种情况下，能源消费与环境减排成本之间的联系日益减弱，进而使减少能源消费对减排成本的影响较小。而合肥市在能源优化情景下的边际减污成本和边际降碳成本均出现了上涨趋势。作为安徽省会和经济中心，合肥市的经济发展水平较高，产业结构以低碳行业为主，在能源效率和清洁能源使用方面，已经取得了一定成就。因此，单纯依靠减少对化石能源消费来降低碳排放，边际效应可能逐渐减弱，故需要采取更加全面和系统的措施来推动碳减排目标的实现。此外，其他城市的边际减排成本普遍呈下降趋势，这表明这些城市可以通过提高能源使用效率和扩大清洁能源使用等措施实现协同减排。

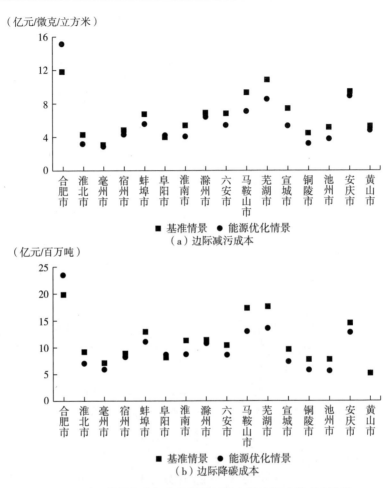

图8-8　基准情景与能源优化情景下城市间边际减排成本比较

8.4.3.3 实现减污降碳协同增效路径选择

本节将从成本最小化与协同效应最大化两个角度探讨不同情景下安徽省边际减排成本与协同效应变化情况,以此寻找安徽省实现减污降碳协同增效的最优路径。

（1）基于成本最小化

图8-9显示了安徽各城市在基准情景、绿色低碳情景、污染减排情景及能源优化情景下边际减污成本与边际降碳成本的变化情况。在边际减污成本方面,可以发现在绿色低碳情景下合肥、亳州、宿州、蚌埠、阜阳、滁州、六安、宣城、池州、安庆和黄山11个城市呈现较低的边际减污成本。这一现象很可能是因为,在推动绿色低碳战略时,碳减排的管控措施得到了加强,而对大气污染治理的限制相对放宽,从而使这些城市的边际减污成本维持在较低的水平。通过与其他三

种情景下各城市的边际减污成本进行比较分析，可以发现，除了合肥与阜阳之外，其他9个城市在能源优化情景下呈现出较低的边际减污成本。作为安徽的省会，合肥市经济相对发达，并且在环境治理方面付出了较大的努力，但如若进一步加强对环境的规制强度，合肥市的边际减污成本可能会有所上升。另外，淮北、淮南、马鞍山、铜陵这些城市在绿色低碳和能源优化两种情景下的边际减污成本持平，表明在这些城市中，资本和劳动的缩减对减排成本的影响不大。这主要是由于淮北、淮南、马鞍山和铜陵这4个城市作为安徽省重要的工业城市，在经济发展过程中高度依赖能源投入，因此通过对能源结构进行优化调整，提高能源效率或采用清洁能源来实现减排目标，而不是简单地减少资本和劳动的投入，芜湖市在能源优化情景下边际减污成本相对较低。

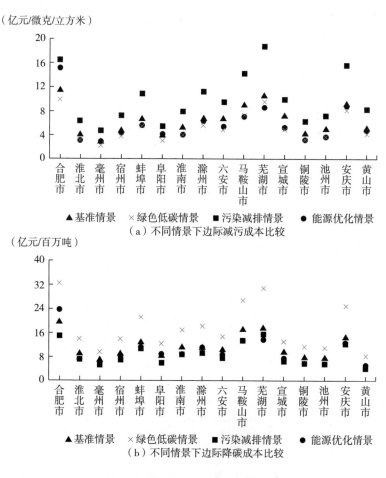

图 8-9　不同情景下边际减排成本比较

在边际降碳成本方面，可以发现合肥、亳州、宿州、蚌埠、阜阳、滁州、六安、宣城、安庆、黄山这 10 个城市在污染减排情景下的边际降碳成本最低。进一步比较剩余三种情景下不同城市间的边际降碳成本可以发现，除合肥和阜阳在基准情景下边际降碳成本较低外，其余 8 个城市均在能源优化情景下边际降碳成本较低。而淮北、淮南、马鞍山、铜陵和池州在污染减排情景和能源优化情景下边际降碳成本相同。而在能源优化的情景下，芜湖市显示出相对较低的边际降碳成本，这与其边际减污成本的低水平是相吻合的。这也进一步验证了大气污染物和温室气体排放之间的同根同源性质。因此，从边际减排成本最小化出发，亳州、宿州、蚌埠、滁州、六安、芜湖、宣城、池州、安庆和黄山可以通过控制能源消费，优化能源结构来实现减污降碳协同增效；合肥和阜阳适合走基准情景来实现协同增效；淮北、淮南、马鞍山、铜陵既可以走能源优化之路，也可以走污染减排与绿色低碳之路。

（2）基于协同效应最大化

图 8-10 显示了安徽省各城市在基准情景、绿色低碳情景、污染减排情景及能源优化情景下的减污降碳协同效应情况。由图 8-10 可知，合肥、阜阳、滁州、宣城及黄山市可以在基准情景下达到减污降碳协同效应最大化；其他剩余 11 个城市均在能源优化情景下达到减污降碳协同效应最大化。不难发现，安徽省大部分城市需要走能源优化之路，即可以通过减少对传统高碳能源的依赖、引入高效能源技术和设备、改变能源使用行为以及促进能源转型，降低污染物与 CO_2 排放，以此实现减污降碳协同增效。这主要是由于安徽省作为中国能源消费大省之一，煤炭依赖程度较高，具有高能耗特征，这种以煤炭为主的能源消费模式为安徽经济的快速增长提供了支撑。然而，"一煤独大"的能源消费模式同时也为安徽实现低碳经济转型带来了重大挑战。

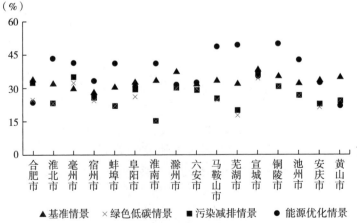

图 8-10 不同情景下减污降碳协同效应比较

8.5　结论与建议

8.5.1　结论

减污降碳协同增效作为新时期中国环境治理的重要内容之一，将在"十四五"规划及未来较长时间内占据重要地位，为中国及各省份实现经济发展模式转型带来重要契机。在此背景下，本章以安徽 16 个地级市作为研究对象，探究了安徽减污降碳协同效应情况，主要得出以下结论：①总体来看，安徽减污降碳协同效应呈现出在波动中先上升后下降的趋势，在 2013 年达到最大值 40.95%，且无论是边际减污成本还是边际降碳成本，协同减排下边际减排成本均有所下降，其中边际减污成本相较于单独减排下平均缩减 36.20%，边际降碳成本缩减 38.40%。②在市域层面，皖中地区与部分皖南地区的边际减排成本较高，且减污降碳协同效应表现出较为明显的空间异质性。③在区域层面，减污降碳协同效应具有皖南地区>皖中地区>皖北地区的分布特征，且区域间差异是减污降碳协同效应地区差距的主要来源。④人均 GDP、研发强度及能源利用效率是 CO_2 与 PM2.5 减排成本二者的共同影响因素。⑤不同减污降碳协同增效情形下，无论是基于边际减排成本最小化还是协同效应最大化，安徽大多数城市都适合走能源优化之路。

8.5.2　政策建议

根据以上的结论，提出如下几点建议：首先，强化安徽"减污"与"降碳"协同管理的政策导向作用。在以实现"碳中和"为抓手这一背景下，政策制定者可在当前的生态环境管理体系中做出相应的扩充与完善，特别是增添对 CO_2 等温室气体减排的具体条例。这不仅意味着制定新的规章制度，更重要的是确保这些规章能严格执行，特别是针对安徽提出的"2025 年、2030 年和 2060 年"这三个关键的双碳战略时间节点的目标，确保能够按期达到预期的碳减排目标。同时，基于减污与降碳"同时同步同目标"的管理理念，安徽可在多个维度上寻找二者协同治理的具体路径。例如，通过将温室气体评估指标整合进现行的环境影响评价体系中，以及将温室气体浓度监测纳入到环境质量监测体系中，实现对本省的温室气体排放与传统污染物的综合监控，达到双重控制的协同效果；推动本省大气污染物与温室气体排放的数据清单融合，使二者能够在数据统计、核算、报告和审查等环节实现资源共享和过程统一，以便形成一个统一、全面的环境监管框架。

其次，结合安徽各市自然资源禀赋、发展水平、能源结构、产业结构和空气污染程度的不同，因地制宜制定差异化协同减排策略。本章研究发现，安徽不同城市的边际减排成本存在较大差异，皖中地区与部分皖南地区的边际减排成本高于皖北地区。边际减排成本可被视为减排参与方规划减排活动的成本预算依据，同时，它也为碳排放交易市场的价格、碳税税率的确定以及其他公共环境政策的制定提供基础参考。而安徽内不同城市的边际减排成本存在一定差异，这表明可以通过排放权交易实现成本效益的优化，即安徽政府可以倡导边际减排成本较高的城市与边际成本较低的城市之间开展排放权交易活动，并确保在控制排放总量的同时实现减排成本的最小化，进而实现整体环境目标的最优化。同时，不同地区在不同政策情景下路径选择也有所不同，如若盲目采用"一刀切"式减排措施，可能会导致减排效率的降低，如亳州、宿州、蚌埠等城市应当重点限制能源消费，改善能源消费结构，以此来有效地促进大气污染物与CO_2协同减排，实现环境治理的协同效益。此外，地方政府应加快区域协调发展战略进程，缩小区域间差距。由于安徽减污降碳协同效应呈现皖南地区>皖中地区>皖北地区的格局，且区域间差异是减污降碳协同效应地区差距的主要来源。因此，应加强低碳环保技术的区域间合作，制定跨地区的减污降碳协同治理方案，共同推进城市大气污染物和碳减排的协同治理。

最后，优化能源结构，支持能源清洁低碳高效利用。本章研究发现，能源利用效率是实现减污降碳协同效应的关键影响因素之一。通过提高能源利用效率，构建以可再生能源为主体的新型能源供给体系，降低对传统化石能源的依赖，可以从根本上控制大气污染物和CO_2的排放，从而显著增强减排效果。具体而言，继续实施煤炭转型清洁能源工程，推进散煤治理，控制散煤污染，加大对清洁能源的补贴，引导社会和企业使用清洁能源；积极支持可再生能源的高比例应用，推动光伏和风电资源的发展；促进传统交通方式的转型，持续推动电能在工业、交通、农业农村等领域的应用，执行"电代煤"和"电代油"策略；强化能效政策的实施力度，考虑实施碳税或能源税。

参考文献

［1］ Ahmed Z, Wang Z H, Ali S. Investigating the non-linear relationship between urbanization and CO_2 emissions: An empirical analysis ［J］. Air Quality, Atmosphere & Health, 2019, 12: 945-953.

［2］ Akimoto H, Nagashima T, Tanimoto H, et al. An empirical approach toward the SLCP reduction targets in Asia for the mid-term climate change mitigation ［J］. Progress in Earth and Planetary Science, 2020, 7 (1): 1-11.

［3］ Alimujiang A, Jiang P. Synergy and co-benefits of reducing CO_2 and air pollutant emissions by promoting electric vehicles—A case of Shanghai ［J］. Energy for Sustainable Development, 2020, 55: 181-189.

［4］ Amelung D, Fischer H, Herrmann A, Aall C, Louis V R, Becher H, Wilkinson P, Sauerborn R. Human health as a motivator for climate change mitigation: Results from four European high-income countries ［J］. Global Environmental Change, 2019, 57: 101918.

［5］ Atkinson W, Eastham S D, Chen Y H H, Morris J, Paltsev S, Schlosser C A, Selin N E. A Tool for Air Pollution Scenarios (TAPS v1. 0) to enable global, long-term, and flexible study of climate and air quality policies ［J］. Geoscientific Model Development, 2022, 15 (20): 7767-7789.

［6］ Ayres R U, Walter J. The greenhouse effect: Damages, costs and abatement ［J］. Environmental and Resource Economics, 1991, 1: 237-270.

［7］ Bai Y P, Deng X Z, Gibson J, et al. How does urbanization affect residential CO_2 emissions? An analysis on urban agglomerations of China ［J］. Journal of Cleaner Production, 2019, 209: 876-885.

［8］ Barrier E B. The concept of sustainable economic development ［M］//The economics of sustainability. Routledge, 2017: 87-96.

［9］ Beck S, Mahony M. The IPCC and the new map of science and politics ［J］. Wiley Interdisciplinary Reviews: Climate Change, 2018, 9 (6): e547.

［10］ Beck T, Levine R, Levkov A. Big bad banks: The winners and losers from bank deregulation in the United States [J]. The Journal of Finance, 2010, 65 (5): 1637-1667.

[11] Bekhet H A, Othman N S. Impact of urbanization growth on malaysia CO_2 emissions: Evidence from the dynamic relationship [J]. Journal of Cleaner Production, 2017, 154: 374-388.

[12] Bollen J, Brink C. Air pollution policy in Europe: Quantifying the interaction with greenhouse gases and climate change policies [J]. Energy Economics, 2014, 46: 202-215.

[13] Bollen J. The value of air pollution co-benefits of climate policies: Analysis with a global sector-trade CGE model called WorldScan [J]. Technological Forecasting and Social Change, 2015, 90: 178-191.

[14] Brandt L, Van Biesebroeck J, Zhang Y. Creative accounting or creative destruction? Firm-level productivity growth in Chinese manufacturing [J]. Journal of Development Economics, 2012, 97 (2): 339-351.

[15] Brundtland G H. What is sustainable development [J]. Our Common Future, 1987, 8 (9).

[16] Budinis S, Krevor S, Mac Dowell N, et al. An assessment of CCS costs, barriers and potential [J]. Energy Strategy Reviews, 2018, 22: 61-81.

[17] Burtraw D, Krupnick A, Palmer K, et al. Ancillary benefits of reduced air pollution in the US from moderate greenhouse gas mitigation policies in the electricity sector [J]. Journal of Environmental Economics and Management, 2003, 45 (3): 650-673.

[18] Cai H, Chen Y, Gong Q. Polluting thy neighbor: Unintended consequences of China's pollution reduction mandates [J]. Journal of Environmental Economics and Management, 2016, 76: 86-104.

[19] Cao J, Ho M S, Jorgenson D. An integrated assessment of the economic costs and environmental benefits of pollution and carbon control [M]. London: Palgrave Macmillan UK, 2012: 231-256.

[20] Chae Y. Co-benefit analysis of an air quality management plan and greenhouse gas reduction strategies in the Seoul metropolitan area [J]. Environmental Science & Policy, 2010, 13 (3): 205-216.

[21] Cheng Z H, Hu X W. The effects of urbanization and urban sprawl on CO_2 emissions in China [J]. Environment, Development and Sustainability, 2023, 25: 1792-1808.

[22] Chen J, Gao M, Li D, et al. Changes in $PM_{2.5}$ emissions in China: An extended chain and nested refined laspeyres index decomposition analysis [J]. Journal of Cleaner Production, 2021, 294: 126248.

[23] Chen W, Wu Q, Huang J. Analysis of marginal abatement costs of CO_2 emissions in China [J]. Journal of Cleaner Production, 2022 (330): 129873.

[24] Chen Z Y, Xie X M, Cai J, et al. Understanding meteorological influences on $PM_{2.5}$ concentrations across China: A temporal and spatial perspective [J]. Atmospheric Chemistry and Physics, 2018 (18): 5343-5358.

[25] Chu H, Liu M, Wang X N Y. Measurement and analysis of the comprehensive emission intensity and coupling coordination relationship of carbon dioxide emissions and pollutant emissions in the Yangtze River Delta Urban Agglomeration [J]. Atmospheric Pollution Research, 2023, 14 (11).

[26] Costanza R, D'Arge R, De Groot R, et al. The value of the world's ecosystem services and natural capital [J]. Nature, 1997, 387 (6630): 253-260.

[27] Cui J, Wang C, Zhang J, et al. The effectiveness of China's regional carbon market pilots in reducing firm emissions [J]. Proceedings of the National Academy of Sciences, 2021, 118 (52): e2109912118.

[28] Cui L, Weng S, Song M. Financial inclusion, renewable energy consumption, and inclusive growth: Cross-country evidence [J]. Energy Efficiency, 2022, 15 (6): 1-19.

[29] Dagum C. A new approach to the decomposition of the gini income inequality ratio [J]. Empirical Economics, 1997, 22 (4): 515-531.

[30] Daily G C, Ehrlich P R. Population, sustainability, and Earth's carrying capacity [J]. Bioscience, 1992, 42 (10): 761-771.

[31] Daly H E. Toward some operational principles of sustainable development 1 [M] //The economics of sustainability. Routledge, 2017: 97-102.

[32] Daly H E, Cobb J B. For the common good: Redirecting the economy toward community, the environment, and a sustainable future [M]. Princeton University Press, 1989.

[33] Dasgupta S, Huq M, Wheeler D, et al. Water pollution abatement by Chinese industry: Cost estimates and policy implications [J]. Applied Economics, 2001, 33 (4): 547-557.

[34] Davies L L, Uchitel K, Ruple J. Understanding barriers to commercial-scale carbon capture and sequestration in the United States: An empirical assessment

[J]. Energy Policy, 2013, 59: 745-761.

[35] Dechezleprêtre A, Nachtigall D, Venmans F. The joint impact of the European Union emissions trading system on carbon emissions and economic performance [J]. Journal of Environmental Economics and Management, 2023 (118): 102758.

[36] Dinga C D, Wen Z. China's green deal: Can China's cement industry achieve carbon neutral emissions by 2060? [J]. Renewable and Sustainable Energy Reviews, 2022 (155): 111931.

[37] Dogan E, Turkekul B. CO_2 Emissions, real output, energy consumption, trade, urbanization and financial development: Testing the EKC hypothesis for the USA [J]. Environmental Science and Pollution Research, 2016 (23): 1203-1213.

[38] Dong F, Yu B, Pan Y. Examining the synergistic effect of CO_2 emissions on $PM_{2.5}$ emissions reduction: Evidence from China [J]. Journal of Cleaner Production, 2019 (223): 759-771.

[39] Dong H, Dai H, Dong L, et al. Pursuing air pollutant co-benefits of CO_2 mitigation in China: A provincial leveled analysis [J]. Applied Energy, 2015 (144): 165-174.

[40] Dong Q C, Lin Y Y, Huang J Y, et al. Has urbanization accelerated $PM_{2.5}$ emissions? An empirical analysis with cross-country data [J]. China Economic Review, 2020 (59): 101381.

[41] Du L, Wei C, Cai S. Economic development and carbon dioxide emissions in China: Provincial panel data analysis [J]. China Economic Review, 2012, 23 (2): 371-384.

[42] Du W J, Li M J. Influence of environmental regulation on promoting the low-carbon transformation of China's foreign trade: Based on the dual margin of export enterprise [J]. Journal of Cleaner Production, 2020 (244): 118687.

[43] Du W, Li M. Assessing the impact of environmental regulation on pollution abatement and collaborative emissions reduction: Micro-evidence from Chinese industrial enterprises [J]. Environmental Impact Assessment Review, 2020 (82): 106382.

[44] Du Y Y, Sun T S, Peng J, et al. Direct and spillover effects of urbanization on $PM_{2.5}$ concentrations in China's top three urban agglomerations [J]. Journal of Cleaner Production, 2018 (190): 72-83.

[45] Du Y Y, Wan Q, Liu H M, et al. How does urbanization influence $PM_{2.5}$ concentrations? Perspective of spillover effect of multi-dimensional urbanization impact [J]. Journal of Cleaner Production, 2019 (220): 974-983.

［46］Fan H, Zhao C, Yang Y. A comprehensive analysis of the spatio-temporal variation of urban air pollution in China during 2014-2018［J］. Atmospheric Environment, 2020（220）: 117066.

［47］Feng Y, Peng D Y, Li Y F, et al. Can regional integration reduce carbon intensity? Evidence from city cluster in China［J］. Environment, Development and Sustainability, 2024, 26（2）: 5249-5274.

［48］Fujii H, Managi S, Kaneko S. Decomposition analysis of air pollution abatement in China: Empirical study for ten industrial sectors from 1998 to 2009［J］. Journal of Cleaner Production, 2013（59）: 22-31.

［49］Färe R, Grosskopf S, Pasurka C A. Environmental production functions and environmental directional distance functions［J］. Energy, 2007, 32（7）: 1055-1066.

［50］Gao L, Pei T W, Zhang J R, et al. The "Pollution Halo" effect of FDI: Evidence from the Chinese sichuan-chongqing urban agglomeration［J］. International Journal of Environmental Research and Public Health, 2022, 19（19）: 11903.

［51］Gao Y, Li M, Xue J, et al. Evaluation of effectiveness of China's carbon emissions trading scheme in carbon mitigation［J］. Energy Economics, 2020（90）.

［52］Gong C, Liao H. A typical weather pattern for ozone pollution events in North China［J］. Atmospheric Chemistry and Physics, 2019, 19（22）: 13725-13740.

［53］Grubler A, Wilson C, Bento N, et al. A low energy demand scenario for meeting the 1.5 C target and sustainable development goals without negative emission technologies［J］. Nature Energy, 2018, 3（6）: 515-527.

［54］Guadalupe M, Kuzmina O, Thomas C. Innovation and foreign ownership［J］. American Economic Review, 2012, 102（7）: 3594-3627.

［55］Guangcheng M, Jiahong Q, Yumeng Z. Does the carbon emissions trading system reduce carbon emissions by promoting two-way FDI in developing countries? Evidence from Chinese listed companies and cities［J］. Energy Economics, 2023（120）.

［56］Guan X L, Wei H K, Lu S S, et al. Assessment on the urbanization strategy in China: Achievements, challenges and reflections［J］. Habitat International, 2018, 71: 97-109.

［57］Gu A, Teng F, Feng X. Effects of pollution control measures on carbon emission reduction in China: Evidence from the 11th and 12th Five-Year Plans［J］. Climate Policy, 2018, 18（2）: 198-209.

［58］Guo J, Zhang Y J, Zhang K B. The key sectors for energy conservation and carbon emissions reduction in China: Evidence from the input-output method [J]. Journal of Cleaner Production, 2018 (179): 180-190.

[59] Hartmann P, Marcos A, Barrutia J M. Carbon tax salience counteracts price effects through moral licensing [J]. Global Environmental Change, 2023, 78: 102635.

[60] Hering L, Poncet S. Environmental policy and exports: Evidence from Chinese cities [J]. Journal of Environmental Economics and Management, 2014, 68 (2): 296-318.

[61] He Y, Lin K R, Liao N, et al. Exploring the spatial effects and influencing factors of $PM_{2.5}$ Concentration in the Yangtze River Delta urban agglomerations of China [J]. Atmospheric Environment, 2022 (268): 118805.

[62] He Z X, Xu S C, Shen W X, et al. Impact of urbanization on energy related CO_2 emission at different development levels: Regional difference in China based on panel estimation [J]. Journal of Cleaner Production, 2017 (140): 1719-1730.

[63] Hou H, Zhang S, Guo D, et al. Synergetic benefits of pollution and carbon reduction from fly ash resource utilization——Based on the life cycle perspective [J]. Science of the Total Environment, 2023 (903): 166197.

[64] Hu M, Wang Y, Wang S, et al. Spatial-temporal heterogeneity of air pollution and its relationship with meteorological factors in the Pearl River Delta, China [J]. Atmospheric Environment, 2021 (254): 118415.

[65] Hu Y C, Li R R, Du L, Ren S G, Chevallier J. Could SO_2 and CO_2 emissions trading schemes achieve co-benefits of emissions reduction? [J]. Energy Policy, 2022, 170: 113252.

[66] Hu Y J, Zhang R, Wang H, et al. Synergizing policies for carbon reduction, energy transition and pollution control: Evidence from Chinese power generation industry [J]. Journal of Cleaner Production, 2024, 436: 140460.

[67] Jacob D J, Winner D A. Effect of climate change on air quality [J]. Atmospheric Environment, 2009, 43 (1): 51-63.

[68] Jiang H D, Liu L J, Deng H M. Co-benefit comparison of carbon tax, sulfur tax and nitrogen tax: The case of China [J]. Sustainable Production and Consumption, 2022 (29): 239-248.

[69] Jiang H D, Purohit P, Liang Q M, Dong K Y, Liu L J. The cost-benefit comparisons of China's and India's NDCs based on carbon marginal abatement cost curves [J]. Energy Economics, 2022 (109): 105946.

[70] Jiang H D, Purohit P, Liang Q M, et al. Improving the regional deploy-

ment of carbon mitigation efforts by incorporating air-quality co-benefits: A multi-provincial analysis of China [J]. Ecological Economics, 2023 (204): 107675.

[71] Jiang J, Ye B, Shao S, et al. Two-tier synergic governance of greenhouse gas emissions and air pollution in China's megacity, Shenzhen: Impact evaluation and policy implication [J]. Environmental Science & Technology, 2021, 55 (11): 7225-7236.

[72] Jiang N N, Jiang W, Zhang J N, et al. Can national urban agglomeration construction reduce $PM_{2.5}$ pollution? Evidence from a quasi-natural experiment in China [J]. Urban Climate, 2022 (46): 101302.

[73] Jiang P, Xu B, Geng Y, Dong W B, Chen Y, Xue B. Assessing the environmental sustainability with a co-benefits approach: A study of industrial sector in Baoshan District in Shanghai [J]. Journal of Cleaner Production, 2016 (114): 114-123.

[74] Jiang P, Yang J, Huang C H, et al. The Contribution of socioeconomic factors to $PM_{2.5}$ pollution in urban China [J]. Environmental Pollution, 2018 (233): 977-985.

[75] Jiang X. Rapid decarbonization in the Chinese electric power sector and air pollution reduction Co-benefits in the Post-COP26 Era [J]. Resources Policy, 2023 (82): 103482.

[76] Jiang Y Q, Zheng J H. Economic growth or environmental sustainability? Drivers of pollution in the Yangtze River Delta urban agglomeration in China [J]. Emerging Markets Finance and Trade, 2017 (53): 2625-2643.

[77] Jia R, Shao S, Yang L. High-speed rail and CO_2 emissions in urban China: A spatial difference-in-differences approach [J]. Energy Economics, 2021 (99): 105271.

[78] Ji D J, Zhou P. Marginal abatement cost, air pollution and economic growth: Evidence from Chinese cities [J]. Energy Economics, 2020, 86: 104658.

[79] Jing Z Y, Liu P F, Wang T H, et al. Effects of meteorological factors and anthropogenic precursors on $PM_{2.5}$ concentrations in cities in China [J]. Sustainability, 2020, 12 (9): 3550.

[80] Ji X, Yao Y, Long X. What causes $PM_{2.5}$ pollution? Cross-economy empirical analysis from socioeconomic perspective [J]. Energy Policy, 2018 (119): 458-472.

[81] Kaya A, Koc M. Over-agglomeration and its effects on sustainable development: A case study on istanbul [J]. Sustainability, 2019, 11 (1): 135.

[82] Koengkan M, Fuinhas J A, Kazemzadeh E, De A S J. The impact of renew-

able energy policies on deaths from outdoor and indoor air pollution: Empirical evidence from Latin American and Caribbean countries [J]. Energy, 2022 (245): 123209.

[83] Kühn T, Kupiainen K, Miinalainen T, et al. Effects of black carbon mitigation on arctic climate [J]. Atmospheric Chemistry and Physics, 2020, 20 (9): 5527-5546.

[84] Lanzi E, Dellink R, Chateau J. The sectoral and regional economic consequences of outdoor air pollution to 2060 [J]. Energy Economics, 2018 (71): 89-113.

[85] Li G, Fang C, Wang S, et al. The effect of economic growth, urbanization, and industrialization on fine particulate matter ($PM_{2.5}$) concentrations in China [J]. Environmental Science & Technology, 2016, 50 (21): 11452-11459.

[86] Li J, Lin B. Does Energy and CO_2 emissions performance of China benefit from regional integration? [J]. Energy Policy, 2017 (101): 366-378.

[87] Li K, Jacob D J, Liao H, et al. Anthropogenic drivers of 2013-2017 trends in summer surface ozone in China [J]. Proceedings of the National Academy of Sciences, 2019, 116 (2): 422-427.

[88] Li M, Zhang D, Li C T, et al. Air quality co-benefits of carbon pricing in China [J]. Nature Climate Change, 2018, 8 (5): 398-403.

[89] Lin B, Du K. Energy and CO_2 emissions performance in China's regional economies: Do market-oriented reforms matter? [J]. Energy Policy, 2015 (78): 113-124.

[90] Li R, Fu H, Cui L, et al. The spatiotemporal variation and key factors of SO_2 in 336 cities across China [J]. Journal of Cleaner Production, 2019 (210): 602-611.

[91] Li S, Wu L. The effect of urban agglomeration expansion on PM2.5 concentrations: Evidence from a quasi-natural experiment [J]. Chinese Geographical Science, 2023, 33 (2): 250-270.

[92] Liu H M, Cui W J, Zhang M. Exploring the causal relationship between urbanization and air pollution: Evidence from China [J]. Sustainable Cities and Society, 2022, 80: 103783.

[93] Liu H M, Wang C X, Zhang M, et al. Evaluating the effects of air pollution control policies in China using a difference-in-Differences Approach [J]. Science of the Total Environment, 2022 (845): 157333.

[94] Liu J, Zhou W J, Yang J, Ren H T, Zakeri B, Tong D, Guo Y, Kli-

mont Z, Zhu T, Tang X L, Yi H H. Importing or self-dependent: Energy transition in Beijing towards carbon neutrality and the air pollution reduction co-benefits [J]. Climate Change, 2022 (173): 1-24.

[95] Liu Y, Xia B C. Problems with and countermeasures against environmental pollution caused by the cast-away home appliance [J]. Journal of Safety and Environment, 2003 (1).

[96] Li X Y, Lu Z H, Hou Y D, et al. The coupling coordination degree between urbanization and air environment in the Beijing (Jing) -Tianjin (Jin) -Hebei (Ji) urban agglomeration [J]. Ecological Indicators, 2022, 137: 108787.

[97] Li Y, Dai J, Zhao H. Analysis of collaborative emission reduction of air pollutants and greenhouse gases under carbon neutrality target: A case study of Beijing, China [J]. Clean Technologies and Environmental Policy, 2023, 25 (3): 1-14.

[98] Li Z F, Zhang X M, Liu X Y, et al. $PM_{2.5}$ pollution in six major Chinese urban agglomerations: Spatiotemporal variations, health impacts, and the relationships with meteorological conditions [J]. Atmosphere, 2022, 13 (10): 1696.

[99] Luo K, Li G D, Fang C L, et al. $PM_{2.5}$ mitigation in China: Socioeconomic determinants of concentrations and differential control policies [J]. Journal of Environmental Management, 2018, 213: 47-55.

[100] Lu Y, Wang J, Zhu L. Place-based policies, creation, and agglomeration economies: Evidence from China's economic zone program [J]. American Economic Journal: Economic Policy, 2019, 11 (3): 325-360.

[101] Lu Z, Huang L, Liu J, et al. Carbon dioxide mitigation co-benefit analysis of energy-related measures in the air pollution prevention and control action plan in the Jing-Jin-Ji region of China [J]. Resources, Conservation & Recycling, 2019, 1: 100006.

[102] Mao X Q, Zeng A, Hu T, et al. Co-control of local air pollutants and CO_2 in the Chinese iron and steel industry [J]. Environmental Science & Technology, 2013, 47 (21): 12002-12010.

[103] Mardones C, Ortega J. The individual and combined impact of environmental taxes in Chile—A flexible computable general equilibrium analysis [J]. Journal of Environmental Management, 2023, 325: 116508.

[104] Ma T, Wang Y. Globalization and environment: Effects of international trade on emission intensity reduction of pollutants causing global and local concerns [J]. Journal of Environmental Management, 2021, 297: 113249.

［105］McPhail A, Griffin R, El-Halwagi M, Medlock K, Alvarez P J J. Environmental, economic, and energy assessment of the ultimate analysis and moisture content of municipal solid waste in a parallel co-combustion process ［J］. Energy & Fuels, 2014, 28 (2): 1453-1462.

［106］Melitz M J. The impact of trade on intra-industry reallocations and aggregate industry productivity ［J］. Econometrica, 2003, 71 (6): 1695-1725.

［107］Mir K A, Purohit P, Cail S, Kim S. Co-benefits of air pollution control and climate change mitigation strategies in Pakistan ［J］. Environmental Science & Policy, 2022, 133: 31-43.

［108］Mongo M, Belaïd F, Ramdani B. The effects of environmental innovations on CO_2 emissions: Empirical evidence from Europe ［J］. Environmental Science & Policy, 2021, 118: 1-9.

［109］Murty M N, Kumar S, Dhavala K K. Measuring environmental efficiency of industry: A case study of thermal power generation in India ［J］. Environmental and Resource Economics, 2007, 38: 31-50.

［110］Nam K M, Waugh C J, Paltsev S, et al. Synergy between pollution and carbon emissions control: Comparing China and the United States ［J］. Energy Economics, 2014, 46: 186-201.

［111］Nordhaus W D. Revisiting the social cost of carbon ［J］. Proceedings of the National Academy of Sciences, 2017, 114 (7): 1518-1523.

［112］Oh D H. A metafrontier approach for measuring an environmentally sensitive productivity growth index ［J］. Energy Economics, 2010, 32 (1): 146-157.

［113］Park H, Jeong S, Park H, et al. An assessment of emission characteristics of Northern Hemisphere cities using spaceborne observations of CO_2, CO, and NO_2 ［J］. Remote Sensing of Environment, 2021, 254: 112246.

［114］Pearce D, Barbier E, Markandya A. Sustainable development: Economics and environment in the Third World ［M］. Routledge, 2013.

［115］Pearce D W, Atkinson G D. Capital theory and the measurement of sustainable development: An indicator of "weak" sustainability ［A］ // The economics of sustainability ［M］. Routledge, 2017: 227-232.

［116］Pigou A C. The economics of welfare ［M］. London: Macmillan, 1920.

［117］Qian H, Xu S, Cao J, et al. Air pollution reduction and climate co-benefits in China's industries ［J］. Nature Sustainability, 2021, 4 (5): 417-425.

［118］Qi G Z, Che J H, Wang Z B. Differential effects of urbanization on air pollution: Evidences from six air pollutants in mainland China [J]. Ecological Indicators, 2023, 146: 109924.

[119] Qi G Z, Wang Z B, Wei L J, et al. Multidimensional effects of urbanization on PM$_{2.5}$ Concentration in China [J]. Environmental Science and Pollution Research, 2022, 29: 77081-77096.

[120] Ren Q, Shan B, Zhang Q, et al. Influence of urban spatial structure on the spatial distribution of gaseous pollutants [J]. Atmosphere, 2023, 14 (8).

[121] Schreifels J J, Fu Y, Wilson E J. Sulfur dioxide control in China: Policy evolution during the 10th and 11th Five-year plans and lessons for the future [J]. Energy Policy, 2012, 48: 779-789.

[122] Scovronick N, Anthoff D, Dennig F, Errickson F, Ferranna M, Peng W, Spears D, Wagner F, Budolfson M. The importance of health co-benefits under different climate policy cooperation frameworks [J]. Environmental Research Letters, 2021, 16 (5): 055027.

[123] Segerson K. Economics of natural resources and the environment [J]. Land Economics, 1991, 67 (2): 272-276.

[124] Shen Y, Yang Z. Chasing green: The synergistic effect of industrial intelligence on pollution control and carbon reduction and its mechanisms [J]. Sustainability, 2023, 15 (8).

[125] Shindell D, Borgford-Parnell N, Brauer M, et al. A climate policy pathway for near-and long-term benefits [J]. Science, 2017, 356 (6337): 493-494.

[126] Shi Q, Zheng B, Zheng Y, et al. Co-benefits of CO_2 emission reduction from China's clean air actions between 2013-2020 [J]. Nature Communications, 2022, 13 (1): 5061.

[127] Smith P, Davis S J, Creutzig F, et al. Biophysical and economic limits to negative CO_2 emissions [J]. Nature Climate Change, 2016, 6 (1): 42-50.

[128] Song C, Wu L, Xie Y, et al. Air pollution in China: Status and spatiotemporal variations [J]. Environmental Pollution, 2017, 227: 334-347.

[129] Song J, Li C L, Liu M, et al. Spatiotemporal distribution patterns and exposure risks of PM$_{2.5}$ pollution in China [J]. Remote Sensing, 2022, 14 (13): 3173.

[130] Song P, Mao X Q, Li Z Y, Tan Z X. Study on the optimal policy options for improving energy efficiency and Co-controlling carbon emission and local air pollutants in China [J]. Renewable & Sustainable Energy Reviews, 2023, 175: 113167.

[131] Tang R, Zhao J, Liu Y, et al. Air quality and health co-benefits of Chi-

na's carbon dioxide emissions peaking before 2030 [J]. Nature Communications, 2022, 13 (1): 1008.

[132] Tollefsen P, Rypdal K, Torvanger A, et al. Air pollution policies in Europe: Efficiency gains from integrating climate effects with damage costs to health and crops [J]. Environmental Science & Policy, 2009, 12 (7): 870-881.

[133] Turner G M. A comparison of the limits to growth with 30 years of reality [J]. Global Environmental Change, 2008, 18 (3): 397-411.

[134] Vandenberghe D, Albrecht J. Tackling the chronic disease burden: Are there co-benefits from climate policy measures? [J]. The European Journal of Health Economics, 2018 (19): 1259-1283.

[135] Van Vuuren D P, Stehfest E, Gernaat D E H J, et al. Energy, land-use and greenhouse gas emissions trajectories under a green growth paradigm [J]. Global Environmental Change, 2017 (42): 237-250.

[136] Wagner F, Amann M, Borken-Kleefeld J, Cofala J, Höglund-Isaksson L, Purohit P, Rafaj P, Schöpp W, Winiwarter W. Sectoral marginal abatement cost curves: Implications for mitigation pledges and air pollution co-benefits for Annex I countries [J]. Sustainability Science, 2012 (7): 169-184.

[137] Wang A, Hu S, Lin B. Emission abatement cost in China with consideration of technological heterogeneity [J]. Applied Energy, 2021 (290): 116748.

[138] Wang F, Fan W, Liu J, et al. The effect of urbanization and spatial agglomeration on carbon emissions in urban agglomeration [J]. Environmental Science and Pollution Research, 2020 (27): 24329-24341.

[139] Wang H, Ma X, Tan Z, et al. Anthropogenic monoterpenes aggravating ozone pollution [J]. National Science Review, 2022, 9 (9): 103.

[140] Wang J, Li Z, Ye H, Mei Y, Fu J, Li Q. Do China's coal-to-gas policies improve regional environmental quality? A case of Beijing [J]. Environmental Science and Pollution Research, 2021 (28): 57667-57685.

[141] Wang S C, Sun P J, Sun F, et al. The direct and spillover effect of multi-dimensional urbanization on $PM_{2.5}$ concentrations: A case study from the chengdu-chongqing urban agglomeration in China [J]. International Journal of Environmental Research and Public Health, 2021, 18 (20): 10609.

[142] Wang Y, Yang H, Sun R. Effectiveness of China's provincial industrial carbon emission reduction and optimization of carbon emission reduction paths in "lagging regions": Efficiency-cost analysis [J]. Journal of Environmental Management,

2020 (275): 111221.

[143] Wang Y, Liu H W, Mao G Z, et al. Inter-regional and sectoral linkage analysis of air pollution in Beijing-Tianjin-Hebei (Jing-Jin-Ji) urban agglomeration of China [J]. Journal of Cleaner Production, 2017 (165): 1436-1444.

[144] Wan P, Zhang Z X, Chen L. Environmental co-benefits of climate mitigation: Evidence from clean development mechanism projects in China [J]. China Economic Review, 2024: 102182.

[145] Wei G E, Sun P J, Jiang S N, et al. The Driving influence of multi-dimensional urbanization on $PM_{2.5}$ concentrations in Africa: New evidence from multi-source remote sensing data, 2000-2018 [J]. International Journal of Environmental Research and Public Health, 2021 (18): 9389.

[146] Wei W, Li P, Wang H, et al. Quantifying the effects of air pollution control policies: A case of Shanxi province in China [J]. Atmospheric Pollution Research, 2018, 9 (3): 429-438.

[147] Wei X Y, Tong Q, Magill L, Vithayasrichareon P, Betz R. Evaluation of potential co-benefits of air pollution control and climate mitigation policies for China's electricity sector [J]. Energy Economics, 2020 (92): 104917.

[148] Xian Y, Wang K, Wei Y M, et al. Would China's power industry benefit from nationwide carbon emission permit trading? An optimization model-based ex post analysis on abatement cost savings [J]. Applied Energy, 2019 (235): 978-986.

[149] Xiao B, Xu C. Can policy instruments achieve synergies in mitigating air pollution and CO_2 emissions in the transportation sector? [J]. Sustainability, 2023, 15 (19): 14651.

[150] Xiao Z, Li H, Gao Y. Analysis of the impact of the Beijing-Tianjin-Hebei coordinated development on environmental pollution and its mechanism [J]. Environmental Monitoring and Assessment, 2022, 194 (2): 91.

[151] Xie P, Duan Z, Wei T, et al. Spatial disparities and sources analysis of co-benefits between air pollution and carbon reduction in China [J]. Journal of Environmental Management, 2024 (354): 120433.

[152] Xin L, Jia J, Hu W, et al. Decomposition and decoupling analysis of CO_2 emissions based on LMDI and two-dimensional decoupling model in Gansu province, China [J]. International Journal of Environmental Research and Public Health, 2021, 18 (11): 6013.

[153] Xu B, Luo L Q, Lin B Q. A Dynamic analysis of air pollution emissions in

China: Evidence from nonparametric additive regression models [J]. Ecological Indicators, 2016 (63): 346-358.

[154] Xu J J, Wang J C, Li R, et al. Spatio-Temporal effects of urbanization on CO_2 emissions: Evidences from 268 Chinese cities [J]. Energy Policy, 2023 (177): 113569.

[155] Xu Z, Huang X, Nie W, et al. Influence of synoptic condition and holiday effects on VOCs and ozone production in the Yangtze River Delta region, China [J]. Atmospheric Environment, 2017, 168: 112-124.

[156] Yang L. Research on the collaborative pollution reduction effect of carbon tax policies [J]. Sustainability, 2024, 16 (2): 935.

[157] Yan Y, Zhang X, Zhang J, et al. Emissions trading system (ETS) implementation and its collaborative governance effects on air pollution: The China story [J]. Energy Policy, 2020, 138: 111282.

[158] Yi B W, Zhang S H, Fan Y. Economics of planning electricity transmission considering environmental and health externalities [J]. iScience, 2022, 25 (8): 104815.

[159] Yuan R, Ma Q, Zhang Q, et al. Coordinated effects of energy transition on air pollution mitigation and CO_2 emission control in China [J]. Science of the Total Environment, 2022, 841: 156482.

[160] Yunfeng Y, Laike Y. China's foreign trade and climate change: A case study of CO_2 emissions [J]. Energy Policy, 2010, 38 (1): 350-356.

[161] Yu X, Wu Z Y, Zheng H, et al. How urban agglomeration improve the emission efficiency? A spatial econometric analysis of the Yangtze River Delta urban agglomeration in China [J]. Journal of Environmental Management, 2020 (260): 110061.

[162] Yu Y J, Dai C, Wei Y G, et al. Air pollution prevention and control action plan substantially reduced $PM_{2.5}$ concentration in China [J]. Energy Economics, 2022 (113): 106206.

[163] Yu Y, Zhou X, Zhu W W, et al. Socioeconomic driving factors of $PM_{2.5}$ emission in Jing-Jin-Ji Region, China: A generalized divisia index approach [J]. Environmental Science and Pollution Research, 2021 (28): 15995-16013.

[164] Zeng A, Mao X, Hu T, et al. Regional co-control plan for local air pollutants and CO_2 reduction: Method and practice [J]. Journal of Cleaner Production, 2017, 140: 1226-1235.

[165] Zeng Q H, He L Y. Study on the synergistic effect of air pollution prevention and carbon emission reduction in the context of "dual carbon": Evidence from

China's transport sector [J]. Energy Policy, 2023, 173: 113370.

[166] Zhang C, Lin Y. Panel estimation for urbanization, energy consumption and CO_2 emissions: A regional analysis in China [J]. Energy Policy, 2012, 49: 488-498.

[167] Zhang H, Wang Y, Hu J, et al. Relationships between meteorological parameters and criteria air pollutants in three megacities in China [J]. Environmental Research, 2015, 140: 242-254.

[168] Zhang N, Kong F, Choi Y, et al. The effect of size-control policy on unified energy and carbon efficiency for Chinese fossil fuel power plants [J]. Energy Policy, 2014 (70): 193-200.

[169] Zhang N, Wu Y, Choi Y. Is it feasible for China to enhance its air quality in terms of the efficiency and the regulatory cost of air pollution? [J]. Science of the Total Environment, 2020, 709: 136149.

[170] Zhang Q, He K, Huo H. Policy: Cleaning China's air [J]. Nature, 2019, 458 (7242): 1161-1163.

[171] Zhang W W, Zhao B, Ding D, et al. Co-benefits of subnationally differentiated carbon pricing policies in China: Alleviation of heavy $PM_{2.5}$ pollution and improvement in environmental equity [J]. Energy Policy, 2021 (149): 112060.

[172] Zhang W W, Zhao B, Gu Y, Sharp B, Xu S C, Liou K N. Environmental impact of national and subnational carbon policies in China based on a multi-regional dynamic CGE model [J]. Journal of Environmental Management, 2020, 270: 110901.

[173] Zhang W W, Zhao B, Jiang Y Q, et al. Co-benefits of regionally-differentiated carbon pricing policies across China [J]. Climate Policy, 2024, 24 (1): 57-70.

[174] Zhang X, Geng Y, Shao S, et al. China's non-fossil energy development and its 2030 CO_2 reduction targets: The role of urbanization [J]. Applied Energy, 2020, 261: 114353.

[175] Zhang Y, Wang H, Lu X, et al. Evolution of summer surface ozone pollution patterns in China during 2015-2020 [J]. Atmospheric Research, 2023, 291: 106836.

[176] Zhao B, Zheng H, Wang S, et al. Change in household fuels dominates the decrease in $PM_{2.5}$ exposure and premature mortality in China in 2005-2015 [J]. Proceedings of the National Academy of Sciences, 2018, 115 (49): 12401-12406.

[177] Zhao C, Sun Y, Zhong Y, Xu S, Liang Y, Liu S, He X, Zhu J, Shibamoto T, He M. Spatio-temporal analysis of urban air pollutants throughout China dur-

ing 2014—2019 [J]. Air Quality, Atmosphere & Health, 2021, 14 (10): 1619-1632.

[178] Zhao C, Wang B. How does new-type urbanization affect air pollution? Empirical evidence based on spatial spillover effect and spatial Durbin Model [J]. Environment International, 2022, 165: 107304.

[179] Zhao H, Ma W, Dong H, et al. Analysis of co-effects on air pollutants and CO_2 emissions generated by end-of-pipe measures of pollution control in China's coal-fired power plants [J]. Sustainability, 2017, 9 (4): 499.

[180] Zhao Q, Yuan C H. Did haze pollution harm the quality of economic development? —An empirical study based on China's $PM_{2.5}$ concentrations [J]. Sustainability, 2020, 12 (4): 1607.

[181] Zhao X, Sun Y, Zhao C, et al. Impact of precipitation with different intensity on $PM_{2.5}$ over typical regions of China [J]. Atmosphere, 2020, 11 (9): 906.

[182] Zhou P, Ang B W, Wang H. Energy and CO_2 emission performance in electricity generation: A non-radial directional distance function approach [J]. European Journal of Operational Research, 2012, 221 (3): 625-635.

[183] Zhou S, Wei W, Chen L, et al. Impact of a coal-fired power plant shutdown campaign on heavy metal emissions in China [J]. Environmental Science & Technology, 2019, 53 (23): 14063-14069.

[184] Zhou X, Fan L W, Zhou P. Marginal CO_2 abatement costs: Findings from alternative shadow price estimates for Shanghai industrial sectors [J]. Energy Policy, 2015 (77): 109-117.

[185] Zhu J, Wu S, Xu J. Synergy between pollution control and carbon reduction: China's evidence [J]. Energy Economics, 2023 (119): 106541.

[186] Zhuo C F, Xie Y P, Mao Y H, Chen P Q, Li Y Q. Can cross-regional environmental protection promote urban green development: Zero-sum game or win-win choice? [J]. Energy Economics, 2022 (106): 105803.

[187] 陈德湖, 潘英超, 武春友. 中国二氧化碳的边际减排成本与区域差异研究 [J]. 中国人口·资源与环境, 2016, 26 (10): 86-93.

[188] 蔡玉蓉, 汪慧玲. 产业结构升级对区域生态效率影响的实证 [J]. 统计与决策, 2020, 36 (1): 110-113.

[189] 曹静韬. 从庇古税的有效性看我国环境保护的费改税 [J]. 税务研究, 2016 (4): 37-41.

[190] 曹蒲菊, 刘朝. 排污权交易是否驱动了经济高质量发展? ——基于中国地级及以上城市层面的研究 [J]. 管理科学学报, 2023, 26 (6): 39-56.

［191］曹清峰．国家级新区对区域经济增长的带动效应——基于70大中城市的经验证据［J］．中国工业经济，2020（7）：43-60.

［192］陈德湖，潘英超，武春友．中国二氧化碳的边际减排成本与区域差异研究［J］．中国人口·资源与环境，2016，26（10）：86-93.

［193］陈敏，李振亮，段林丰，等．成渝地区工业大气污染物排放的时空演化格局及关键驱动因素［J］．环境科学研究，2022，35（4）：1072-1081.

［194］陈诗一．边际减排成本与中国环境税改革［J］．中国社会科学，2011（3）：85-100+222.

［195］陈诗一．低碳经济［J］．经济研究，2022，57（6）：12-18.

［196］陈硕，陈婷．空气质量与公共健康：以火电厂二氧化硫排放为例［J］．经济研究，2014（8）：58-169+183.

［197］陈卫卫，刘阳，吴雪伟，等．东北区域空气质量时空分布特征及重度污染成因分析［J］．环境科学，2019，40（11）：4810-4823.

［198］陈小龙，狄乾斌，吴洪宇．中国沿海城市群减污降碳协同增效时空演变及影响因素［J］．热带地理，2023，43（11）：2060-2074.

［199］陈晓红，唐润成，胡东滨，等．电力企业数字化减污降碳的路径与策略研究［J］．中国科学院院刊，2024，39（2）：298-310.

［200］陈晓红，张嘉敏，唐湘博．中国工业减污降碳协同效应及其影响机制［J］．资源科学，2022，44（12）：2387-2398.

［201］陈新明，张睿超，亓靖．“双碳”治理视角下中国绿色低碳政策文本量化研究［J］．经济体制改革，2022（4）：178-185.

［202］程开明，洪真奕．城市人口聚集度对空气污染的影响效应——基于双边随机前沿模型［J］．中国人口·资源与环境，2022，32（2）：51-62.

［203］楚英豪，李京，王鹏，等．区域减污降碳协同控制——以重庆为例［J］．工程科学与技术，2024，56（1）：183-194.

［204］丛建辉，刘学敏，赵雪如．城市碳排放核算的边界界定及其测度方法［J］．中国人口·资源与环境，2014，24（4）：19-26.

［205］崔连标，陈惠．京津冀城市群减污降碳的时空特征及其驱动因素研究［J］．工业技术经济，2023，42（6）：87-96.

［206］崔连标，李晓，段宏波．长三角地区减污降碳协同效应评估［J］．中国人口·资源与环境，2024（6）：21-32.

［207］崔连标，王佳雪．安徽省工业碳达峰的多情景分析［J］．安徽大学学报（哲学社会科学版），2023，47（4）：110-123.

［208］戴静怡，曹媛，陈操操．城市减污降碳协同增效内涵、潜力与路径

［J］. 中国环境管理, 2023, 15 (2): 30-37.

［209］戴胜利, 张维敏. 中部六省工业碳排放影响效应及其变化趋势分析［J］. 工业技术经济, 2022, 41 (4): 152-160.

［210］邓慧慧, 支晨. 雾霾治理、户籍制度改革与城市劳动生产率［J］. 中国人口·资源与环境, 2024 (4): 138-149.

［211］邓吉祥, 刘晓, 王铮. 中国碳排放的区域差异及演变特征分析与因素分解［J］. 自然资源学报, 2014, 29 (2): 189-200.

［212］狄乾斌, 陈小龙, 侯智文. "双碳"目标下中国三大城市群减污降碳协同治理区域差异及关键路径识别［J］. 资源科学, 2022, 44 (6): 1155-1167.

［213］丁丽媛, 王艳华, 王克. 碳排放权交易的减污降碳协同效应及影响机制［J］. 气候变化研究进展, 2023, 19 (6): 786-798.

［214］董亮. 2030 年可持续发展议程下"人的安全"及其治理［J］. 国际安全研究, 2018, 36 (3): 64-81+157-158.

［215］杜莉. 关中平原城市群产业结构调整与能源生态效率耦合关系及影响研究［D］. 西安建筑科技大学, 2020.

［216］段林丰, 李振亮, 蒲茜, 等. 成渝地区中长期空气质量改善情景模拟: 综合减污降碳策略［J］. 中国环境科学, 2024 (5): 1-14.

［217］冯梅, 杨桑, 郑紫夫. 碳排放影响因素的 VAR 模型分析——基于北京市数据［J］. 科学管理研究, 2018, 36 (5): 78-81.

［218］冯俏彬. 加快构建新发展格局的财税制度与改革研究［J］. 地方财政研究, 2021 (10): 4-9+34.

［219］傅京燕, 司秀梅, 曹翔. 排污权交易机制对绿色发展的影响［J］. 中国人口·资源与环境, 2018 (8): 12-21.

［220］傅京燕, 原宗琳. 中国电力行业协同减排的效应评价与扩张机制分析［J］. 中国工业经济, 2017 (2): 43-59.

［221］甘畅, 王凯. 中国省际服务业碳排放空间网络结构及其驱动因素［J］. 环境科学研究, 2022, 35 (10): 2264-2272.

［222］淦振宇, 踪家峰. 生态补偿能改善城市空气质量吗?［J］. 中国人口·资源与环境, 2021, 31 (10): 118-129.

［223］高健. 工程咨询机构在沈阳市碳盘查工作中的任务及面临问题［J］. 中国工程咨询, 2016 (11): 46-48.

［224］高庆先, 高文欧, 马占云, 等. 大气污染物与温室气体减排协同效应评估方法及应用［J］. 气候变化研究进展, 2021, 17 (3): 268-278.

［225］顾阿伦, 滕飞, 冯相昭. 主要部门污染物控制政策的温室气体协同效

果分析与评价［J］. 中国人口·资源与环境，2016，26（2）：10-17.

［226］郭进. 环境规制对绿色技术创新的影响——"波特效应"的中国证据［J］. 财贸经济，2019，40（3）：147-160.

［227］郭俊杰，方颖，杨阳. 排污费征收标准改革是否促进了中国工业二氧化硫减排［J］. 世界经济，2019（1）：121-144.

［228］郭立祥. 基于边际减排成本的减污降碳协同效应研究［D］. 山东财经大学，2022.

［229］郭艺，张鹏飞，葛力铭，等. 长江经济带电力碳排放时空变化及影响因素——基于区域和产业视角［J］. 中国环境科学，2023，43（3）：1438-1448.

［230］韩超，王震，田蕾. 环境规制驱动减排的机制：污染处理行为与资源再配置效应［J］. 世界经济，2021（8）：82-105.

［231］韩力慧，兰童，程水源，等. 唐山市大气颗粒物和 O_3 多尺度变化及影响因素［J］. 中国环境科学，2024，44（3）：1185-1194.

［232］何峰，刘峥延，邢有凯，等. 中国水泥行业节能减排措施的协同控制效应评估研究［J］. 气候变化研究进展，2021，17（4）：400-409.

［233］何月，绳梦雅，雷莉萍，等. 长三角地区大气 NO_2 和 CO_2 浓度的时空变化及驱动因子分析［J］. 中国环境科学，2022，42（8）：3544-3553.

［234］何子豪，易梦婷，钟秋萌，等. 中国城市工业减污降碳协同度的影响因素分析［J］. 环境工程，2024，42（1）：206-214.

［235］贺克斌，张强. 中国城市空气质量改善和温室气体协同减排方法指南［R］. 北京：亚洲清洁空气中心，2019.

［236］洪永淼，孙佳婧，McCabe Brendan，等. 基于调整样本值域的自正则结构性变化的检验［J］. 统计研究，2022，39（4）：122-133.

［237］侯建朝，史丹. 中国电力行业碳排放变化的驱动因素研究［J］. 中国工业经济，2014（6）：44-56.

［238］胡鞍钢. 中国实现 2030 年前碳达峰目标及主要途径［J］. 北京工业大学学报（社会科学版），2021，21（3）：1-15.

［239］胡浩然，宋颜群. 市场激励型环境规制与企业风险承担——以碳排放权交易试点政策为例［J］. 当代经济科学，2024（6）：1-16.

［240］胡剑波，李潇潇，王蕾. 效率视角下中国产业部门隐含碳配额及边际减排成本研究［J］. 中国软科学，2023（12）：134-142.

［241］环境保护部环境保护对外合作中心，李培，王勇，等. 加强城市空气污染应急管理切实落实《大气污染防治行动计划》——第 10 届中国城市空气质量管理研讨会纪实［J］. 环境与可持续发展，2014，39（5）：7-12.

[242] 黄向岚, 张训常, 刘晔. 我国碳交易政策实现环境红利了吗? [J]. 经济评论, 2018 (6): 86-99.

[243] 江新峰, 马榕. 碳市场建立对非控排企业绿色创新的影响研究 [J]. 审计与经济研究, 2024 (6): 1-12.

[244] 姜华, 高健, 李红, 等. 我国大气污染协同防控理论框架初探 [J]. 环境科学研究, 2022, 35 (3): 601-610.

[245] 姜磊, 柏玲, 吴玉鸣. 中国省域经济、资源与环境协调分析——兼论三系统耦合公式及其扩展形式 [J]. 自然资源学报, 2017, 32 (5): 788-799.

[246] 姜照华, 马娇. 绿色创新与环境污染、能源消耗的相互关系研究 [J]. 生态经济, 2019, 35 (4): 160-166.

[247] 蒋为, 张明月, 吉萍. 中国工业污染排放的企业动态分解: 技术进步、资源配置与选择效应 [J]. 数量经济技术经济研究, 2022, 39 (12): 153-172.

[248] 金凤君, 马丽. 新时代中部地区绿色崛起的方向与路径 [J]. 改革, 2021 (7): 14-23.

[249] 金浩, 陈诗一. 地理距离对政府监管企业污染排放的影响效应研究——兼论数据技术监管的作用 [J]. 数量经济技术经济研究, 2022, 39 (10): 109-128.

[250] 经士仁. H. 哈肯著《协同学导论》一书介绍 [J]. 系统工程理论与实践, 1982 (1): 61-64.

[251] 景国文, 陶圆. 环境信息披露与地区经济低碳发展——基于 DID 和 SDID 的研究 [J]. 工业技术经济, 2022, 41 (8): 116-125.

[252] 康哲, 李巍, 刘伟. 黄河流域城市群工业减污降碳影响因素与策略 [J]. 中国环境科学, 2023, 43 (4): 1946-1956.

[253] 兰文港, 孔万林, 臧昆鹏, 等. 杭州城郊大气二氧化硫和气溶胶浓度演变特征及潜在源分析 [J]. 环境科学学报, 2024, 44 (2): 287-297.

[254] 乐旭, 雷亚栋, 周浩, 等. 新冠肺炎疫情期间中国人为碳排放和大气污染物的变化 [J]. 大气科学学报, 2020, 43 (2): 265-274.

[255] 黎文靖, 郑曼妮. 实质性创新还是策略性创新? ——宏观产业政策对微观企业创新的影响 [J]. 经济研究, 2016 (4): 60-73.

[256] 李宾. 我国资本存量估算的比较分析 [J]. 数量经济技术经济研究, 2011, 28 (12): 21-36+54.

[257] 李波, 张俊飚, 李海鹏. 中国农业碳排放时空特征及影响因素分解 [J]. 中国人口·资源与环境, 2011, 21 (8): 80-86.

[258] 李德山，张郑秋，付磊，等．中国城市 $PM_{2.5}$ 减排效率的区域差异及其影响机制 [J]．中国人口·资源与环境，2021，31（4）：74-85.

[259] 李飞，董珑，孔少杰，等．我国省域 CO_2-$PM_{2.5}$-O_3 时空关联效应与协同管控对策 [J]．中国环境科学，2023，43（12）：6246-6260.

[260] 李菲，谭浩波，邓雪娇，等．2006~2010 年珠三角地区 SO_2 特征分析 [J]．环境科学，2015，36（5）：1530-1537.

[261] 李红霞，郑石明，要蓉蓉．环境与经济目标设置何以影响减污降碳协同管理绩效？[J]．中国人口·资源与环境，2022，32（11）：109-120.

[262] 李江龙，徐斌．"诅咒"还是"福音"：资源丰裕程度如何影响中国绿色经济增长？[J]．经济研究，2018，53（9）：151-167.

[263] 李俊青，高瑜，李响．环境规制与中国生产率的动态变化：基于异质性企业视角 [J]．世界经济，2022（1）：82-109.

[264] 李可心，杨儒浦，李丽平，等．燃煤电厂减污降碳协同增效综合评价体系构建及实证研究 [J]．环境科学研究，2024（5）：1-14.

[265] 李丽平，周国梅，季浩宇．污染减排的协同效应评价研究——以攀枝花市为例 [J]．中国人口·资源与环境，2010，20（S2）：91-95.

[266] 李莉鸿，王燕，杨娟，李中才，王雪莹．"庇古税"理论与煤炭企业生态补偿行为分析 [J]．国土与自然资源研究，2019（1）：40-41.

[267] 李梅，杨萍，张敏．网络视角下京津冀区域环境协同治理现状、成效及对策 [J]．中国环境管理，2024，16（1）：82-87+81.

[268] 李珊珊，赵超越．用能权交易制度对企业低碳技术创新的驱动效应 [J]．中国人口·资源与环境，2023，33（10）：124-134.

[269] 李汶豫，文传浩，苏旭阳，等．长江经济带城市减污降碳协同效应时空演化及驱动因素研究 [J]．环境科学研究，2024（6）：1-19.

[270] 李潇．基于农户意愿的国家重点生态功能区生态补偿标准核算及其影响因素——以陕西省柞水县、镇安县为例 [J]．管理学刊，2018，31（6）：21-31.

[271] 李新，路路，穆献中，等．京津冀地区钢铁行业协同减排成本—效益分析 [J]．环境科学研究，2020，33（9）：2226-2234.

[272] 李永友，文云飞．中国排污权交易政策有效性研究——基于自然实验的实证分析 [J]．经济学家，2016（5）：19-28.

[273] 李云燕，杜文鑫．京津冀城市群减污降碳时空特征及影响因素异质性分析 [J]．环境工程技术学报，2023，13（6）：2006-2015.

[274] 李治国，王杰，赵园春．碳排放权交易的协同减排效应：内在机制与

中国经验 [J]. 系统工程, 2022, 40 (3): 1-12.

[275] 梁昌一, 刘修岩, 李松林. 城市空间发展模式与雾霾污染——基于人口密度分布的视角 [J]. 经济学动态, 2021 (2): 80-94.

[276] 梁昊光, 岳启明. 新质生产力与国家创新体系: 互动机制与现实逻辑 [J]. 国际经济合作, 2024, 40 (4): 8-18+91.

[277] 林伯强. 碳中和进程中的中国经济高质量增长 [J]. 经济研究, 2022, 57 (1): 56-71.

[278] 林伯强, 杜克锐. 要素市场扭曲对能源效率的影响 [J]. 经济研究, 2013, 48 (9): 125-136.

[279] 林伯强, 刘畅. 中国能源补贴改革与有效能源补贴 [J]. 中国社会科学, 2016 (10): 52-71+202-203.

[280] 林伯强, 刘泓汛. 对外贸易是否有利于提高能源环境效率——以中国工业行业为例 [J]. 经济研究, 2015, 50 (9): 127-141.

[281] 林美顺. 中国城市化阶段的碳减排: 经济成本与减排策略 [J]. 数量经济技术经济研究, 2016, 33 (3): 59-77.

[282] 刘传明, 孙喆, 张瑾. 中国碳排放权交易试点的碳减排政策效应研究 [J]. 中国人口·资源与环境, 2019, 29 (11): 49-58.

[283] 刘春芳, 王佳雪, 许晓雨. 基于生态系统服务流视角的生态补偿区域划分与标准核算——以石羊河流域为例 [J]. 中国人口·资源与环境, 2021, 31 (8): 157-165.

[284] 刘凤良, 吕志华. 经济增长框架下的最优环境税及其配套政策研究——基于中国数据的模拟运算 [J]. 管理世界, 2009 (6): 40-51.

[285] 刘贵利, 王依, 尤瑛圻, 等. 基于国土空间规划实践的减污降碳分区管治路径探索 [J]. 环境工程技术学报, 2024, 14 (2): 398-406.

[286] 刘华军, 郭立祥, 乔列成. 减污降碳协同效应的量化评估研究——基于边际减排成本视角 [J]. 统计研究, 2023, 40 (4): 19-33.

[287] 刘华军, 邵明吉, 郭立祥. 新时代的中国大气污染治理之路——历程回顾、成效评估与路径展望 [J]. 商业经济与管理, 2023 (2): 66-79.

[288] 刘华军, 张一辰. 减污降碳协同效应的生成逻辑、内涵阐释与实现方略 [J]. 当代经济科学, 2024 (5): 1-14.

[289] 刘兰星. 青岛水务集团: 科技助力"智"护水资源 [N]. 青岛日报, 2024-08-08 (01).

[290] 刘满凤, 陈梁. 环境信息公开评价的污染减排效应 [J]. 中国人口·资源与环境, 2020 (10): 53-63.

［291］刘茂辉，刘胜楠，李婧，等．天津市减污降碳协同效应评估与预测［J］．中国环境科学，2022，42（8）：3940-3949.

［292］刘明磊，朱磊，范英．我国省级碳排放绩效评价及边际减排成本估计：基于非参数距离函数方法［J］．中国软科学，2011（3）：106-114.

［293］刘明亮，尹晶晶，李华清，等．减污降碳协同效率时空演化特征及驱动机制研究——基于中国三大城市群［J］．生态经济，2024，40（7）：1-18+174-183.

［294］刘娜，陈俊华，王昊，等．城市要素聚集对城市群环境污染的影响——基于京津冀城市群的研究［J］．软科学，2019，33（5）：110-116.

［295］刘娜，高新伟．"蓝天保卫战"如何影响减污降碳协同度？［J］．中国人口·资源与环境，2024（7）：66-75.

［296］刘倩，朱书尚，吴非．城市群政策能否促进区域金融协调发展？——基于方言视角下的实证检验［J］．金融研究，2020（3）：39-57.

［297］刘胜强，毛显强，胡涛，等．中国钢铁行业大气污染与温室气体协同控制路径研究［J］．环境科学与技术，2012，35（7）：168-174.

［298］刘爽，刘畅．中国农业减污降碳协同效应及其影响机制研究［J］．中国生态农业学报（中英文），2024（5）：1-13.

［299］刘涛涛，王勇辉，刘西刚．山西省 SO_2 时空变化特征及影响要素分析［J］．环境工程，2019，37（12）：153-160.

［300］刘薇．区域生态经济理论研究进展综述［J］．北京林业大学学报（社会科学版），2009，8（3）：142-147.

［301］刘卫先，李诚．中国温室气体与大气污染物控制协同规划及其保障［J］．中国人口·资源与环境，2022，32（12）：1-10.

［302］刘旭．北京市医药健康行业典型园区减污降碳协同路径［J］．环境科学，2024（5）：1-10.

［303］刘学敏．从"庇古税"到"科思定理"：经济学进步了多少［J］．中国人口·资源与环境，2004（3）：133-135.

［304］陆庆恒，王晓红，陈胤辰，等．中国大气污染时空演化与交互耦合分析［J］．环境科学与技术，2024（5）：1-14.

［305］逯飞，薛英岚，李梧森，等．双碳目标下河北钢铁行业减污降碳路径探讨［J］．环境工程，2023，41（S2）：332-336.

［306］罗红成，廖琪，容誉．湖北省能源消费 CO_2 与大气污染物协同减排研究［J］．环境污染与防治，2022，44（2）：266-271+277.

［307］罗良文，雷朱家华．中国碳市场政策的减污降碳协同效应［J］．资源

科学，2024，46（1）：53-68.

[308] 吕一铮，曹晨玥，田金平，等．减污降碳协同视角下沿海制造业发达地区产业结构调整路径研究［J］．环境科学研究，2022，35（10）：2293-2302.

[309] 吕忠梅．"人与自然和谐共生"视野下的环境法价值论［J］．政治与法律，2023（7）：2-17.

[310] 马丁，陈文颖．中国钢铁行业技术减排的协同效益分析［J］．中国环境科学，2015，35（1）：298-303.

[311] 马键，胡毅，刘金全．结合样本分割与系统方程的稳健性统计检验方法［J］．系统工程理论与实践，2020，40（6）：1371-1381.

[312] 马伟波，赵立君，王楠，等．长三角城市群减污降碳驱动因素研究［J］．生态与农村环境学报，2022，38（10）：1273-1281.

[313] 马远，刘真真．黄河流域土地利用碳排放的时空演变及影响因素研究［J］．生态经济，2021，37（7）：35-43.

[314] 毛显强，曾桉，邢有凯，等．从理念到行动：温室气体与局地污染物减排的协同效益与协同控制研究综述［J］．气候变化研究进展，2021，17（3）：255-267.

[315] 毛显强，邢有凯，高玉冰，何曾桉，蒯鹏，胡涛．温室气体与大气污染物协同控制效应评估与规划［J］．中国环境科学，2021，41（7）：3390-3398.

[316] 梅莹莹．地表臭氧时空分布及其与多尺度景观类型的关系研究［J］．地理研究，2024，43（5）：1304-1315.

[317] 孟小燕，熊小平，王毅．构建面向"双碳"目标的循环经济体系：机遇、挑战与对策［J］．环境保护，2022，50（Z1）：51-54.

[318] 潘家华．中国低碳转型：不仅仅是为了应对气候变化［J］．中国党政干部论坛，2010（12）：30-31.

[319] 潘炯炜，赵泽斌，乔立新．黑龙江省二氧化碳边际减排成本的时空演化轨迹分析［J］．环境工程，2023，41（S2）：268-273.

[320] 彭彦彦，万思齐，秦波，等．城市空间结构多中心度与集聚度对 $PM_{2.5}$ 浓度的影响——基于企业空间分布的视角［J］．城市问题，2023（1）：40-48.

[321] 齐绍洲，林屾，崔静波．环境权益交易市场能否诱发绿色创新？——基于我国上市公司绿色专利数据的证据［J］．经济研究，2018（12）：129-143.

[322] 钱丽，陈忠卫，肖仁桥．中国区域工业化、城镇化与农业现代化耦合协调度及其影响因素研究［J］．经济问题探索，2012（11）：10-17.

[323] 乔花云，司林波，彭建交，等．京津冀生态环境协同治理模式研究——基于共生理论的视角［J］．生态经济，2017，33（6）：151-156.

［324］秦海林，刘岩．绿色信贷政策会加剧重污染企业的股价崩盘风险吗？——基于《绿色信贷指引》的准自然实验［J］．浙江金融，2022（10）：30-41+14.

［325］任明，徐向阳．京津冀地区钢铁行业节能潜力及成本分析［J］．生态经济，2018，34（10）：91-97.

［326］任胜钢，郑晶晶，刘东华，等．排污权交易机制是否提高了企业全要素生产率——来自中国上市公司的证据［J］．中国工业经济，2019（5）：5-23.

［327］任晓松，马茜，刘宇佳，等．碳交易政策对工业碳生产率的影响及传导机制［J］．中国环境科学，2021，41（11）：5427-5437.

［328］任亚运，傅京燕．碳交易的减排及绿色发展效应研究［J］．中国人口·资源与环境，2019，29（5）：11-20.

［329］单豪杰．中国资本存量K的再估算：1952~2006年［J］．数量经济技术经济研究，2008，25（10）：17-31.

［330］邵帅，范美婷，杨莉莉．经济结构调整、绿色技术进步与中国低碳转型发展——基于总体技术前沿和空间溢出效应视角的经验考察［J］．管理世界，2022，38（2）：46-69+4-10.

［331］邵帅，张曦，赵兴荣．中国制造业碳排放的经验分解与达峰路径——广义迪氏指数分解和动态情景分析［J］．中国工业经济，2017（3）：44-63.

［332］佘倩楠，贾文晓，潘晨，等．长三角地区城市形态对区域碳排放影响的时空分异研究［J］．中国人口·资源与环境，2015，25（11）：44-51.

［333］申萌，李凯杰，曲如晓．技术进步、经济增长与二氧化碳排放：理论和经验研究［J］．世界经济，2012，35（7）：83-100.

［334］沈满洪，何灵巧．外部性的分类及外部性理论的演化［J］．浙江大学学报（人文社会科学版），2002（1）：152-160.

［335］史丹，李少林．排污权交易制度与能源利用效率——对地级及以上城市的测度与实证［J］．中国工业经济，2020（9）：5-23.

［336］斯丽娟，曹昊煜．排污权交易制度下污染减排与工业发展测度研究［J］．数量经济技术经济研究，2021，38（6）：107-128.

［337］宋德勇，陈梁，陈姚．排污权交易如何提升企业能源效率：微观机理与模式差异［J］．经济管理，2023，45（10）：168-187.

［338］宋鸽．京津冀大气污染联防联控演化博弈与机制设计［D］．北方工业大学，2022.

［339］宋弘，孙雅洁，陈登科．政府空气污染治理效应评估——来自中国"低碳城市"建设的经验研究［J］．管理世界，2019（6）：95-108+195.

［340］宋鹏，张慧敏，毛显强．面向碳达峰目标的重庆市碳减排路径［J］．中国环境科学，2022，42（3）：1446-1455．

［341］宋田光，李桂花．"人与自然是生命共同体"论断的生成逻辑、生态意蕴与时代价值——基于《资本论》资本加速批判的视角［J］．思想教育研究，2024（2）：75-83．

［342］苏丹妮，盛斌．服务业外资开放如何影响企业环境绩效——来自中国的经验［J］．中国工业经济，2021（6）：61-79．

［343］孙传旺，占妍泓，林伯强．新能源企业增值税政策的规模效应与创新效应［J］．经济研究，2022，57（9）：45-63．

［344］孙德尧，张科，吴才武，等．承德市大气污染物特征及潜在来源分析［J］．西南师范大学学报（自然科学版），2021，46（12）：53-62．

［345］孙慧，邓又一．环境政策"减污降碳"协同治理效果研究——基于排污费征收视角［J］．中国经济问题，2022（3）：115-129．

［346］孙丽文，任相伟．京津冀区域碳排放协同治理及影响因素分析［J］．山东财经大学学报，2020，32（2）：5-14．

［347］孙世达，张改革，孙露娜，等．河北省2013~2020年大气污染治理进程中的减污降碳协同效益［J］．环境科学，2023，44（10）：5431-5442．

［348］孙晓华，张竣喃，李佳璇．市场型环境规制与制造企业转型升级的路径选择——来自"排污权交易"的微观证据［J］．数量经济技术经济研究，2024，41（1）：90-109．

［349］孙雪妍，白雨鑫，王灿．减污降碳协同增效：政策困境与完善路径［J］．中国环境管理，2023，15（2）：16-23．

［350］孙振清，谷文姗，成晓斐．碳交易对绿色全要素生产率的影响机制研究［J］．华东经济管理，2022，36（4）：89-96．

［351］谭显春，郭雯，樊杰，等．碳达峰、碳中和政策框架与技术创新政策研究［J］．中国科学院院刊，2022，37（4）：435-443．

［352］檀勤良，贺嘉明，吕函谕，等．考虑成本不确定性的发电企业低碳技术采纳决策优化研究［J］．中国电力，2024（6）：1-12．

［353］唐湘博，张野，曹利珍，等．中国减污降碳协同效应的时空特征及其影响机制分析［J］．环境科学研究，2022，35（10）：2252-2263．

［354］田春秀，李丽平，胡涛，等．气候变化与环保政策的协同效应［J］．环境保护，2009（12）：67-68．

［355］田丰，王文琪，包存宽．以降碳为目标的逆向战略环境评价：理念与模式［J］．环境保护，2021，49（12）：22-27．

［356］田华征，马丽．中国工业碳排放强度变化的结构因素解析［J］．自然资源学报，2020，35（3）：639-653.

［357］田立新，封录．实证分析二氧化碳排放量主要影响因素［J］．北京理工大学学报（社会科学版），2013，15（2）：23-27+59.

［358］田佩宁，毛保华，童瑞咏，等．我国交通运输行业及不同运输方式的碳排放水平和强度分析［J］．气候变化研究进展，2023，19（3）：347-356.

［359］涂正革．降碳减污增效的协同研究——基于 SBM 方法对高能耗企业的硫碳减排效率测度［J］．华中师范大学学报（人文社会科学版），2023，62（5）：161-174.

［360］涂正革，谌仁俊．排污权交易机制在中国能否实现波特效应？［J］．经济研究，2015（7）：160-173.

［361］涂正革，肖耿．环境约束下的中国工业增长模式研究［J］．世界经济，2009，32（11）：41-54.

［362］汪明月，刘宇，李梦明，柳雅文，史文强．区域碳减排能力协同度评价模型构建与应用［J］．系统工程理论与实践，2020，40（2）：470-483.

［363］汪万发，许勤华．推动生态文明建设与 2030 年可持续发展议程对接［J］．国际展望，2021，13（4）：134-151+157-158.

［364］王班班，齐绍洲．市场型和命令型政策工具的节能减排技术创新效应——基于中国工业行业专利数据的实证［J］．中国工业经济，2016（6）：91-108.

［365］王兵，唐文狮，吴延瑞，等．城镇化提高中国绿色发展效率了吗？［J］．经济评论，2014（4）：38-49+107.

［366］王兵，吴延瑞，颜鹏飞．中国区域环境效率与环境全要素生产率增长［J］．经济研究，2010，45（5）：95-109.

［367］王丛虎，骆飞．中国碳排放权交易政策的理论基础、演进逻辑及创新发展［J］．中共天津市委党校学报，2023，25（1）：43-53.

［368］王菲，格桑卓玛，朱晓东．长三角工业减污降碳时空演变及其影响因素研究［J］．环境科学研究，2024，37（4）：661-671.

［369］王涵，马军，陈民，等．减污降碳协同多元共治体系需求及构建探析［J］．环境科学研究，2022，35（4）：936-944.

［370］王堃，纪晓慧，淡默，等．面向减污降碳的集中供热结构调整路径研究［J］．环境科学研究，2023，36（5）：913-921.

［371］王力，冯相昭，马彤，等．典型城市减污降碳协同控制潜力评价研究：以渭南市为例［J］．环境科学研究，2022，35（8）：2006-2014.

[372] 王俏茹,刘达禹,刘廷宇.中国城市污染排放的俱乐部收敛特征及其动态演变 [J].中国管理科学,2024,32 (3):70-81.

[373] 王世进,姬桂荣,仇方道.雾霾、碳排放与经济增长的脱钩协同关系研究 [J].软科学,2022,36 (7):104-110+144.

[374] 王淑佳,孔伟,任亮,治丹丹,戴彬婷.国内耦合协调度模型的误区及修正 [J].自然资源学报,2021,36 (3):793-810.

[375] 王文举,陈真玲.中国省级区域初始碳配额分配方案研究——基于责任与目标、公平与效率的视角 [J].管理世界,2019,35 (3):81-98.

[376] 王雅楠,李冰迅,张艺芯,等.中国减污降碳协同效应时空特征与影响因素 [J].环境科学,2024,45 (9):4993-5002.

[377] 王艳萍.经济政策在能源—经济—环境系统中的协同效应分析 [J].环境经济,2023 (13):62-65.

[378] 王奕淇,李国平.基于能值拓展的流域生态外溢价值补偿研究——以渭河流域上游为例 [J].中国人口·资源与环境,2016,26 (11):69-75.

[379] 王兆峰,李竹,吴卫.长江经济带不同等级城市碳排放的时空演变及其影响因素 [J].环境科学研究,2022,35 (10):2273-2281.

[380] 王震山,李新妹,肖薇,等.基于卫星遥感的中国人为 CO_2 与大气污染物排放协同关系 [J].中国环境科学,2024,44 (6):3111-3121.

[381] 王政.去年我国全部工业增加值超 40 万亿元 [N].人民日报,2023-03-19 (01).

[382] 魏楚.中国城市 CO_2 边际减排成本及其影响因素 [J].世界经济,2014,37 (7):115-141.

[383] 魏巍贤,马喜立.能源结构调整与雾霾治理的最优政策选择 [J].中国人口·资源与环境,2015 (7):6-14.

[384] 魏泽洋,汪自书,谢丹,等.工业园区"三线一单"减污降碳协同管控技术路径研究 [J].环境保护,2023,51 (14):22-28.

[385] 翁钢民,唐亦博,潘越,毛娅琪.京津冀旅游—生态—城镇化耦合协调的时空演进与空间差异 [J].经济地理,2021,41 (12):196-204.

[386] 邬彩霞.中国低碳经济发展的协同效应研究 [J].管理世界,2021,37 (8):105-117.

[387] 吴波汛.全球环境公共产品管理:类型、困境及解决路径 [J].鄱阳湖学刊,2022 (4):115-123+128.

[388] 吴肖丽,潘安.出口开放对中国工业碳排放的非线性影响研究 [J].国际经贸探索,2019,35 (6):17-32.

［389］吴茵茵，齐杰，鲜琴，陈建东．中国碳市场的碳减排效应研究——基于市场机制与行政干预的协同作用视角［J］．中国工业经济，2021（8）：114-132.

［390］吴永娇，郑华珠，董锁成，等．基于产业发展和城市化视角的中西部区域碳减排研究——空间计量经济模型实证［J］．长江流域资源与环境，2022，31（3）：563-574.

［391］武金装，王静，黄丰华．"双碳"目标背景下城市面临的机遇、挑战和发展路径［J］．低碳世界，2022，12（2）：13-15.

［392］向梦宇，王深，吕连宏，等．基于不同电力需求的中国减污降碳协同增效路径［J］．环境科学，2023，44（7）：3637-3648.

［393］肖雁飞，廖双红，王湘韵．技术创新对中国区域碳减排影响差异及对策研究［J］．环境科学与技术，2017，40（11）：191-197.

［394］肖周燕．中国人口空间聚集对生产和生活污染的影响差异［J］．中国人口·资源与环境，2015，25（3）：128-134.

［395］肖周燕，沈左次．人口集聚、产业集聚与环境污染的时空演化及关联性分析［J］．干旱区资源与环境，2019，33（2）：1-8.

［396］谢高地，鲁春霞，冷允法，等．青藏高原生态资产的价值评估［J］．自然资源学报，2003（2）：189-196.

［397］邢晓雯，黄琳，胡建林．江苏省电力行业不同低碳发展路径的二氧化碳与大气污染物协同减排效益分析［J］．环境科学，2024（5）：1-19.

［398］邢有凯，毛显强，冯相昭，等．城市蓝天保卫战行动协同控制局地大气污染物和温室气体效果评估——以唐山市为例［J］．中国环境管理，2020，12（4）：20-28.

［399］熊华文．减污降碳协同增效的能源转型路径研究［J］．环境保护，2022，50（Z1）：35-40.

［400］徐斌，柯达，刘杨倩宇．中国区域一体化如何影响碳排放效率［J］．当代财经，2023（1）：120-131.

［401］徐佳，崔静波．低碳城市和企业绿色技术创新［J］．中国工业经济，2020（12）：178-196.

［402］徐丽杰．中国城市化对碳排放的动态影响关系研究［J］．科技管理研究，2014，34（17）：226-230.

［403］徐淑丹．中国城市的资本存量估算和技术进步率：1992～2014年［J］．管理世界，2017（1）：17-29+187.

［404］徐素波，王耀东．生态补偿问题国内外研究进展综述［J］．生态经

济，2022，38（2）：150-157+167.

[405] 徐晓光，寇佳丽，郑尊信．产业结构升级与生态环境优化的耦合协调[J].宏观经济研究，2022（8）：131-156.

[406] 徐晓亮，许学芬．能源补贴改革对资源效率和环境污染治理影响研究——基于动态 CGE 模型的分析[J].中国管理科学，2020，28（5）：221-230.

[407] 许文立，孙磊．市场激励型环境规制与能源消费结构转型——来自中国碳排放权交易试点的经验证据[J].数量经济技术经济研究，2023，40（7）：133-155.

[408] 薛飞，周民良．中国碳交易市场规模的减排效应研究[J].华东经济管理，2021，35（6）：11-21.

[409] 薛永刚．城市群经济高质量发展空间收敛、动态演进以及创新影响研究——"珠三角"和"长三角"的对比分析[J].管理评论，2022，34（12）：131-145.

[410] 闫晶洁，李艳红，马莹萍．天山北坡河谷型城市大气 NO_2 和 SO_2 时空变化及影响因素分析[J].生态与农村环境学报，2020，36（10）：1268-1275.

[411] 严太华，朱梦成．技术创新、产业结构升级对环境污染的影响[J].重庆大学学报（社会科学版），2023，29（5）：70-84.

[412] 严翔，黄永春，胡世亮，等．绿色技术转移何以抑制碳排放——基于长三角城市的经验证据[J].管理评论，2023，35（8）：171-183.

[413] 颜鹏，房秀梅，李兴生．临安地区地面 SO_2 变化规律及其源地分析[J].应用气象学报，1999（3）：11-19.

[414] 杨罕玲，赵一炜．美国油气行业甲烷控排技术绩效标准及对中国的启示[J].油气田环境保护，2022，32（3）：1-10.

[415] 杨麟，顾丽君，贺琛，等．无锡市绿色发展评估研究[J].环境保护与循环经济，2021，41（8）：103-107.

[416] 杨孟阳，唐晓彬．数字金融与经济高质量发展的耦合协调度评价[J].统计与决策，2023，39（3）：126-130.

[417] 杨骞，刘华军．中国二氧化碳排放的区域差异分解及影响因素——基于 1995~2009 年省际面板数据的研究[J].数量经济技术经济研究，2012，29（5）：36-49+148.

[418] 杨添棋，王洪昌，张辰，等．京津冀及周边地区"2+26"城市结构性调整政策的 CO_2 协同减排效益评估[J].环境科学，2022，43（11）：5315-

5325.

[419] 杨欣，Michael Burton，张安录.基于潜在分类模型的农田生态补偿标准测算——一个离散选择实验模型的实证［J］.中国人口·资源与环境，2016，26（7）：27-36.

[420] 杨瑄，王力，张泽阳，等.产业结构扭曲对减污降碳的影响：基于环保重点城市的实证分析［J］.环境科学研究，2023，36（11）：2074-2089.

[421] 杨子晖，陈里璇，罗彤.边际减排成本与区域差异性研究［J］.管理科学学报，2019，22（2）：1-21.

[422] 叶翀，张铃宁轩.产业结构调整的污染减排空间溢出效应——基于空间杜宾模型的估计［J］.生态经济，2021，37（10）：178-184.

[423] 叶芳羽，单汨源，李勇，等.碳排放权交易政策的减污降碳协同效应评估［J］.湖南大学学报（社会科学版），2022，36（2）：43-50.

[424] 叶琪，黄茂兴.习近平生态文明思想对全球环境治理的贡献与路径引领［J］.城市与环境研究，2023（1）：21-32.

[425] 易兰，杨田恬，杜兴，等.减污降碳协同路径研究：典型国家驱动机制及对中国的启示［J］.中国人口·资源与环境，2022，32（9）：53-65.

[426] 易兰，赵万里，杨历.大气污染与气候变化协同治理机制创新［J］.科研管理，2020，41（10）：134-144.

[427] 殷阿娜，邓思远.资源型地区工业绿色转型推进减污降碳作用路径研究——基于河北省绿色转型成效评估分析［J］.价格理论与实践，2023（12）：57-61.

[428] 银洲，况悦，刘丹丹，等.炼铁工序减污降碳协同增效技术评估方法研究［J］.环境工程技术学报，2024，14（1）：33-42.

[429] 尹希果，霍婷.国外低碳经济研究综述［J］.中国人口·资源与环境，2010，20（9）：18-23.

[430] 尹晓梅，石广玉.SLCPs及其气候效应研究进展［J］.地球科学进展，2014，29（10）：1110-1119.

[431] 俞珊，韩玉花，牟洁，等.北京市制造业减污降碳协同效应分析和驱动因素［J］.环境科学，2024，45（4）：1917-1925.

[432] 俞珊，张双，张增杰，等.北京市"十四五"时期大气污染物与温室气体协同控制效果评估研究［J］.环境科学学报，2022，42（6）：499-508.

[433] 俞珊，张双，张增杰，瞿艳芝，刘桐珅.北京市减污降碳协同控制情景模拟和效应评估［J］.环境科学，2023，44（4）：1998-2008.

[434] 袁礼，周正.环境权益交易市场与企业绿色专利再配置［J］.中国工

业经济，2022（12）：127-145.

［435］原伟鹏，孙慧，王晶，等．中国城市减污降碳协同的时空演化及驱动力探析［J］．经济地理，2022，42（10）：72-82.

［436］臧良震，张彩虹．中国城市化、经济发展方式与 CO_2 排放量的关系研究［J］．统计与决策，2015（20）：124-126.

［437］张柏杨，刘佳颖，朱睿博，等．中国碳减排成本测算、成效评估与路径优化［J］．金融发展评论，2023（11）：30-46.

［438］张宸赫，赵天良，陆忠艳，等．沈阳大气污染物浓度变化及气象因素影响分析［J］．环境科学与技术，2020，43（S2）：39-46.

［439］张成，史丹，李鹏飞．中国实施省际碳排放权交易的潜在成效［J］．财贸经济，2017，38（2）：93-108.

［440］张国兴，樊萌萌，马睿琨，林伟纯．碳交易政策的协同减排效应［J］．中国人口·资源与环境，2022（3）：1-10.

［441］张华．低碳城市试点政策能够降低碳排放吗？——来自准自然实验的证据［J］．经济管理，2020，42（6）：25-41

［442］张军涛，汤睿．城市环境治理效率及其影响因素研究［J］．财经问题研究，2019（6）：131-138.

［443］张宁．碳全要素生产率、低碳技术创新和节能减排效率追赶——来自中国火力发电企业的证据［J］．经济研究，2022，57（2）：158-174.

［444］张娆，郭晓旭．碳排放权交易制度与企业绿色治理［J］．管理科学，2022，35（6）：22-39.

［445］张腾飞，杨俊，盛鹏飞．城镇化对中国碳排放的影响及作用渠道［J］．中国人口·资源与环境，2016，26（2）：47-57.

［446］张为师，徐颖，惠婧璇．中国城市 CO_2 排放和空气质量协同变化特征及驱动因素研究［J］．中国环境管理，2023，15（2）：38-47.

［447］张文彬，宋建波．中国低碳经济协同效率的区域差异及其影响因素［J］．经济地理，2024，44（3）：22-32+54.

［448］张文静，马喜立．以环境税治理雾霾的减排效果及减排成本——基于动态多区域 CGE 模型［J］．北京理工大学学报（社会科学版），2020，22（3）：36-47.

［449］张希良，黄晓丹，张达，等．碳中和目标下的能源经济转型路径与政策研究［J］．管理世界，2022，38（1）：35-66.

［450］张希良，张达，余润心．中国特色全国碳市场设计理论与实践［J］．管理世界，2021（8）：80-95.

［451］张雪纯，曹霞，宋林壕．中国减污降碳效率测度及影响因素研究——基于超效率 SBM-Tobit 模型［J］．生态经济，2023，39（10）：174-183.

［452］张亚捷，霍守亮，吴丰昌．我国流域减污降碳协同增效：路径、技术与对策［J］．中国工程科学，2022，24（5）：41-48.

［453］张莹，张婕，王式功，等．成都市 $PM_{2.5}$ 浓度变化的影响因素交互作用研究［J］．中国环境科学，2021，41（10）：4518-4528.

［454］张瑜，孙倩，薛进军，等．减污降碳的协同效应分析及其路径探究［J］．中国人口·资源与环境，2022，32（5）：1-13.

［455］张卓群，张涛，冯冬发．中国碳排放强度的区域差异、动态演进及收敛性研究［J］．数量经济技术经济研究，2022，39（4）：67-87.

［456］赵立祥，赵蓉，张雪薇．碳交易政策对我国大气污染的协同减排有效性研究［J］．产经评论，2020，11（3）：148-160.

［457］赵曼仪，王科．减污降碳协同效应综合评估的研究综述与展望［J］．中国人口·资源与环境，2024，34（2）：58-69.

［458］赵巧芝，闫庆友．中国省域二氧化碳边际减排成本的空间演化轨迹［J］．统计与决策，2019，35（14）：128-132.

［459］赵晓梦，魏婷，朱俊鹏．从排污费到环保税：绿色税制改革视阈下的减污降碳协同治理研究［J］．中国地质大学学报（社会科学版），2024，24（3）：57-72.

［460］赵雪，沈楠驰，李令军，等．COVID-19 疫情期间京津冀大气污染物变化及影响因素分析［J］．环境科学，2021，42（3）：1205-1214.

［461］赵一心，缪小林．协同治理、地方政府绿色转型与空气质量改善［J］．当代财经，2022（3）：40-52.

［462］郑石明，何裕捷，邹克．气候政策协同：机制与效应［J］．中国人口·资源与环境，2021，31（8）：1-12.

［463］郑亚男，史宝娟，程向冉，等．中国全要素碳生产率及时空分异研究——基于中国 30 个省份的数据［J］．生态经济，2024，40（8）：20-29.

［464］中国人民银行天津分行课题组，王晓明，夏洪涛．碳减排、转型风险与监管应对——基于 DSGE 的政策模拟研究［J］．金融监管研究，2022（6）：1-27.

［465］周光迅，李家祥．习近平生态文明思想的价值引领与当代意义［J］．自然辩证法研究，2018，34（9）：122-127.

［466］周琼，黄国贤，马伊双，等．河长制对企业环境治理策略的影响［J］．改革，2024（6）：127-146.

［467］周少甫，张嘉俊．动态空间自回归固定效应面板模型的估计与应用［J］．系统工程理论与实践，2021，41（1）：45-57．

［468］周曙东，欧阳纬清，葛继红．京津冀 $PM_{2.5}$ 的主要影响因素及内在关系研究［J］．中国人口·资源与环境，2017，27（4）：102-109．

［469］周行，马延柏．地方政府"减污降碳"协同治理的减排效应研究——基于环境规制策略的调节效应［J］．经济与管理，2023，37（3）：40-48．

［470］朱朝锋，赵振民，孙宇晴，等．有机光伏电池在建筑光伏一体化中的应用及前景［J］．广西大学学报（自然科学版），2023，48（6）：1496-1507．

［471］朱轲欣．大连市沙河口区大气 VOCs 反应活性、源解析及健康风险评价［D］．西安建筑科技大学，2022．

［472］朱勤，彭希哲，陆志明，等．中国能源消费碳排放变化的因素分解及实证分析［J］．资源科学，2009，31（12）：2072-2079．

［473］朱思瑜，于冰．长三角减污降碳政策的协同效应和作用机制研究［J］．环境科学研究，2024，37（2）：256-265．

［474］朱洋洋，齐振宏，王璐，等．中国农业减污降碳协同效应的时空演进及驱动因素研究［J］．生态与农村环境学报，2024（5）：1-16．

［475］朱于珂，高红贵，徐运保．双向 FDI 协调发展如何降低区域 CO_2 排放强度？——基于企业绿色技术创新的中介效应与政府质量的调节作用［J］．软科学，2022，36（2）：86-94．